Jürgen Gernert

# Umweltökonomie

Investitionen, Standortentscheidungen
und Arbeitsmärkte am Beispiel
einzelner Industriegruppen Südwestdeutschlands

Mit 11 Abbildungen und 49 Tabellen

Springer-Verlag Berlin Heidelberg New York
London Paris Tokyo Hong Kong

Dr. Jürgen Gernert
Am Bächenbuckel 20
6900 Heidelberg

---

*Umschlagabbildung:* Kläranlage BASF Ludwigshafen. Ende 1974 nahm die BASF in Ludwigshafen eine Kläranlage in Betrieb, deren Leistung für die Reinigung des Abwassers einer Stadt mit über sechs Millionen Einwohnern ausreichen würde. Die Sanierung der Abwasserverhältnisse des Werkes Ludwigshafen wurde durch diese Maßnahme und den Bau einer Trennkanalisation sowie zahlreicher Vor-Ort-Maßnahmen in den Produktionsbetrieben innerhalb eines Zehnjahresplans zu einem ersten Abschluß gebracht (Photo: Lossen, SRG-Nr. RPK c 10/4563 b).

Diese Untersuchung wurde vom Autor als Dissertation mit dem Titel, Regionale Effizienz der Umweltökonomie – Einflüsse auf Investitionen, Standortentscheidungen und Arbeitsmärkte am Beispiel einzelner Industriegruppen Südwestdeutschlands, vorgelegt.

---

ISBN-13:978-3-540-51789-4      e-ISBN-13:978-3-642-75158-5
DOI: 10.1007/978-3-642-75158-5

CIP-Titelaufnahme der Deutschen Bibliothek

**Gernert, Jürgen:**
Umweltökonomie : Investitionen, Standortentscheidungen und Arbeitsmärkte am Beispiel einzelner Industriegruppen Südwestdeutschlands / Jürgen Gernert. – Berlin ; Heidelberg ; New York ; London ; Paris ; Tokyo ; Hong Kong : Springer, 1990
Zugl.: Heidelberg, Univ., Diss., 1989 u.d.T.: Gernert, Jürgen:
Regionale Effizienz der Umweltökonomie
ISBN-13:978-3-540-51789-4 (Berlin ...) brosch.



Die Wiedergabe von Gebrauchsnamen, Handelsnamen, Warenbezeichnungen usw. in diesem Werk berechtigt auch ohne besondere Kennzeichnung nicht zu der Annahme, daß solche Namen im Sinne der Warenzeichen- und Markenschutz-Gesetzgebung als frei zu betrachten wären und daher von jedermann benutzt werden dürften.

Produkthaftung: Für Angaben über Dosierungsanweisungen und Applikationsformen kann vom Verlag keine Gewähr übernommen werden. Derartige Angaben müssen vom jeweiligen Anwender im Einzelfall anhand anderer Literaturstellen auf ihre Richtigkeit überprüft werden.

2132/3145-543210 – Gedruckt auf säurefreiem Papier

*Meinen Eltern*

# Vorwort

Der Umweltschutz zählt zu den vordringlichsten Aufgaben unserer Zeit, wie beispielsweise die Phänomene Treibhauseffekt oder Waldsterben nachhaltig dokumentieren. Es gilt, Methoden und Wege zu finden, die ein ökologisch verträgliches Handeln des Menschen gewährleisten. Allerdings gibt es in der Industriegesellschaft einen schonenden Umgang mit der Umwelt nicht zum Nulltarif. Ausmaß und ökologische Effektivität der Umweltschutzmaßnahmen werden nicht unwesentlich von ihrer ökonomischen Bedeutung beeinflußt.

Über die wirtschaftlichen Auswirkungen des Umweltschutzes liegt zwar eine Vielzahl von Untersuchungen vor, doch berücksichtigen diese nur am Rande, welche ökonomischen Folgen Umweltschutzaktivitäten im Raum nach sich ziehen. Letzterer Aspekt steht daher in der vorliegenden Analyse im Zentrum des Interesses. Um dem Mangel an raumwissenschaftlichen Erkenntnissen zu begegnen, werden am Beispiel der südwestdeutschen Industrie Umweltschutzanstrengungen untersucht hinsichtlich ihrer regionalen Relevanz, ihres Einflusses auf die Standortdynamik und funktionalen Verflechtungen der Unternehmen sowie ihrer Auswirkung auf den Arbeitsmarkt. Hierzu wurden Daten u.a. im Rahmen einer Industriebefragung erhoben, die bislang noch nicht ermittelt waren. Angesichts der komplexen Thematik ist die Untersuchung interdisziplinär konzipiert. Berücksichtigt wurden vor allem politik- und wirtschaftswissenschaftliche Erkenntnisse. Die Arbeit fand in Politik und Industrie Interesse und Unterstützung und wurde von der Mathematisch-Naturwissenschaftlichen Gesamtfakultät der Universität Heidelberg als Dissertation angenommen.

Dank schulde ich

-   meinem langjährigen Lehrer und Förderer Herrn Prof.
    Dr. W. Mikus für die Anregung und Betreuung der Unter-
    suchung;
-   Frau Heinemann, Bundesministerium für Umwelt, Natur-
    schutz und Reaktorsicherheit, Herrn Willmer, Ministe-
    rium für Umwelt Baden-Württemberg, Herrn Hennecke,
    Ministerium für Umwelt und Gesundheit Rheinland-Pfalz,
    Herrn Dr. Schulz, Umweltbundesamt, sowie zahlreichen,
    in der Arbeit genannten Industrieverbänden für
    informative Gespräche und die Bereitstellung von
    themenrelevanten Materialien;
-   Herrn Prof. Dr. M. Faber für interdisziplinäre Hinweise
    und Ratschläge;
-   den Unternehmen, die sich an der Betriebsbefragung
    beteiligten und dabei oft sehr engagierten;
-   dem Technischen Überwachungsverein e.V. Baden für ein
    Praktikum in der Abteilung Umwelt und Energie, das mir
    einen Einblick in den industriellen Umweltschutz vor
    Ort gewährte;
-   dem Statistischen Landesamt Baden-Württemberg für die
    Kooperation bei der Erstellung von Datensonderaggregie-
    rungen;
-   der Universität Heidelberg für ein Stipendium nach dem
    Landesgraduiertenförderungsgesetz;
-   dem Springer Verlag Heidelberg für die Veröffentlichung
    der Arbeit;
-   meinem Freund Michael Bahr, Politologe, für die stete
    Bereitschaft, kritische Diskussionsbeiträge zu leisten;
-   und nicht zuletzt meinem Bruder, meiner Schwägerin und
    ganz besonders meiner Frau für die hilfreiche Unter-
    stützung.


Heidelberg, im Mai 1989                    Jürgen Gernert

# Inhaltsverzeichnis


Kapitel 1: Einleitung.................................1

1.1       Grundlegende Zusammenhänge der Umwelt-
          problematik................................1
1.1.1     Ökologische Determinanten..................1
1.1.2     Überbevölkerung und Industrialisierung.....3
1.1.3     Kollektivgut Umwelt........................8
1.2       Sozialwissenschaftliche Beiträge zur
          Lösung der Umweltproblematik..............10


Kapitel 2: Aufgabenstellung, Aufbau und methodisches
           Vorgehen der Arbeit......................14


Kapitel 3: Umweltpolitik in der Bundesrepublik
           Deutschland..............................23


3.1       Entwicklung der Umweltpolitik.............23
3.2       Prinzipien der Umweltpolitik..............25
3.2.1     Das Vorsorgeprinzip.......................25
3.2.2     Das Verursacherprinzip....................30
3.2.3     Das Gemeinlastprinzip.....................34
3.2.4     Das Kooperationsprinzip...................35
3.3       Umweltpolitische Instrumente..............36
3.3.1     Ordnungsrechtliche Ge- und Verbote im
          Umweltschutz..............................37
3.3.2     Umweltabgaben.............................39
3.3.3     Öffentliche Finanzierungshilfen...........43
3.3.4     Absprachen................................47
3.3.5     Pläne.....................................49


Kapitel 4: Struktur der Umweltschutzkosten in der
           Industrie von Südwestdeutschland.........52


4.1       Häufigkeit von Umweltschutzinvestitionen..52
4.1.1     Häufigkeit von Umweltschutzinvestitionen
          nach Industriegruppen.....................52

4.1.2      Häufigkeit von Umweltschutzinvestitionen
           nach Betriebsgrößen...........................57
4.2        Größenordnung der Umweltschutzinvestitionen
           in den Industriegruppen.......................59
4.3        Investitionen in den verschiedenen Umwelt-
           schutzbereichen...............................62
4.4        Art der Umweltschutzinvestitionen...........76
4.5        Kostenbelastung der Betriebe durch Umwelt-
           schutzinvestitionen...........................79
4.5.1      Intersektorale Unterschiede.................79
4.5.2      Betriebsgrößenspezifische Belastungsunter-
           schiede.......................................81
4.6        Laufende Umweltschutzkosten.................85
4.6.1      Datenlage...................................85
4.6.2      Ergebnisse einer IHK-Untersuchung über
           laufende Umweltschutzkosten.................85
4.6.3      Laufende Kosten in den befragten
           Unternehmen...................................91
4.6.4      Gesamtkosten durch Umweltschutzmaßnahmen....96
4.7        Unternehmerische Anpassungsreaktionen auf
           die Umweltschutzkosten.......................97

**Kapitel 5: Umweltschutzinvestitionen industrieller**
           **Betriebe in den Stadt- und Landkreisen von**
           **Baden-Württemberg von 1976 bis 1985.......106**

5.1        Regionale Verbreitung der Betriebe mit
           Umweltschutzinvestitionen und regionale Um-
           weltschutzinvestitionshäufigkkeit...........106
5.2        Höhe der Umweltschutzinvestitionen in den
           Stadt- und Landkreisen......................109
5.3        Verteilung der Umweltschutzinvestitionen
           in den Stadt- und Landkreisen auf die
           verschiedenen Umweltschutzbereiche..........114
5.4        Umweltschutzinduzierte Kostenbelastung der
           Betriebe in den Stadt- und Landkreisen......115
5.5        Unternehmerische Reaktionen auf den umwelt-
           schutzinduzierten Kostendruck in Verdich-
           tungsräumen, Randzonen zu Verdichtungs-
           räumen und im ländlichen Raum...............117

**Kapitel 6: Umweltökonomische Auswirkungen auf die räumliche Ordnung der Industrie............120**

6.1          Betriebsstandort und Umweltschutz..........121

6.1.1      Begriffliche Erläuterungen: Betriebsstandort und Standortfaktoren....................121

6.1.2      Die Umwelt als Standortfaktor - früher und heute........................................121

6.1.3      Standörtliche Restriktionen durch Umweltschutzgesetze am Beispiel der Luftreinhaltung.....................................122

6.1.4      Umweltschutz als Standortfaktor im Urteil der befragten Unternehmen....................129

6.1.5      Umweltschutzbedingte Einflüsse auf Standortveränderungen in den befragten Unternehmen....................................135

6.1.6      Verlagerung ins Ausland - eine Alternative, um Belastungen durch den Umweltschutz zu umgehen?.........................139

6.1.7      Umweltschutzbedingte Beschäftigungseffekte am Betriebsstandort......................144

6.1.7.1    Arbeitsplatzbezogene Folgen der umweltschutzbedingten Standortveränderungen.......144

6.1.7.2    Auswirkungen der Umweltschutzauflagen auf die Beschäftigungssituation in den befragten Unternehmen.................................145

6.2          Umweltschutzbedingte industrielle Verflechtungen...............................151

6.2.1      Gesetzlich geregelte Verflechtungen der Betriebe bei der Durchführung von Umweltschutzmaßnahmen (am Beispiel der Luftreinhaltung)....................................152

6.2.2      Entsorgungsverflechtungen in den befragten Unternehmen.........................156

6.2.3      Distanzielle Reichweite der Nachfrage nach umweltschutzrelevanten Diensten............165

6.2.4      Umweltschutzrelevante Informationsbeziehungen im Urteil der befragten Unternehmen..170

6.2.5     Die Zusammenarbeit der Betriebe mit den Vollzugsbehörden im Umweltschutz im Urteil der befragten Unternehmen..........174

6.2.6     Arbeitsmarkteffekte der umweltschutzbedingten Verflechtungen auf dem Markt für Umweltschutzgüter und bei der öffentlichen Hand.................................177

**Kapitel 7: Ergebnisse - Überblick, Zusammenfassung, umweltpolitische Konsequenzen**.............179

**Anhang**...............................................191

Fragebogen............................................193

Verzeichnis der Industriegruppen.....................199

Tabellen 37 bis 49...................................201

**Literatur- und Quellenverzeichnis**....................259

**Stichwortverzeichnis**.................................277

# Abkürzungen, Zeichenerklärungen und Erläuterungen

| | | |
|---|---|---|
| AbfG | = | Abfallgesetz |
| AbwAG | = | Abwasserabgabengesetz |
| AltölG | = | Altölgesetz |
| AtG | = | Atomgesetz |
| BewG | = | Bewertungsgesetz |
| BImSchG | = | Bundesimmissionsschutzgesetz |
| EStG | = | Einkommenssteuergesetz |
| ERP | = | European Recovery Programm |
| GfVO | = | Großfeuerungsanlagenverordnung |
| InZulG | = | Investitionszulagengesetz |
| KfW | = | Kreditanstalt für Wiederaufbau |
| StrVG | = | Strahlenschutzvorsorgegesetz |
| TA Luft | = | Technische Anleitung zur Reinhaltung der Luft |
| BW | = | Baden-Württemberg |
| RP | = | Rheinland-Pfalz |
| S | = | Saarland |
| o.V. | = | ohne Verfasser |
| o.O. | = | ohne Ort |
| o.J. | = | ohne Jahr |
| o.A. | = | ohne Angabe |
| . | = | aus Gründen der Geheimhaltung nicht ausgewiesen |
| - | = | nichts vorhanden |
| Unterneh. | = | Unternehmen |

In den Tabellen können Rundungsfehler auftreten

# Kapitel 1   Einleitung

In der Bundesrepublik Deutschland hat die Aufmerksamkeit gegenüber Gefährdungen unserer natürlichen Lebensgrundlagen seit dem Beginn der 70er Jahre ständig zugenommen. Konzentrierte sich die Auseinandersetzung mit naturbezogenen Fragestellungen anfangs noch auf wenige Expertenkreise und spezielle Bevölkerungsgruppen, so fanden Umweltprobleme in den letzten Jahren - nicht zuletzt wegen ihrer Thematisierung in den Medien - in verstärktem Maße Eingang in Parlamente und Kabinette, aber auch in das politische Denken der Bevölkerung. Der fortschreitende Erkenntnis- und Wissensstand fördert immer schwerwiegendere und komplexere Folgen anthropogener Umweltnutzung zutage, wodurch das kollektive Umweltbewußtsein erheblich gesteigert wird. Heute zählt der Umweltschutz, wie Umfragen belegen, neben der Arbeitslosigkeit und der sozialen Versorgung zu den wichtigsten gesellschaftlichen Themen und Zielen.[1]

Doch obwohl die Umweltzerstörung eine Bündelung der gesellschaftlichen Kräfte geboten erscheinen läßt, herrscht in bezug auf Sinn und Zweck der Maßnahmen, die eine intakte Welt sichern sollen, eine teils kontroverse Meinungsvielfalt. Um vorgeschlagene Lösungswege beurteilen zu können, ist es notwendig, die wesentlichen Ursachen der Umweltproblematik zu erkennen.

## 1.1  Grundlegende Zusammenhänge der Umweltproblematik

### 1.1.1 Ökologische Determinanten

Leben entwickelt sich auf der Erde seit über vier Milliarden Jahren in vielfältigen Formen und Arten. Die einzelnen

---

1) Vgl. Kaase, M.: Die Entwicklung des Umweltbewußtseins in der Bundesrepublik Deutschland. In: Wildenmann, R. (Hrsg.): Umwelt, Wirtschaft, Gesellschaft - Wege zu einem neuen Grundverständnis. Stuttgart 1986, S. 289-316 (Emnid-, u. IPOS-Umfragen). Meller, E.: Künftige Strategien des Industrie-Umweltschutzes. In: Zeitschrift für Umweltpolitik und Umweltrecht 8, 1985, S. 355, 356.

2

Lebewesen (Mikroorganismen, Pflanzen, Tiere und Menschen)
bilden mit ihrer biotischen und abiotischen Umwelt (Biotop und
Biozoenose) ein Beziehungsgefüge, das als Ökosystem definiert
wird.[2] Unter dem Begriff Umwelt wird die Gesamtheit der auf
die Organismen wirkenden Einflußgrößen (z.B. Klima, Krank-
heitserreger, menschliche Einflüsse) verstanden.[3]

Die Organismen eines Ökosystems paßten sich in der Evolution
immer besser an ihre Umgebung an und sind dabei miteinander und
aufeinander evoluiert. Die Glieder eines Ökosystems vollziehen
also eine Coevolution, die eine interdependente Vernetzung der
Systemelemente (z.B. Wasser-, Kohlenstoff-, Sauerstoffkreis-
lauf) hervorruft, der auch der Mensch unterworfen ist. Die
Wechselwirkungen zwischen den verschiedenen Organismen,
zwischen Organismen und den auf sie wirkenden Umweltfaktoren
sowie zwischen diesen Faktoren werden von der Ökologie als
Lehre vom Haushalt der Natur untersucht.[4]

Heute ist bekannt, daß Ökosysteme keine statischen Einheiten
darstellen, sondern offen und somit veränderbar sind. Selbst
das umfassende Ökosystem der ganzen Erde ist äußeren Einflüssen, z.B. der Sonneneinstrahlung unterworfen. Allerdings führen
endogene Entwicklungsabläufe und exogene Faktoren nicht
zwangsläufig einen Wandel oder den Zusammenbruch eines
ökologischen Systems herbei, denn Ökosysteme verfügen über ein
autogenes Vermögen zur Selbstregulation. Dieses Regulativ
beruht auf der Wirkung und Gegenwirkung der Bestandteile eines
Ökosystems und erfordert hierzu die Funktionsfähigkeit der
Systemelemente. Eine leistungsfähige Selbstregulation schafft
zwischen den Systemelementen einen Ausgleichszustand, das
ökologische Gleichgewicht.[5]

---

2) Vgl. Ellenberg, H. (Hrsg.): Ökosystemforschung. Berlin. Heidelberg,
   New York 1978, S. 1.

3) Vgl. Bick, H.: Mensch und Natur. In: Wildenmann, R., a.a.O., S. 20

4) Vgl. Remmert, H.: Ökologie. Ein Lehrbuch. Berlin, Heidelberg,
   New York 1978, S. 171, 172. Ellenberg, H., a.a.O.

5) Beispiel: Räuber-Beute-System:
   Erhöht sich aus bestimmten Gründen die Populationsdichte einer
                                                        Forts. Fußnote

Wenn jedoch das Selbstregulativ durch gravierende Störungen von innen und außen überfordert wird, können ausbalancierte Systeme kollabieren.[6] Durch die vielfältigen menschlichen Aktivitäten, z.B. Ressourcenraubbau, Gewässerverunreinigung, Luftverschmutzung, wird das ökosystemimmanente Regelungsvermögen so nachhaltig geschwächt und überfordert, daß Systemveränderungen und die Ausbildung neuer Systemformen für die gesamte Erde nicht ausgeschlossen werden können. Fraglich bleibt dann der Fortbestand der von der Umweltzerstörung am schwerwiegendsten betroffenen und nur in begrenztem Umfang verfügbaren Wasser-, Luft- und Bodenbedingungen, die für pflanzliche, tierische und menschliche Existenz die grundlegende Voraussetzung darstellen. Um den Zusammenbruch unserer lebensnotwendigen Umwelt zu verhindern, gilt es, die ursächlichen Symptome der ökologischen Gefährdung, die im folgenden untersucht werden, zu erkennen und zu bekämpfen.

## 1.1.2 Überbevölkerung und Industrialisierung

Die menschliche Inanspruchnahme der Umwelt, sei es als Abgabemedium (z.B. Entnahme von Rohstoffen) oder als Aufnahmemedium (z.B. Empfang von Schadstoffen), ist so alt wie die Menschheit selbst. Doch beanspruchte die relativ geringe Anzahl von Menschen zu Anfang der anthropogenen Entwicklung die Umwelt nur in geringem bzw. vernachlässigbarem Maße. Erst durch eine Zunahme der Bevölkerung mußten auch zwangsläufig die Umwelteingriffe quantitativ ansteigen. Allerdings vollzog sich der Bevölkerungsanstieg zunächst sehr langsam. Um die zur Zeit Christi ca. 250 Millionen lebenden Menschen zu verdoppeln, war noch ein Zeitraum von etwa 1650 Jahren erforderlich. Die

---

Forts. Fußnote
    Tierart, so verbessern sich die Lebensbedingungen für einen Räuber, dem diese Tierart als Nahrungspotential dient. Die Populationsdichte des Räubers steigt ebenfalls an, wodurch eine Populationsreduzierung des Beutetiers bewirkt werden kann. Dies wiederum schmälert die Lebensgrundlage des Räubers, dessen Populationsdichte nun auch abnimmt, bis ein Gleichgewichtszustand erreicht wird.
    Vgl. Remmert, H., a.a.O., S. 122-157.

[6]   Vgl. Ellenberg, H., a.a.O., S. 235, 240.

4

folgende Verdoppelungszeit betrug aber nur noch 200, die
nächste gar nur noch 100 Jahre. Von 1950 bis 1980 erhöhte sich
die Zahl der Menschen von zwei auf vier Milliarden.[7] Setzt
sich die Bevölkerungsvermehrung wie bisher mehr oder weniger
ungestört fort, werden um das Jahr 2030 bereits
ca. 10 Milliarden Menschen die Erde besiedeln, also doppelt
soviele wie 1987, und gegen Ende des 21. Jahrhunderts werden es
sogar ca. 30 Milliarden sein.[8] Der letzte Wert entspricht
"ziemlich genau den Schätzungen der amerikanischen Academie of
Sciences in bezug auf die äußerste Belastbarkeit der Erde."[9]
Erfolgen bis zu diesem Zeitpunkt keine entscheidenden Kurskor-
rekturen, so müssen dann aufgrund der begrenzten Verfügbarkeit
von Nahrungsmitteln, Wasser und Rohstoffen[10] einschneidende
Versorgungsengpässe ebenso einkalkuliert werden wie eine sich
zuspitzende Umweltkrise. Die Menschheit wird dann in jeder
Hinsicht an die Wachstumsgrenzen in einer "endlichen Welt"[11]
stoßen.

---


7)   Vgl. Wicke, L.: Umweltökonomie. Eine praxisorientierte Einführung.
     München 1982, S. 28,

8)   Vgl. Global 2000. Der Bericht an den Präsidenten. Frankfurt 1980,
     S. 26-29.

9)   Global 2000, a.a.O., S. 26

10)  Nach dem Prinzip der Entropie (Zweiter Hauptsatz der Themodynamik)
     gehen bei jeder Stoffumwandlung bestimmte Anteile von Energie/Masse
     der jeweils eingesetzten Materialien für die Nutzung verloren. Diese
     Engerie-/Massenanteile verteilen sich in irgendeiner Form (z.B. als
     Gase, Staubpartikel) auf die Umweltmedien Wasser, Luft und Boden. Eine
     Wiederverwendung derart diffundierter Stoffe ist theoretisch unter der
     Bedingung eines unverhältnismäßig hohen Energieeinsatzes denkbar,
     praktisch aber ausgeschlossen. Der Verwendung der auf der Erde
     begrenzten Ressourcen sind somit naturgesetzliche Schranken gesetzt.
     Vgl. Hartkopf, G. und E. Bohne: Umweltpolitik. Grundlagen, Analysen
     und Perspektiven. Opladen 1983, Bd.1, S. 8-15. Strebel, H.: Umwelt und
     Betriebswirtschaft. Berlin 1980, S. 27-29. Harbeck, G. u.a.: Physik.
     Braunschweig 1972, S. 242-249.

11)  Meyer-Abich, K., M.: Die ökologische Grenze des herkömmlichen
     Wachstums. In: Nussbaum, H. von (Hrsg.): Die Zukunft des Wachstums.
     Kritische Antworten zum Bericht des "Club of Rome". Düsseldorf 1973,
     S. 163.

Die Entwicklung der Menschheit zeigt, daß sich die Erdbevölkerung in immer kürzeren Zeitabständen verdoppelt, d.h. einem exponentiellen Wachstum unterliegt. Die Konsequenzen einer exponentiellen Wachstumsentwicklung lassen sich mit Hilfe des folgenden Beispiels verdeutlichen:

> "In einem Gartenteich wächst eine Lilie, die jeden Tag auf die doppelte Größe wächst. Innerhalb von dreißig Tagen kann die Lilie den ganzen Teich bedecken und alles andere Leben in dem Wasser ersticken. Aber ehe sie nicht mindestens die Hälfte der Wasseroberfläche einnimmt, erscheint ihr Wachstum nicht beängstigend; es gibt ja noch genügend Platz, und niemand denkt daran, sie zurückzuschneiden, auch nicht am 29. Tag; noch ist ja die Hälfte des Teiches frei. Aber schon am nächsten Tag ist kein Wasser mehr zu sehen."[12]

Nach 97 Prozent der zur Verfügung stehenden Zeit ist erst die Hälfte der Gesamtwirkung eingetreten, während in den verbleibenden drei Prozent die andere Hälfte der Wirkung erfolgt. Von einem niederen Niveau ausgehend, dauert es also relativ lange, bis ein bedrohlicher Zustand erreicht wird. Allerdings bleibt dann nur noch wenig Zeit, um der Gefahr zu begegnen.

Es ist das Verdienst von Meadows und seinen Mitarbeitern, erstmals auf der Grundlage eines systemtheoretischen Weltmodells auf den Zusammenhang von den bis dahin in der Regel voneinander isoliert analysierten Bereichen exponentielles Bevölkerungswachstum, Nahrungsmittel- und Rohstoffverbrauch und Umweltverschmutzung aufmerksam gemacht und seine weit unterschätzte Größenordnung und zeitliche Dimension ins Blickfeld gerückt zu haben.[13] Sicherlich ist wegen des vereinfachenden

---

12) Vgl. Meadows, D. u.a.: Die Grenzen des Wachstums. Bericht des Club of Rome zur Lage der Menschheit. Stuttgart 1983, 13. Aufl., S. 20, 21.

13) Vgl. Meadows, D. u.a., a.a.O.
Als Fortsetzung und Differenzierung zur Meadows-Studie: Mesarovic, M. und E. Pestel: Menschheit am Wendepunkt. Stuttgart 1974.
Auf die unvermindert anhaltende Bedrohung der Welt macht Pestel in einem neuen Bericht des Club of Rome aufmerksam: Pestel, E.: Jenseits der Grenzen des Wachstums. Stuttgart 1988.

6

Charakters solcher Szenarien, etwa die subjektive Auswahl der
Variablen, die Reduktion der Wirklichkeit auf wenige Aspekte
oder das Fehlen potentieller künftiger Entwicklungen
(z.B. Verhaltensänderungen des Menschen infolge von Umweltschäden) Kritik an den Prognosen berechtigt. Nichtsdestoweniger
besitzen solche Modelle heuristischen Wert, denn sie erzeugen
ein verstärktes Problemverständnis und -bewußtsein.

Parallel zur Bevölkerungsentwicklung vollzieht sich auf der
nördlichen Hemisphäre seit dem 19. Jahrhundert ein Industria-
lisierungsprozeß, der die Qualität der anthropogenen Umwelteingriffe entscheidend veränderte und zusätzliche Umweltprobleme nach sich zog. Nach dem Zweiten Weltkrieg erfolgte eine
vehemente, mit dem Stichwort "Chemisierung" gekennzeichnete
Intensivierung der Industrialisierung, die alsdann auch
zunehmend die Dritte Welt ergriff.

Bevölkerungswachstum, gepaart mit der industriellen und
technischen Entwicklung, führte zu schwerwiegenden ökologischen
Folgen mit globaler Tragweite.[14]

---

14) Beispielsweise kommt es durch Verbrennung (Haushalte, Verkehr,
Industrie, Kraftwerke) fossiler Kohlenstoffe (Kohle, Erdöl, -gas)
weltweit zu einer Anreicherung von Kohlendioxid in der Atmosphäre, das
infolge der Zerstörung von $CO_2$-verbrauchenden Pflanzen (u.a.
unkontrolliertes Abholzen und Brandrodung im tropischen Regenwald)
immer weniger abgebaut wird.
Kohlendioxid, gegenwärtig werden jährlich ca. fünf Mrd. Tonnen davon
freigesetzt, ist schwerer als Luft und sammelt sich daher in den
bodennahen Luftschichten. $CO_2$ beeinträchtigt zwar die Sonneneinstrahlung nicht, vermindert aber die Wärmeausstrahlung, so daß sich die
Luftschichten langsam erwärmen. Bei einer weiter steigenden Durch-
schnittstemperatur an der Erdoberfläche muß mit einem sog. Treibhauseffekt gerechnet werden, der sich katastrophal auswirken könnte: z.B.
Verlagerung der Klima- und landwirtschaftlichen Anbauzonen, Abschmel-
zen der Poleiskappen und damit verbunden ein Meeresspielgelanstieg von
ca. sechs Metern mit der Folge von großflächigen Überschwemmungen
(z.B. Norddeutschland).
Weltweite Konsequenzen besitzt auch die Zerstörung der Ozonschicht,
die die Erde wie ein Filter vor der schädlichen UV-Strahlung schützt.
Hierfür sind in Verbindung mit meteorologischen Faktoren, wie jüngste
Untersuchungen bestätigen, mit großer Wahrscheinlichkeit
Fluorchlorkohlenwasserstoffe (FCKWs) verantwortlich. FCKWs, die als
Treibmittel in Spraydosen, als Reinigungs- und Kühlmittel und in der
Kunststoffproduktion verwandt werden (jährliche Emission:
ca. 0,6 Mio. t), werden wegen ihrer Stabilität nicht bodennah
abgebaut, sondern erst in der Stratosphäre vom Licht gespalten. Dabei
wird Ozon zerstört.

Forts. Fußnote

Folglich scheinen sowohl in einer spürbaren Verminderung des Bevölkerungswachstums als auch in der Anwendung umweltfreundlicher Produktionsprozesse und -kreisläufe Lösungsansätze für die Umweltproblematik zu liegen. Jedoch kann selbst von konsequent verfolgten Maßnahmen zur Familienplanung, die durch umfassende gesellschaftspolitische Konzepte ergänzt werden müßten, eine Absenkung der Geburtenrate nicht vor Mitte des nächsten Jahrhunderts erwartet werden.[15] So lange stiege die Erdbevölkerung und damit auch die Umweltbelastung weiter an. Zu einem wesentlich früheren Zeitpunkt ist auch wegen der raumzeitlichen Dimension der Entwicklung, Annahme, Anwendung und Ausbreitung von Innovationen mit technischen Lösungen nicht zu rechnen.[16] Sowohl bevölkerungspolitische als auch technokratische Lösungsvorschläge bewirken eher langfristige Verbesserungen, ohne gegenwärtig die Umweltzerstörung entscheidend zu bremsen.

---

Forts. Fußnote
Vgl. Hartkopf, G. und E. Bohne, a.a.O., S. 15-17. Umwelt und Energie. Handbuch für die betriebliche Praxis. Freiburg i. Br. 1980, Gruppe 2/32, S. 1; 3/39, S. 2, 3, 5; 3/82, S. 4. Die Zeit 9/1988, S. 74.

15) Vgl. Eppler, E.: Ende ohne Wende. Von der Machbarkeit des Notwendigen. Stuttgart 1975, 3. Aufl., S. 12.

16) Für die wirtschaftliche Weiterentwicklung ist die Frage der Energieversorgung von zentraler Bedeutung und gleichzeitig ein Gradmesser, da sie oft die Voraussetzung für die Anwendung moderner Technologien darstellt. Wegen des begrenzten Vorrates an fossilen Energieträgern setzt die Forschung auf die Entwicklung und Anwendung von Kernfusion und in bescheidenem Umfang auf die äußerst umweltfreundliche, auf Sonnenenergieausnutzung basierende Wasserstoffwirtschaft. Auf diesen Gebieten werden innovative Fortschritte und ihre ökonomisch rentable Umsetzung nicht vor Mitte bis Ende des 21. Jahrhunderts prognostiziert.
Vgl. Winter, C.J., J. Nitsch und H. Klaiß: Sonnenenergie - Ihr Beitrag zur künftigen Energieversorgung der Bundesrepublik Deutschland. In: Brennstoff-Wärme-Kraft 35, 1985, S. 252-256. Hake, B.: Alternativenergien: Technik, Wirtschaftlichkeit, Marktpotential. In: Umwelt und Energie, Gruppe 8, S. 232-234. Institut der Deutschen Wirtschaft: Zahlen zur wirtschaftlichen Entwicklung der Bundesrepublik Deutschland. Köln 1987, Tab. 99. Der Spiegel 41. Jg. 34/1987, S. 158, 159, 160.
Windhorst, H.-W.: Geographische Innovations- und Diffusionsforschung. Darmstadt 1983.

### 1.1.3 Kollektivgut Umwelt

Es besteht unter den Wirtschaftswissenschaftlern weithin darüber Konsens, daß die ökologisch negativen Folgen der Industrialisierung zu einem Großteil auf die Möglichkeit zurückzuführen sind, die Umwelt unbegrenzt und unentgeltlich zu nutzen.[17]

Die Umwelt erscheint größtenteils als öffentliches Gut bzw. als Kollektivgut. Im Gegensatz zu privaten Gütern können Kollektivgüter weder aufgeteilt noch verkauft werden. Ferner kann niemand von der Nutzung eines öffentlichen Gutes ausgeschlossen werden. Der freie Zugang zu öffentlichen Gütern verleitet die Wirtschaftssubjekte, aus (rational) ökonomischen Eigeninteressen die Vorteile von Kollektivgütern zu nutzen, ohne diesen Nutzen des Gutes einzugestehen. Auf diese Weise bildet sich weder eine Nachfrage nach öffentlichen Gütern noch ein Markt aus; der einzelne leistet somit keinen Beitrag für die Erstellung des Gutes.

Während die Möglichkeiten der Rohstoffentnahme und des -verbrauchs teils durch neue Lagerstätten, teils über den Preis (Verknappung der Ressourcen führt zu steigenden Preisen) zumindest für absehbare Zeit vielfältig entwickelbar erscheinen, treten, bedingt durch die 1945 explosionsartig einsetzende Produktivkraft- und Konsumsteigerung, bei der Schadstoffaufnahme durch die Umwelt, dem zentralen Umweltproblem, bereits seit Jahren zunehmende Schädigungen, also Verknappungen auf.

Der Kollektivgutcharakter der Umwelt verhindert, daß sich wie bei privaten Gütern rechtzeitig Preise ausbilden, die die Knappheiten signalisieren und ökonomische Anreize bieten, mit der Umwelt als Aufnahmemedium sorgsam umzugehen. Die Wirtschaftssubjekte können also die Umwelt in uneingeschränktem Maße beanspruchen, ohne für die materiellen Folgen ihres Handelns, die Umweltschäden und die daraus resultierenden Kosten (z.B. für Trinkwasseraufbereitung), aufzukommen. Dadurch entstehen die sog. externen Kosten.

---

17) Vgl. Jarre, J.: Verursacherprinzip. In: Umwelt und Energie, Gruppe 3/100, S. 1.

Als externe Kosten werden diejenigen Kosten bezeichnet, "die
der Gesellschaft entstehen, ohne daß sie im betrieblichen
Rechnungswesen bzw. in der Wirtschaftsrechnung der privaten und
öffentlichen Haushalte als Kosten auftauchen."[18] Die externen
Kosten stellen also die Differenz zwischen den insgesamt
anfallenden (privaten plus gesellschaftlichen) Kosten und den
privaten Kosten dar. Diese Diskrepanz bedeutet, daß schadstoff-
intensive Produkte zu preiswert (da nicht kostendeckend) angeboten werden, was eine stärkere Nachfrage und eine entsprechende Produktionssteigerung nach sich zieht. Es kommt zu einer
Verzerrung bei der Allokation von Produktionsfaktoren zugunsten
der schadstoffintensiven wirtschaftlichen Tätigkeiten, die
dadurch gesamtwirtschaftlich einen zu hohen Rang einnehmen.

Das marktwirtschaftliche System ist aber dadurch gekennzeich-
net, daß alle volkswirtschaftlichen Kosten und Erträge auch als
einzelwirtschaftliche Kosten und Erträge in den Wirtschaftsrechnungen der Wirtschaftseinheiten erscheinen, damit privates
Wirtschaften auch eine gesamtwirtschaftlich sinnvolle Wirkung
erzielt. Dies bedeutet in bezug auf die Umweltproblematik, daß
die externen Umweltkosten in die Wirtschaftsrechnungen der
Umweltbeeinträchtiger einzubeziehen, d.h. zu internalisieren
sind.
Die einzelwirtschaftliche Zuordnung der Umweltkosten kann die
Wirtschaftssubjekte anregen, die Umwelt unmittelbar sparsam zu
nutzen und so die Umweltverschmutzung zu reduzieren. In der
Internalisierung externer Umweltkosten bietet sich daher für
die umweltpolitische Praxis ein wichtiger Ansatzpunkt, um auch
kurzfristig wirksame Umweltschutzanstrengungen einzuleiten.[19]
Dabei gilt es, die Nutzungsrechte am knappen Gut Umwelt, d.h.

---

18) Vgl. Wicke, L., a.a.O., S. 40.

19) Vgl. zu Kollektivgutproblem/externe Kosten: Hartkopf, G. und E. Bohne,
a.a.O., S. 80-82. Möller, H. u.a.: Umweltökonomik: ein Überblick in
die ökonomische Analyse von Umweltproblemen. Königstein/Ts. 1981,
S. 23-29. Siebert, H.: Umwelt als knappes Gut. In: Wildenmann, R.
(Hrsg.), a.a.O., S. 77-88. Strebel, H., a.a.O., S. 30-46. Wicke, L.,
a.a.O., S. 38-42. Umwelt und Energie, a.a.O., Gruppe 3/31, S. 1;
Gruppe 3/48, S. 1 ff.

die rechtlichen und gesellschaftlichen Regelungen, die den Umgang mit der Umwelt festlegen,[20] zu verändern, um so quasi den fehlenden Markt (z.B. durch Nutzungsbeschränkungen) und Preise für die knappen Umweltgüter zu simulieren. Zu diesem Zweck sind vor allem auch sozialwissenschaftliche Erkenntnisse über die sozioökonomische Dimension der Umweltproblematik von Nutzen.

## 1.2 Sozialwissenschaftliche Beiträge zur Lösung der Umweltproblematik

Die Bewältigung von Knappheitsverhältnissen zählt zu den zentralen Betätigungsfeldern der Wirtschaftswissenschaften. Bereits seit dem Beginn der Umweltdiskussion am Ende der 60er Jahre setzen sich Wirtschaftswissenschaftler im Rahmen der Allokations- und Distributionsproblematik mit der Verteilung von Umweltgütern auf die in Frage kommenden Nutzungsbereiche von Konsum und Produktion sowie auf die einzelnen Konsumenten und Produzenten auseinander und diskutieren hierbei Strategien zur Internalisierung externer Umweltkosten und ihre potentiellen Folgen.[21] In diesem Zusammenhang werden die Maximierungsmöglichkeiten der Wohlstandskomponente "hohe Umweltqualität", die monetäre Bewertung von Umweltschäden und -verbesserungen, die Wirksamkeit umweltpolitischer Instrumente und die Beziehungen zwischen umwelt- und gesamtwirtschaftlichen Zielen untersucht.[22]

Eine betriebswirtschaftliche Behandlung umweltbezogener Fragestellungen beginnt erst mit den 80er Jahren und richtet sich z.B. auf den Umgang mit Umweltproblemen in Unternehmen,

---

20) Vgl. Siebert, H., a.a.O., S. 81.

21) Vgl. Meißner, W.: Prinzipien der Umweltpolitik. In: Wildenmann, R. (Hrsg.), a.a.O., S. 197-207. Möller, H. u.a., a.a.O.. Siebert, H., a.a.O..

22) Vgl. u.a. Frey, B. S.: Umweltökonomie. Göttingen 1972. Wicke, L., a.a.O. Zimmermann, K.: Umweltpolitik und Verteilung. Eine Analyse der Verteilungswirkungen des öffentlichen Gutes Umwelt. Berlin 1985.

umweltbedingte betriebliche Entscheidungen oder betriebliche Wirkungen von Umweltauflagen.[23]

Durch intensive Beschäftigung mit der Umweltproblematik seitens der Wirtschaftswissenschaften bildete sich eine umweltökonomische Teildisziplin aus, die als "die Wissenschaft, die in ihre Theorien, Analysen und Kostenrechnungen ökologische Parameter miteinbezieht" bezeichnet wird.[24]

Für die Umsetzung von Umweltschutz per Internalisierung der Kosten reichen ausschließlich wirtschaftliche Begründungen nicht aus. Diese müssen vielmehr auf ihre Rechtmäßigkeit geprüft werden. Die Jurisprudenz analysiert, ob die vorgeschlagenen Ziele und Maßnahmen mit dem bestehenden Recht vereinbar sind, wobei aufgezeigt wird, wie sich die Bestimmungen im Zusammenhang mit dem geltenden Recht bei Berücksichtigung der bestehenden Justizorganisation auswirken können. Jedoch weisen Rechtswissenschaftler ausdrücklich darauf hin, daß in pluralistischen Staaten gesetzlich festgelegte Tatbestände oft nicht mehr in der Lage sind, die komplexen Strukturen gesellschaftlicher Einzelsysteme vollständig zu durchdringen. Staatliche Gesetze werden dann nach Normen und Kriterien dieser Systeme interpretiert und akzeptiert, so daß eine zweckrationale Auslegung möglich ist, die die ursprünglichen Intentionen des Gesetzgebers umkehrt. Dementsprechend besteht auch für Umweltfragen, die alle Teilbereiche der Gesellschaft betreffen, keine vollkommene Steuerungsfähigkeit durch Gesetze.[25] Umweltprobleme reduzieren sich also nicht nur auf juristische Entscheidungen, sondern erweisen sich von gesellschaftlicher Brisanz.

---

23) Vgl. u.a. Strebel, H., a.a.O..

24) Deutscher Bundestag: Umweltprogramm der Bundesregierung 1971, BT-Drucksache VI/2710, S. 69.

25) Vgl. Pawlowski, H.-M.: Wege zu einem neuen Grundverständnis - Probleme der "Steuerung durch Gesetze". In: Wildenmann, R. (Hrsg.), a.a.O., S. 317, 322.

Trotz der gesellschaftspolitischen Bedeutung der Umweltproble-
matik hat sich die Politische Wissenschaft bisher erst in
Teilbereichen der Thematik angenommen; insbesondere die
Implementationsforschung und Untersuchungen zur Parteienent-
wicklung widmen sich entsprechenden umweltbezogenen
Aspekten.[26] Insgesamt versäumte es die Politische Wissen-
schaft, obwohl die ökologischen Gefährdungen immer häufiger die
Frage nach einer für den Naturhaushalt vertretbaren und
wünschenswerten Gesellschaftsordnung aufwerfen, konkrete
Zielmodelle für die Sozialentwicklung zu konstruieren und die
Realisierbarkeit des Übergangs vom gesellschaftlichen Ist- zum
Sollzustand zu erörtern.[27]

Um gesellschaftliche Veränderungen zu initiieren, bedarf es
einer breiten Aufklärung der Bevölkerung über Verhaltensalter-
nativen und ihre Konsequenzen. Auf die nötigen Potentiale für
die Umsetzung von Information in Verhalten/Fähigkeit richtet
sich das Erkenntnisinteresse der Andragogik und Pädagogik. Doch
die erst in den 80er Jahren einsetzenden umweltbezogenen
Untersuchungen akzentuieren lediglich die Vermittlung von
ökologischen Zusammenhängen.[28] Nur in Einzelfällen werden

---

26) Vgl. Mayntz, R. u.a.: Vollzugsprobleme der Umweltpolitik - eine
empirische Untersuchung der Implementation von Gesetzen im Bereich der
Luftreinhaltung und des Gewässerschutzes. Stuttgart u.a. 1978.
Beyme, K. von: Parteien in westlichen Demokratien. München 1984,
2. Aufl.. Klingenmann, H.-D.: Umweltproblematik in Wahlprogrammen der
etablierten politischen Parteien in der Bundesrepublik Deutschland.
In: Wildenmann, R. (Hrsg.), a.a.O., S. 356-361.

27) Vgl. Pipers Wörterbuch zur Politik. Hrsg. v. D. Nohlen. München,
Zürich 1985, Bd. 1, S. 1048. Ronge, V.: Staats- und Politikkonzepte in
der sozio-ökonomischen Diskussion. In: Jänicke, M. (Hrsg.):
Umweltpolitik. Beiträge zur Politologie des Umweltschutzes.
Opladen 1978, S. 213-215.

28) Vgl. u.a. Eulefeld, G., Bolscho, D. und H. J. Seibold: Umwelterziehung
in der Bundesrepublik Deutschland. München 1980. Fietkau, H. und
H. Kessel: Umwelt lernen. Strategien zur Hebung des Umweltbewußtseins.
Königstein 1981. Eulefeld, G. u.a.: Ökologie und Umwelterziehung. Ein
didaktisches Konzept. Stuttgart 1981.

Konzepte präsentiert, deren Ziel es ist, ökologisch positive Verhaltensänderungen zu erzeugen.[29]

Sozialwissenschaftliche Forschung widmet sich, wie überblicksartig aufgezeigt wurde, unter verschiedenen Blickwinkeln der Umweltproblematik, wobei besonders die ökonomische Komponente der Umweltpolitik, d.h. die Bewirtschaftung der Umwelt, im Mittelpunkt steht.

Allerdings berücksichtigen die verschiedenen Analysen kaum, daß sich jegliches Wirtschaften, also auch umweltbezogenes, im Raum vollzieht und in der Regel sich teilräumlich-spezifisch auswirken kann. Um wirtschaftliche bzw. gesamtgesellschaftliche Konsequenzen von raumwirksamen Prozessen erkennen zu können, sind diese zu beschreiben, zu erklären und auf ihre Beeinflussungsmöglichkeiten hin zu untersuchen.[30] Eine derartige Analyse umweltschutzinduzierter räumlicher Entwicklungen ist bisher größtenteils unterblieben.[31] Da sich das Forschungsanliegen der Anthropogeographie generell auf die Raumwirksamkeit menschlichen Handelns konzentriert, ist diese Disziplin aufgefordert, den räumlichen Aspekt von Umweltschutzaktivitäten zu prüfen.[32]

---


29) Vgl. z.B. Cube, F. von und D. Alshuth: Fordern statt verwöhnen. Die Erkenntnisse der Verhaltensbiologie in Erziehung und Führung. München 1986.

30) Vgl. Böventer, E. von: Raumwirtschaft. In: Handwörterbuch der Wirtschaftswissenschaften, Bd. 6, S. 406, 407

31) Bisher wurde insbesondere die Fragestellung von Standorteinflüssen im Zusammenhang mit dem Umweltschutz aufgegriffen:
Vgl. z.B. Kaerntke, K.: Standortfaktor Umweltschutz. Umweltschutzmaßnahmen als Standortproblem für Betriebe der Verarbeitenden Industrie. Berlin 1982. Knödgen, G.: Umweltschutz und Standortentscheidung. Frankfurt, New York 1982.

32) Vgl. Nuhn, H.: Industriegeographie. Neue Entwicklungen und Perspektiven für die Zukunft. In: Geographische Rundschau 1987, Stand und Aufgabe der Geographie, Sonderheft Bd. 1, S. 53.

# Kapitel 2   Aufgabenstellung, Aufbau und methodisches Vorgehen der Arbeit

Um einen Beitrag zu leisten, das in Kapitel 1.2 festgestellte Forschungsdefizit zu beseitigen, wird in dieser Arbeit die Umweltökonomie am Beispiel der Industrie, die von Umweltschutzanforderungen besonders betroffen ist, einer verstärkten anthropo- bzw. industriegeographischen[33] Betrachtungsweise zugeführt, indem geprüft wird, ob die Umweltökonomie Raumrelevanz besitzt und, wenn ja, wie diese sich äußert.

Unter Umweltökonomie wird hier - in Anlehnung an die allgemeine definitorische Fassung des Begriffes "Wirtschaft" als die "Gesamtheit der Einrichtungen und Maßnahmen zur planvollen Deckung des menschlichen Bedarfs an Gütern"[34] - die Gesamtheit der zur Schaffung des Gutes "intakte Umwelt" unternommenen Handlungen verstanden. Dazu zählen in der Industrie alle unternehmerischen Aktivitäten, die durch Umweltschutzauflagen hervorgerufen werden. Es handelt sich vor allem um Planungs-, Überwachungs-, Schadensvermeidungs- und -beseitigungsmaßnahmen, die als Aufwandskomponente in der betrieblichen Kostenrechnung erscheinen, so daß Umweltschutzkosten als ein aussagekräftiger Indikator für die Bedeutung der Umweltökonomie in der Industrie herangezogen werden können.[35]

---


33)   Nach Mikus ist es die Aufgabe der Industriegeographie, "Strukturen, Verflechtungen und Prozesse der Industrie in ihrer Raumbedingtheit und Raumwirksamkeit innerhalb einer allgemeinen, individuell-regionalen und angewandten Geographie zu untersuchen." Mikus, W.: Industriegeographie. Themen der allgemeinen Industrieraumlehre. Darmstadt 1978, S. 2, 3.

34)   Stackelberg, H. von: Grundlagen der theoretischen Volkswirtschaftslehre. Tübingen, Zürich 1951, S. 3. Vgl. Wöhe, G.: Einführung in die allgemeine Betriebswirtschaftslehre. München 1981, 14. Aufl., S. 1.

35)   Vgl. Sprenger, R.-U.: Struktur und Entwicklung von Umweltschutzaufwendungen in der Industrie. Berlin, München 1975, S. 13. Büringer, H.: Umweltschutzinvestitionen im Verarbeitenden Gewerbe 1975 bis 1982. In: Baden-Württemberg in Wort und Zahl 32, 1984, S. 255.

Von diesen Überlegungen und der obengenannten Zielsetzung
ausgehend, stellt sich die Frage nach der Struktur der umweltschutzinduzierten Aufwendungen, nach deren regionaler Verteilung und nach Auswirkungen der Umweltökonomie auf die räumliche
Organisation der Industrie und dem Arbeitsmarkt.
Da der industrielle Umweltschutz bzw. die Umweltökonomie letztlich von rechtlichen und administrativen Regelungen
hervorgerufen wird, erscheint es sinnvoll, am Anfang der Arbeit
einen Überblick über die Umweltpolitik in der Bundesrepublik Deutschland zu geben.

Im zweiten Teil der Arbeit beginnt die eigentliche
industriegeographische Untersuchung mit einer Strukturanalyse
der Umweltschutzkosten, wobei folgende Aspekte, nach Industriegruppen untergliedert, berücksichtigt werden:

1. Häufigkeit bzw. Notwendigkeit von Umweltschutzinvestitionen;
2. Größenordnung der Umweltschutzinvestitionen;
3. Verteilung der umweltschutzbedingten Investitionen
   auf die verschiedenen Umweltschutzbereiche (Abfallbeseitigung, Gewässerschutz, Lärmbekämpfung,
   Luftreinhaltung);
4. Art der Umweltschutzinvestitionen (verfahrensintegrierte, ausschließlich dem Umweltschutz dienende,
   produktbezogene);
5. Ökonomische Belastung durch Umweltschutzinvestitionen;
6. Laufende Umweltschutzkosten (Betriebskosten für
   Umweltschutzanlagen, Gebühren und Beiträge für
   umweltschutzbezogene Dienstleistungen Dritter);
7. Unternehmerische Anpassungsreaktionen an die
   Umweltschutzkosten.

Umweltschutzinvestitionen werden in der Bundesrepublik
Deutschland seit 1975 gemäß § 11 UStaG ermittelt. Für Baden-
Württemberg liegen diese Daten jedoch erst ab 1976 vor, so daß
sich die Analyse auf den Zeitraum von 1976 bis 1985 (jüng-
stes verfügbares Datenmaterial) beschränkt. Nach dem Gesetz

sind alle Inhaber oder Leiter von Betrieben des Produzierenden Gewerbes[36] mit mehr als 20 Beschäftigten verpflichtet, die jährlichen Zugänge von Anlagen zu Umweltschutzzwecken anzugeben. Dadurch werden auf Landesebene vergleichbare Daten ermittelt (Punkte 1,2,3,5). Allerdings fehlen zur Untersuchung der Umweltschutzinvestitionsart (Punkt 4) für das Verarbeitende Gewerbe vollständige Materialien. Um diesen Gesichtspunkt dennoch behandeln zu können, wurde beispielhaft für Baden-Württemberg eine entsprechende Datenaggregierung konzipiert und mit Hilfe der Datenverarbeitung des Statistischen Landesamtes erstellt.

Für die laufenden Umweltschutzkosten, die nach UStaG nicht erfaßt werden, stehen im südwestdeutschen Raum lediglich Studien für zwei baden-württembergische Verwaltungsregionen zur Verfügung.[37] Im Rahmen einer eigenständigen Unternehmensbefragung wurden diese Daten ergänzt und die Informationen über

---

36) Das Produzierende Gewerbe umfaßt die Sektoren Bergbau, Engerie- und Wasserversorgung, Baugewerbe und das Verarbeitende Gewerbe (Industrie und Handwerk). Nach dieser sektoralen Unterscheidung weisen die Statistischen Ämter die über Umweltschutzinvestitionen erhobenen Daten aus.
Vgl. Statistisches Bundesamt Wiesbaden (Hrsg.): Investitionen für Umweltschutz im Produzierenden Gewerbe 1984. Fachserie 19, Reihe 3, S. 6.
Im Falle des Verarbeitenden Gewerbes ist davon auszugehen, daß die statistisch erhobenen Umweltschutzinvestitionen weitgehendst von industriellen Tätigkeiten hervorgerufen werden, da handwerkliche Betriebe häufig unterhalb der amtlichen Erfassungsgrenze von 20 Beschäftigten liegen und in der Regel kaum von der Umweltschutzgesetzgebung betroffen sind. Zudem kann eine stringente Abgrenzung des Handwerks gegenüber der Industrie wegen der Angleichung der Arbeitsvorgänge, vor allem in Mischbetrieben mit handwerklicher Einzelfertigung und industrieller Serien- und Massenherstellung (etwa im Bereich der Holzverarbeitung), nur selten sinnvoll vorgenommen werden. Deshalb werden im Verlauf der Arbeit die Begriffe "Verarbeitendes Gewerbe" und "Industrie" synonym gebraucht.

37) Vgl. Büringer, H.: Kosten durch Umweltschutzmaßnahmen im Verarbeitenden Gewerbe. (Region Hochrhein-Bodensee 1980) In: Baden-Württemberg in Wort und Zahl 30, 1982, S. 162-165. Büringer, H.: Kosten durch Umweltschutzmaßnahmen im Verarbeitenden Gewerbe. (Regionen Mittlerer Oberrhein und Unterer Neckar 1984) In: Baden-Württemberg in Wort und Zahl 34, 1986, S. 265-271.

die unternehmerischen Anpassungsreaktionen an die Umweltschutzkosten ermittelt. [38]

Indem sich die Strukturanalyse auf Südwestdeutschland, d.h.
Baden-Württemberg, Rheinland-Pfalz und das Saarland bezieht,
werden gleichzeitig makroregionale Erkenntnisse gewonnen.

Im dritten Teil der Arbeit werden zur weiteren regionalen
Differenzierung die Punkte 1,2,3,5,7 der Stukturanalyse am
Beispiel von Baden-Württemberg nach Stadt- und Landkreisen
differenziert untersucht.

Da das hierzu (Punkte 1,2,3,5) verfügbare Datenmaterial nicht
den aktuellen Stand wiedergab und keine Angaben über die
regionale Belastung durch Umweltschutzinvestitionen enthielt,
wurde wiederum in Kooperation mit dem Statistischen Landesamt
von Baden-Württemberg eine ergänzende Datenzusammenstellung
durchgeführt. Zu Punkt 7 wird mit Hilfe einer Statistik der
Landeskreditbank Baden-Württemberg aufgezeigt, in welchem
Ausmaß staatliche Förderungsmittel bei der Durchführung von
Umweltschutzmaßnahmen in Anspruch genommen wurden.

Der vierte Teil der Arbeit beschäftigt sich mit den Auswirkungen der Umweltökonomie auf die räumliche Organisation der
Industrie, die entscheidend durch Standortbedingungen bzw.

---

38) Zur Unternehmensbefragung siehe S. 19 ff.
   In Baden-Württemberg erfolgt die statistische Ausweisung der Umweltschutzkosten nur nach Betrieben, in Rheinland-Pfalz und im Saarland
   hingegen nach Betrieben und Unternehmen. Um die Vergleichbarkeit der
   Daten zu gewährleisten, wurden die Umweltstatistiken nach Betrieben
   ausgewertet.
   Bei der eigenständigen Befragung wurde nicht mehr nach Betrieben,
   sondern nach Unternehmen differenziert, um zu verhindern, daß
   Mehrwerksunternehmen wegen des vermehrten Aufwandes von der Befragung
   abgeschreckt würden.
   Betriebe und Unternehmen werden wie folgt definiert:
   "Als Unternehmen gilt die kleinste rechtlich selbständige Einheit. Als
   Betriebe werden örtlich getrennte Niederlassungen der Unternehmen
   einschließlich zugehöriger oder in der Nähe liegender Verwaltungs- und
   Hilfsbetriebe bezeichnet."
   Statistisches Bundesamt Wiesbaden, a.a.O., S. 6.

18

-entscheidungen und funktionale Verflechtungen der Unternehmen determiniert wird.[39]

Es sollen daher untersucht werden:

1. die Bedeutung des Umweltschutzes als Standortfaktor;

2. standörtliche Veränderungen im Zusammenhang mit Umweltschutzaktivitäten;

3. Verflechtungen der Unternehmen zum Zwecke der Bewältigung von Umweltschutzauflagen;

4. der Umkreis, in dem umweltschutzrelevante Dienstleistungen nachgefragt werden;

5. die Bewertung der Möglichkeiten zur Informationsbeschaffung durch die Unternehmen;

6. die Beurteilung der Zusammenarbeit mit Umweltschutzvollzugsbehörden durch die Unternehmen.

Wo es angebracht erscheint, werden die der Raumordnung zugrunde liegenden räumlichen Kategorien, Verdichtungsraum, Randzone eines Verdichtungsraumes und ländlicher Raum als Differenzierungskriterium angewandt.[40]

---

39) Vgl. Mikus, W.: Zeitliche und regionale Variabilität industrieller Standortfaktoren von Mehrwerksunternehmen in Italien. In: Dörrer, I. u.a.: Methoden und Feldforschung in der Industriegeographie. Mannheimer Geographische Arbeiten 7, 1980, S. 69. Schätzl, L.: Wirtschaftsgeographie 1. Theorie. Paderborn u.a. 1981, 2. Aufl., S. 16. Schamp, E. W.: Grundansätze der zeitgenössischen Wirtschaftsgeographie. In: Geographische Rundschau 1987, Sonderheft, Stand und Aufgaben der Geographie Bd. 1, S. 42.

40) Als Abgrenzungskriterien der einzelnen Ordnungsräume gelten nach der Ministerkonferenz für Raumordnung von 1968:
Ein Verdichtungsraum muß eine Einwohner-Arbeitsplatzdichte (Summe der Einwohner und Beschäftigten in nicht landwirtschaftlichen Arbeitsstätten) von höher als 1250/qkm, einen Gesamtraum von mindestens 100 qkm mit mehr als 150000 Einwohnern und eine Bevölkerungsdichte von mehr als 1000 Einwohnern pro qkm aufweisen.
Für Randzonen, die mit Verdichtungsräumen in enger Beziehung stehen, liegt der Wert für die Einwohner-Arbeitsplatzdichte zwischen 600 und 1250/qkm.
Alle auf diese Weise nicht erfaßten Regionen zählen zum ländlichen Raum.
In einzelnen Bundesländern erfolgten teilweise Modifizierungen der Abgrenzungskriterien, z.B. kennt der Landesentwicklungsplan von Baden-Württemberg Verdichtungsgebiete im ländlichen Raum. Vgl. Diercke

Forts. Fußnote

Da umweltökonomisch bedingte Konsequenzen im Raum womöglich auch die räumliche Verteilung von Arbeitsplätzen beeinflussen, ist es insbesondere bei der Behandlung der Punkte 2-4 angezeigt, negative und positive arbeitsmarktpolitische Effekte zu eruieren.

Die Informationen für diesen vierten Untersuchungsteil wurden über eine eigenständige Industriebefragung beschafft, denn die vorliegenden Statistiken geben hierzu keinen Aufschluß. Die Erarbeitung des Fragebogens orientierte sich an grundlegenden industriegeographischen Arbeiten[41] und an Vorabtests, die in einigen Unternehmen durchgeführt wurden.
Methodisch erwies es sich als vorteilhaft,

1.  die Befragung als persönliches Tiefeninterview zu gestalten, wodurch sowohl Bedenken seitens der Industrie gegen eine Beteiligung ausgeräumt als auch

---

Forts. Fußnote
Wörterbuch der Allgemeinen Geographie. München 1984. Handwörterbuch der Raumforschung und Raumordnung. Hannover 1970, Sp. 3536-3545. Vahlens Großes Wirtschaftslexikon. München 1987, S. 797. Innenministerium Baden-Württemberg (Hrsg.): Landesentwicklungsplan Baden-Württemberg vom 12. Dezember 1983. Freudenstadt 1984, S. 19.

41) Vgl. u.a. Behrens, C.: Allgemeine Standortbestimmungslehre. Köln 1971. Brücher, W.: Industriegeographie. Braunschweig 1982. Ballestrem, F. Graf von: Standortwahl von Unternehmen und Industriestandortpolitik: Ein empirischer Beitrag zur Beurteilung regional-politischer Instrumente. In: Finanzwissenschaftliche Forschungsarbeiten 44, 1970, N. F. Hamilton, F.E.I.: A View of Spatial Behaviour, Industrial Organisation and Decision Making. In: Hamilton, F.E.I. (ed.): Spatial Perspectives on Industrial Organisation and Decision Making. London 1974, S. 3-43. Heinen, E.: Das Zielsystem der Unternehmung. Grundlagen betriebswirtschaftlicher Entscheidungen. Wiesbaden 1966. Kirsch, W.: Entscheidungsprozesse. Wiesbaden 1971, 3 Bde. Lloyd, P.E. und P. Dicken: Location in space: A Theoretical Approach to Economic Geography. London, New York 1977. Mikus, W.: Thesen zur Beteiligung der Industriegeographie an der Industrieplanung. In: Heidelberger Geographische Arbeiten 4, 1974, S. 498-503. Mikus, W., Industriegeographie, a.a.O. Mikus, W. u.a.: Industrielle Verbundsysteme: Studien zur räumlichen Organisation der Industriebetriebe am Beispiel von Mehrwerksunternehmen in Südwestdeutschland, der Schweiz und Oberitalien. In: Heidelberger Geographische Arbeiten 57, 1979. Schätzl, L., a.a.O. Spitschka, W.: Der Standort der Betriebe. In: Studienskripte zur Betriebswirtschaftslehre 4, 1976.

über den Fragebogen hinausreichende Probleme ermittelt und vertieft werden konnten;

2. den Erhebungsbogen mittels Klassifizierung und Typisierung weitgehend zu standardisieren, nicht nur um die Zuordnung der Antworten zu erleichtern, sondern auch um den Kontaktpersonen ein hohes Maß an Anonymität zu signalisieren.

Die Interviews fanden im Zeitraum von Februar bis Oktober 1987 statt. Die dabei ermittelten Daten beziehen sich alle auf das Jahr 1985, da in den Unternehmen entsprechende Angaben für 1986 oft noch nicht vorlagen. Befragt wurden mehrere Branchen, die sich durch eine intensive Umweltinanspruchnahme und dementsprechend umfangreiche Umweltschutzaktivitäten auszeichnen und bei denen daher mögliche Raumwirkungen der Umweltökonomie am ehesten erkennbar sein müßten.

Insgesamt beteiligten sich von 132 kontaktierten Unternehmen 118 (89,4 %). Auskunft über die Industriegruppenzugehörigkeit der befragten Unternehmen und ihren Anteil[42] an der Gesamtzahl der Unternehmen innerhalb der jeweiligen Industriegruppe[43] gibt Tab. 1.

---

42) Vgl. Statistisches Landesamt Baden-Württemberg: Verarbeitendes Gewerbe 1984. In: Statistik von Baden-Württemberg, Bd. 346, 1985, S. 29-31. Statistisches Amt des Saarlandes: Produzierendes Gewerbe 1985. In: Saarland in Zahlen, Sonderhefte 130, 1986, S. 31. Statistisches Landesamt Rheinland-Pfalz: Investitionen für Umweltschutz im Produzierenden Gewerbe 1984. In: Statistische Berichte 1986, S. 4. Angaben von: Wirtschaftsvereinigung Eisen- und Stahlindustrie, Verband der Saarhütten, Verband der Papier-, Pappe-, Zellstoff- und Holzstoffabriken in Baden-Württemberg, Verband der Papiererzeugenden Industrie Rheinland-Pfalz, Baden-Württembergischer Brauerbund, Verband der Pfälzischen Brauereien, Verband der Brauereien des Saarlandes, Bundesverband der Deutschen Zementindustrie, Mineralölwirtschaftsverband.

43) Chemische Industrie (ohne Chemiefasern und Kohlenwertstoffe):

  a) Anorganische und organische Chemie (z.B. Chemikalien, Grundstoffe, Vor- und Zwischenprodukte, Edelgase, technische Gase, Säuren, Basen, Metallsalze, chemische Düngemittel u.a. chemische Verbindungen)

Forts. Fußnote

Tab. 1:   Befragte Unternehmen im südwestdeutschen Raum
          - Industriegruppenzugehörigkeit und Anteil an der
          Gesamtzahl der Unternehmen in der jeweiligen
          Industriegruppe in %

| Industriegruppe | Anzahl der be-fragten Untern. | Anteil a.d.Gesamt-zahl d. Untern. in % |
|---|---|---|
| Chem. Industrie | 58 | 16 |
| Brauereien | 29 | 29 |
| Zellstoff- und Papiererzeugung | 16 | 35 |
| Mineralölverar-beitung | 6 | 55 |
| Zementherstellung | 6 | 100[44] |
| Eisen- u. Stahl-erzeugung | 3 | 100[44] |

Forts. Fußnote
    b)   Pharmazeutika
    c)   Farben und Lacke (z.B. Mineralfarben,   Teerfarbstoffe, Öl-, Leim-
        und Wasserfarben und Lacke, Künstlerfarben, Keramikfarben)
    d)   Chemisch-technische Erzeugnisse (z.B.   Streichhölzer, Klebstoffe,
        Gerbstoffe,   Seifen   und   Waschmittel,   Körperpflegemittel,
        Reinigungsmittel, techn. Fette und Öle, Sprengstoffe, Kerzen,
        Bleistifte, Farbbänder, Kohlepapier, Schleif- und Polierpasten,
        Dachpappe, Linoleum u.a.)
    e)   Kunststoffe und synthetischer Kautschuk

Mineralölverarbeitung:
(z.B. Kraft- und Leuchtstoffe, Schmieröle und -fette, Heizöle,
Raffineriegase, Paraffine, Vaseline)
Eisen- und Stahlerzeugung:
Hochofen-, Stahl- und Walzwerke (z.B. Roheisen, Stahlrohblöcke und
-brammen,   Stahlhalbzeug,   Walzstahl,   Eisenbahnoberbaumaterialien,
Stahlkugeln,   Formstahl,   Stabstahl,   Stahlflaschen,   Walzdraht,
Bleche etc.)
Zellstoff- und Papiererzeugung:
Bestandteil der Industriegruppe Holzschliff-, Zellstoff-, Papier- und
Pappeerzeugung.

44)   Die hohe Beteiligungsrate kommt folgendermaßen zustande: Bei der
      Zementindustrie dominieren in Südwestdeutschland Mehrwerksunternehmen,
      deren Hauptverwaltungen alle befragt wurden. Die Eisen- und
      Stahlerzeugung beschränkt sich in Südwestdeutschland auf wenige
      Unternehmen im Saarland, die sich ebenfalls alle beteiligten.

Die Standorte der befragten Unternehmen befinden sich in den Verdichtungsräumen Rhein-Neckar, Karlsruhe, Heilbronn, Stuttgart, Ulm, Ravensburg, Saarbrücken/Homburg, in den Randzonen zu diesen Verdichtungsräumen und im ländlichen Raum.
Die Ansprechpartner stammten in der Regel aus der Unternehmensführung bzw. -leitung (vgl. Tab. 2), da umweltökonomische Aktivitäten im allgemeinen in Verbindung mit anderen wirtschaftlichen Faktoren behandelt werden und nur in einigen Großunternehmen einer Umweltabteilung zugeordnet sind. Die relativ homogene Zusammensetzung der Gesprächspartner unterstreicht den Aussagewert der erzielten Daten.

Tab. 2:    Kontaktpersonen in den befragten Unternehmen

| Industrie-<br>gruppe | Gesprächs-<br>partner<br>Geschäfts-<br>führung | Technische oder<br>Kaufmännische<br>Leitung | Umweltab-<br>teilung | Sonstige |
|---|---|---|---|---|
| Zementindustrie | 3 | 2 | 1 | - |
| Mineralölverarbeitung | 3 | 2 | 1 | - |
| Zellstoff- und Papier-<br>erzeugung | 8 | 8 | - | - |
| Brauereien | 14 | 11 | - | 4 |
| Chemische Industrie | 33 | 11 | 8 | 6 |
| Eisenschaffende<br>Industrie | - | - | 2 | 1 |
| Gesamt | 61 | 34 | 12 | 11 |

Im abschließenden Kapitel der Arbeit erfolgt eine Bewertung der erzielten Resultate hinsichtlich ihrer umwelt- und regionalpolitischen Bedeutung.

# Kapitel 3   Umweltpolitik in der Bundesrepublik Deutschland

## 3.1   Entwicklung der Umweltpolitik

Staatliche Regelungen über den Schutz der Natur stellen in Deutschland keine genuine Erscheinung der Nachkriegszeit dar. Richtlinien über die Naturvereinnahmung waren bereits im Wasser- und Gewerberecht, deren Anfänge im 19. Jahrhundert liegen, enthalten.[45] Ein eigenständiger Politikbereich "Umweltschutz" prägte sich in der Bundesrepublik jedoch erst allmählich in den vergangenen Jahrzehnten aus. Dabei war die Formulierung und Durchsetzung von umweltbezogenen Zielperspektiven eng mit den gesellschaftspolitischen Rahmenbedingungen verknüpft.

In der Frühphase der Bundesrepublik Deutschland erfolgte weder auf politischer Ebene noch seitens der Bürger eine Thematisierung ökologischer Probleme. Deshalb blieb bei der Gestaltung des Grundgesetzes der Umweltschutz weitgehend unberücksichtigt. Im Laufe der Zeit wurden dem Bund in den Bereichen Naturschutz und Landschaftspflege, Jagdwesen, Wasserhaushalt und Raumordnung die Rahmenkompetenz und auf den Gebieten der Atomwirtschaft, Abfallbeseitigung, Luftreinhaltung und Lärmbekämpfung die konkurrierende Gesetzgebungskompetenz zugewiesen. Trotzdem unterliegt der Umweltschutz noch heute starker föderaler Einflußnahme, denn die Länder bestimmen nicht nur aufgrund des Zustimmungsrechtes des Bundesrats, sondern auch kraft ihres Vollzugsrechtes bei Umweltschutzmaßnahmen über den Erfolg von Gesetzen und Rechtsverordnungen mit.

In den 50er Jahren entstanden mit der übergreifenden Zusammenarbeit der Parteien, der Bereitstellung größerer Mittel für Forschungszwecke und der Kooperation von Politik, Wirtschaft,

---

45) Vgl. Glagow, M.: Umweltpolitik. In: Pipers Wörterbuch zur Politik. Hrsg. von D. Nohlen. München, Zürich 1985, Bd. 1, S. 1048. Rodenstock, R.: Mehr Umweltschutz fordert weniger Regulierung. In: Wirtschaftsdienst 64, 1984, S. 166.

Gewerkschaften und Wissenschaft wichtige Voraussetzungen für die später einsetzende Umweltpolitik.[46]

Zu Beginn der 60er Jahre wurden Umweltbelastungen, wie der SPD-Wahlslogan des Jahres 1961 vom "blauen Himmel über der Ruhr" dokumentiert, wahrgenommen und diskutiert. Mit dem Zusammenschluß von CDU/CSU und SPD zur Großen Koalition erhöhte sich die Bereitschaft zu staatlichen Interventionen in der Wirtschaft und im Umweltbereich. Dies führte zu einem institutionellen Aus- und Aufbau, mit dessen Hilfe die Datenbasis für die politische Planung und Kontrolle auf dem Umweltsektor verbessert werden sollte.[47]

Aufbauend auf den vorhandenen Strukturen leitete die sozial-liberale Koalition die sogenannte "umweltpolitische Wende" ein.[48] Die Bundesregierung von 1971 faßte die für die Umweltplanung und den -schutz nötigen Maßnahmen in einem Umweltprogramm zusammen und löste so die unzureichenden Teilaktivitäten der Vergangenheit ab. Der Umweltpolitik wurde der gleiche Rang zuerkannt wie anderen großen öffentlichen Aufgaben (z.B. soziale Sicherheit, Bildungspolitik, innere und äußere Sicherheit).[49] Dabei wurde Umweltpolitik definiert "als die Gesamtheit aller Maßnahmen, die notwendig sind,

- um dem Menschen eine Umwelt zu sichern, wie er sie für seine Gesundheit und für ein menschenwürdiges Dasein braucht und

---

46) Vgl. Hartkopf, G. und E. Bohne, a.a.O., S. 84, 85, 132-135, 157-159. Hucke, J.: Umweltschutzpolitik. In: Pipers Wörterbuch zur Politik, a.a.O., Bd. 2, S. 434 ff. Wey, K.-G.: Umweltpolitik in Deutschland. Kurze Geschichte des Umweltschutzes in Deutschland seit 1900. Opladen 1982, S. 153.

47) Vgl. Hartkopf, G. und E. Bohne, a.a.O., S. 85. Wey, K.-G., a.a.O., S. 154, 155. Zwingmann, B.: Aspekte staatlicher Umweltpolitik aus gewerkschaftlicher Sicht. In: WSI-Mitteilungen (Deutscher Gewerkschaftsbund) 35, 1982, S. 732-734.

48) Vgl. Wey, K.-G., a.a.O., S. 154.

49) Vgl. Deutscher Bundestag: Umweltprogramm der Bundesregierung 1971, a.a.O., S. 7.

- um Boden, Luft, Wasser, Pflanzen- und Tierwelt vor nachteiligen Wirkungen menschlicher Eingriffe zu schützen und

- um Schäden oder Nachteile aus menschlichen Eingriffen zu beseitigen."[50]

Um die in dieser Definition enthaltenen Leitlinien in Handlungsanleitungen zu transferieren, mußten sie konkretisiert und operationalisiert werden, d.h. qualitative Aussagen waren z.B. durch Festlegung von Emissions- oder Immissionsgrenzwerten in quantitative Vorgaben zu überführen. Zur Um- bzw. Durchsetzung der Zielvorstellungen bedurfte es umweltpolitischer Instrumente, deren Gestaltung sich - wie heute noch - an mehreren grundlegenden Prinzipien orientierte.[51]

## 3.2 Prinzipien der Umweltpolitik

### 3.2.1 Das Vorsorgeprinzip

Das umweltpolitische Leitmotiv von einer Umweltplanung auf lange Sicht wurde bereits im Umweltprogramm von 1971 akzentuiert und im Umweltbericht '76 als Vorsorgeprinzip folgendermaßen definiert: "Umweltpolitik erschöpft sich nicht in der Abwehr drohender Gefahren und der Beseitigung eingetretener Schäden. Vorsorgende Umweltpolitik verlangt darüber hinaus, daß die Naturgrundlagen geschützt und schonend in Anspruch genommen werden."[52]

In der Forderung, die Naturgrundlagen zu schützen und schonend zu nutzen, kommt die wesentliche Intention des Vorsorgeprinzips zum Ausdruck. Schutz und Schonung der Umwelt sind dann

---

50) Deutscher Bundestag: Programm der Bundesregierung 1971, a.a.O., S. 6.

51) Vgl. Hartkopf, G. und E. Bohne, a.a.O., S. 88-91. Wicke, L., a.a.O., S. 57, 63. Frey, R.L.: Umweltschutz als wirtschaftspolitische Aufgabe. In: Schweizerische Zeitschrift für Volkswirtschaft und Statistik 108, S. 453-477.

52) Deutscher Bundestag: Umweltbericht '76 - Fortschreibung des Umweltprogramms der Bundesregierung vom 14.7.1971. BT-Drucksache 7/5684.

gewährleistet, wenn über die Beseitigung bereits eingetretener Schäden und die Abwehr drohender Gefahren hinaus Umweltbelastungen von vornherein vermieden oder so gering wie möglich gehalten werden.[53] Demzufolge bedeutet Umweltvorsorge eine Minimierung von Umweltbelastungen. Damit werden Richtung und Intensität von Umweltschutzaktivitäten festgelegt; die Umweltvorsorge erscheint also als grundlegendes Prinzip der Umweltpolitik.

Angesichts der ökosystemaren Wechselbeziehungen müßte das Minimierungsgebot eigentlich für die einzelnen Medien (Wasser, Boden, Luft) Qualitätsnormen fordern, die den ökologischen Gesamtzusammenhängen Rechnung tragen und somit die Lebensgrundlagen auch für nachfolgende Generationen vor irreversiblen Schäden schützen würden.[54]

Jedoch erlaubt es der gegenwärtige Kenntnisstand in der ökologischen Forschung nicht, exakte Schadstoffgrenzen im Zusammenhang mit ökologisch verträglichen Systemzusammenhängen anzugeben, denn die Kausalzusammenhänge zwischen der Entstehung der Emission von Schadstoffen, ihrer Ausbreitung und ihrer Wirkungen sind immer noch größtenteils unklar. Ebenso entziehen sich weitgehend unserer Kenntnis die synergetischen Effekte zwischen den Schadstoffen und der auf sie wirkenden Umweltfaktoren (vgl. Abb. 1) sowie die ökologischen Langzeitwirkungen von anthropogenen Umwelteingriffen.[55] Bei einer konsequent

---

53) Vgl. Hartkopf, G. und E. Bohne, a.a.O., S. 93. Wicke, L., a.a.O., S. 82. Wicke, L.: Vorsorgeprinzip. In: Umwelt und Energie, a.a.O., Gruppe 3/101, 1980, S. 2. Rehbinder, E.: Reformmöglichkeiten hinsichtlich des Instrumentariums zum Schutz der Umwelt: Vorsorgeprinzip. In: Wildenmann, R. (Hrsg.), a.a.O., S. 222.

54) Vgl. Hartkopf, G. und E. Bohne, a.a.O., S. 89, 96. Siebert, H., Umwelt als knappes Gut, a.a.O., S. 78.

55) Beispielsweise orientierte sich die frühe Luftreinhaltepolitik bei der Festlegung von Schwefelimmissionshöchstgrenzen nicht am systematischen Charakter der Natur, sondern an den relativ hohen Verträglichkeiten des Menschen. Zur Einhaltung der Werte genügte die sog. Politik der hohen Schornsteine, denn die räumliche Stoffverbreitung wird im wesentlichen davon bestimmt, wie hoch über der Erdoberfläche die Emissionen an die Atmosphäre abgegeben werden. Mit zunehmender Höhe nimmt die Windgeschwindigkeit generell zu, die Bewegungsgeschwindigkeit der Schadstoffe steigt folglich an, und ihr

Forts. Fußnote

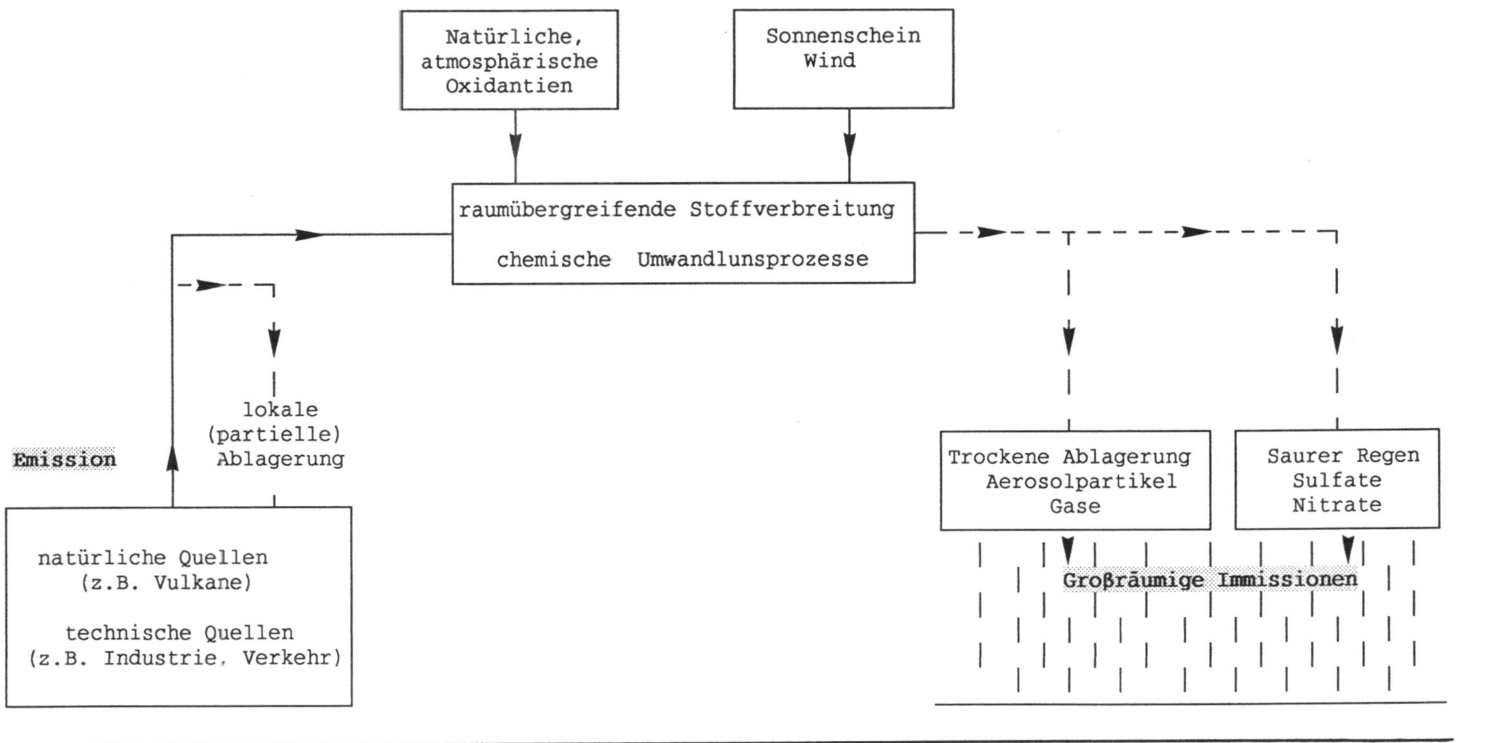


Entwurf:     J. Gernert, Zeichnung: B. Gernert

**Abb. 1:**     **Synergetische Effekte bei Luftverunreinigungen**

Quelle:     Shell Briefing Service: Luftverunreinigungen aus der Sicht der Mineralölindustrie. 1987.

28

verfolgten Umweltvorsorge müßten daher sämtliche Umwelteingriffe unterbleiben, was dem Ende unserer Industriegesellschaft
gleichkäme. Eine solche Verabsolutierung des Vorsorgeprinzips
erweist sich jedoch nicht als zweckmäßig, da der Umweltschutz
nur eine, wenn auch sehr wichtige, von mehreren Wohlstandskomponenten darstellt. In der Praxis wird daher versucht,
umweltpolitische Ziele mit anderen wohlstandsrelevanten
Faktoren (z.B. Wachstum, Beschäftigungslage) in Einklang zu
bringen. Die schließlich festgesetzten Umweltqualitätsanforderungen sind als Minimalziele zu verstehen, die grundsätzlich
erweitert bzw. heraufgesetzt werden können. Auf diese Weise
kann die Umweltvorsorge weiter ausgebaut werden.[56] Die
jeweilige Grenze der Umweltvorsorge legt das technisch und
praktisch Machbare fest, das durch die im jeweiligen

---

Forts. Fußnote

    Ausbreitungsradius wird größer. Durch den Ferntransport der
Schadstoffe wurde, wenn auch ungewollt, dem Phänomen des saueren
Regens Vorschub geleistet, da die Stoffe im Verlauf raumübergreifender
Verfrachtungen chemischen, wissenschaftlich noch nicht vollständig
geklärten Umwandlungsreaktionen unterworfen sind. Besonders
Schwefeloxid und Stickoxide können in Säuren verwandelt werden, die
mit Regen, Schnee und Nebel sowie in trockener Form als Gase oder
Aerosolpartikel zur Erde gelangen können. Wird die
Neutralisationskapazität, die in Böden und Gewässern unterschiedlich
ausgeprägt ist, erschöpft, so setzt eine Versauerung des Bodens bzw.
der Gewässer mit potentieller Schädigung der Bäume,
landwirtschaftlichen Nutzpflanzen, Wasserpflanzen, Tiere etc. ein. Bei
Sonnenlicht durchlaufen Stickoxide und Kohlenwasserstoffe
photochemische Umwandlungsprozesse, bei denen u.a. Ozon, ein starkes
Oxidationsmittel, entsteht. Photochemische Oxidationsmittel tragen in
Verbindung mit saueren Stoffen und anderen Faktoren wie z.B. Frost,
Trockenheit, Geländebeschaffenheit, Nährstoffe des Bodens,
Baumarten etc. zum Waldsterben bei. Eine Bestimmung der Beziehung von
Ursache und Wirkung wird bei Emissionen, die sich großflächig
erstrecken, zusätzlich durch atmosphärische Strömungen erschwert.
Im Rahmen der Novellierung der TA Luft 1986 wurden die
Emissionsbegrenzungen für Schwefeldioxid und Stickoxide neu festgesetzt mit dem Ziel, den jeweiligen Ausstoß von 1,9 auf 1,1 bzw. von
1,3 auf 0,8 Mio. Jahrestonnen in längstens zehn Jahren zu reduzieren.
Vgl. Bick, H., Mensch und Natur, a.a.O., S. 20. Shell Briefing
Service, a.a.O., S. 3, 4. Kalmbach, S.: Die TA Luft 1986. Eine
Übersicht über Ziele, Auswirkungen und Inhalte. In: Umwelt und
Energie, a.a.O., Gruppe 5, 1986, S. 264.

56) Vgl. Hartkopf, G. und E. Bohne, a.a.O., S. 89 ff. Rehbinder, E.,
    a.a.O., S. 225. Wicke, L., Umweltökonomie, a.a.O., S. 83.

Umweltschutzbereich bestehenden technischen Standards bestimmt wird. Drei verschiedene Standards lassen sich unterscheiden:[57]

1. Allgemein anerkannte Regeln der Technik

   Hierzu zählen Verfahren, Einrichtungen und Betriebsmethoden, die sich praktisch bewährt und durchgesetzt haben. Die Maßnahmen liegen jedoch hinter dem technischen Fortschritt zurück.

2. Stand der Technik

   Mit dieser Bezeichnung wird der Entwicklungsstand fortschrittlicher technischer Verfahren, Einrichtungen und Betriebsweisen umschrieben, deren Eignung für die Praxis gesichert erscheint; eine allgemeine Anerkennung und praktische Bewährung der Technologie ist bei diesem Standard nicht notwendig, sondern es genügt ihre Anwendung in einer oder einzelnen Anlagen.

3. Stand von Wissenschaft und Technik

   Hierunter werden technische Verfahren, Einrichtungen und Betriebsverfahren verstanden, deren Anwendung nach den neuesten wissenschaftlichen Erkenntnissen für erforderlich erachtet wird, um den angestrebten Erfolg zu erreichen, gleichgültig ob sie gegenwärtig praktisch verwirklichbar sind.

Angesichts der Gleichrangigkeit von wirtschafts- und umweltpolitischen Zielsetzungen und vor dem Hintergrund des Minimierungsgebotes in der Umweltvorsorge erscheint es sinnvoll, im Umweltschutz stets fortschrittliche Technologien einzusetzen. Dies bedeutet, daß die allgemein anerkannten

---

57) Vgl. Hartkopf, G. und E. Bohne, a.a.O., S. 102, 103.

Regeln der Technik als Maßstab für die einzuleitenden Maßnahmen
ausscheiden.

Im Bereich des Gewässerschutzes konnte sich die Umweltpolitik
allerdings nicht gegen die wirtschaftlichen Interessen durchsetzen, so daß die Abwässer in der Regel nur nach den anerkannten Regeln der Technik behandelt werden (vgl. § 7a WHG).
1986 wurde für die Reinigung von Abwasser, das besonders
gefährliche Stoffe (krebserregende, fruchtschädigende,
erbgutverändernde) enthält, der Stand der Technik eingeführt.
Bei der Entscheidung, ob der Stand der Technik oder der Stand
von Wissenschaft und Technik anzuwenden ist, dienen die Schwere
der möglichen Umweltbelastungen, ihre Eintrittswahrscheinlichkeit und ihre Wirkungen als Abwägungsmaß. Der Stand von
Wissenschaft und Technik ist vor allem im nukleartechnischen
Bereich wegen der schwerwiegenden Gefahrenpotentiale vorgeschrieben - bereits kleine Strahlendosen können weitreichende
Wirkung erzielen (§ 7, 2.3. AtG, § 28, 1.2 StrVG). Am häufigsten orientiert sich die Umweltpolitik am Stand der Technik
(z.B. § 5,2 BImSchG), der in Absprachen zwischen Wirtschaft und
Administration konkretisiert wird. Dabei kommt jedoch nicht
jede technisch mögliche Maßnahme zum Einsatz, sondern nur eine
ausreichend wirksame. In Ausnahmefällen werden technische
Anforderungen aufgrund des Verhältnismäßigkeitsgrundsatzes
nicht erfüllt, z.B. wenn die zum Erreichen des Stands der
Technik eingesetzten Mittel im Vergleich zu den zu erwartenden
Verbesserungen unverhältnismäßig hoch erscheinen.

## 3.2.2     Das Verursacherprinzip

Die Zurechnung der Kosten, die infolge von Umweltnutzungen bzw.
Anstrengungen zur Schadensvermeidung entstehen, erfolgt in der
Bundesrepublik Deutschland nach dem Verursacherprinzip. Dieses
besagt, daß die Kosten der Umweltbelastungen grundsätzlich vom
Verursacher der Schäden zu tragen sind, d.h. jeder, der die
Umwelt belastet oder schädigt, soll die Kosten dieser Inanspruchnahme übernehmen.
Mit der weitestgehenden Realisierung des Verursacherprinzips
soll die volkswirtschaftliche Effizienz wirtschaftlicher
Betätigungen erhöht werden. Wenn die externen Umweltkosten, die

durch Produktion und Konsum hervorgerufen werden, den Aufwand für innerbetriebliche und sonstige Vermeidungsmaßnahmen übersteigen, erweisen sich betriebsintern bzw. vom Verursacher durchgeführte Maßnahmen gesamtwirtschaftlich am kostengünstigsten. Das Ziel des Verursacherprinzips besteht also darin, die Umweltschutzaktivitäten der einzelnen Wirtschaftssubjekte so weit zu intensivieren, "bis der zusätzliche Nutzen einer weiteren Umweltverbesserung genau den zusätzlichen Kosten für diese Umweltverbesserung entspricht."[58] Hierzu ist es nötig, einerseits die Kosten der Umweltschädigungen bzw. den Nutzen der Umweltverbesserungen zu quantifizieren, andererseits den Schadensverursacher als Adressaten der Kostenzurechnung zu identifizieren.

Tatsächlich lassen sich aber die Nachteile, die aus der Umweltnutzung für Gesundheit, Pflanzen, Tiere und Sachanlagen entstehen sowie die Minderung des Erlebniswertes (z.B. Erholung) mangels objektiver Bewertungskriterien höchstens annäherungsweise monetär ausdrücken.[59]

---

58) Wicke, L., Umweltökonomie, a.a.O., S. 77.

59) Das Umweltbundesamt bemüht sich in Forschungsarbeiten verstärkt um eine monetäre Bewertung von Umweltzerstörungen, um die externen Umweltkosten genauer beziffern zu können. Dabei wird u.a. ein Bewertungsansatz verfolgt, der die individuelle Zahlungsbereitschaft für bestimmte Umweltqualitätszustände, die sich in Geldeinheiten bemessen läßt, erfragt. Mit Hilfe dieser "willingness to pay" und der Berücksichtigung der Zahlungsbereitschaft in vergleichbaren Bereichen (z.B. Freizeitgestaltung: Waldspaziergang - Theaterbesuch) lassen sich Angaben zum Nutzen bzw. Wert intakter Umweltgüter machen. Allerdings verleiht das hohe Maß an Subjektivität der Angaben derartigen Bewertungen nur eine begrenzte Gültigkeit. Nichtsdestoweniger geben sie eine gewisse Vorstellung über die Dimension von Umweltschäden (Angaben des Umweltbundesamtes).

Vgl. Pfriem, R.: Milliarden vergeudet. In: Die Zeit. 1987, 43, S. 44 ff. Schulz, W.: Bessere Luft, was ist sie uns wert? Eine gesellschaftliche Bedarfsanalyse auf der Basis individueller Zahlungsbereitschaften. Berlin 1985. Schulz, W.: Der monetäre Wert besserer Luft. Eine empirische Analyse individueller Zahlungsbereitschaften und ihrer Determinanten auf der Basis von Repräsentativumfragen. Frankfurt, Bern, New York 1985. Schulz, W. und L. Wicke: Der ökonomische Wert der Umwelt. Ein Überblick über den Stand der Forschung zur Schätzung des Nutzens umweltpolitischer Maßnahmen auf der Basis verhinderter Schäden in der Bundesrepublik Deutschland. In: Zeitschrift für Umweltpolitik und

Forts. Fußnote

Deswegen beschränkt sich die pragmatische Anwendung des Verursacherprinzips darauf, umweltpolitisch fixierte Umweltqualitätsnormen anzustreben und die dadurch anfallenden Kosten dem Verursacher von Umweltschäden zuzuschreiben.[60]

Als Verursacher von Umweltbelastungen wird generell jeder angesehen, der eine Bedingung dafür schafft, daß Umweltschäden eintreten.[61] Demnach besteht vom Produzenten bis zum Konsumenten eine Vielzahl von Verursachern. Welchen individuellen Beitrag zur Kostenentstehung die einzelnen Glieder der Verursacherkette leisten, läßt sich nicht bestimmen. Die Kostenzurechnung erfolgt deshalb an jener Stelle, wo die institutionellen Mittel wirtschaftlich und verwaltungstechnisch optimal eingesetzt werden können, beispielsweise dort, wo eine leicht überschaubare Anzahl von Wirtschaftssubjekten vorhanden ist oder wo am ehesten sichergestellt ist, daß die Marktkräfte über die Preiswirksamkeit dieser Kosten entscheiden,[62] z.B. in Industriebetrieben.

Mit dem sog. Nutznießerprinzip verweist Meißner auf einen weiteren Finanzierungsmodus, der ebenfalls unter das Verursacherprinzip fällt.[63] Dabei sollen die Umweltschutzkosten nicht dem unmittelbaren Schadensverursacher angelastet werden, sondern demjenigen, dem die Schutzmaßnahmen des Schadensverursachers zugute kommen. Letzterer erhält einen vom Nutznießer

---

Forts. Fußnote
    Umweltrecht 10, 1987, S. 109-155. Wicke, L.: Die ökologischen Milliarden. Das kostet die zerstörte Umwelt - so können wir sie retten. München 1986.

60) Vgl. Hartkopf, G. und E. Bohne, a.a.O., S. 110. Wicke, L., Umweltökonomie, a.a.O., S. 78. Jarre, J.: Verursacherprinzip. In: Umwelt und Energie, a.a.O., Gruppe 3/100, 1980, S. 2,3. Rehbinder, E., a.a.O., S. 222,223.

61) Vgl. Bundesminister des Innern (Hrsg.): Das Verursacherprinzip, Möglichkeiten und Empfehlungen zur Durchsetzung, Umweltbrief Nr. 1, 1973, S. 6.

62) Vgl. Bundesminister des Innern (Hrsg.), a.a.O., S. 7. Hartkopf, G. und E. Bohne, a.a.O., S. 111. Jarre, J., a.a.O., S. 4.

63) Vgl. Meißner, W.: Prinzipien der Umweltpolitik. In: Wildenmann, R. (Hrsg.), a.a.O., S. 179 ff.

geleisteten Betrag, um damit seine finanziellen Einbußen, die das umweltkonforme Verhalten bedingt, auszugleichen. Für die Durchführung der Ausgleichszahlungen ist eine staatliche Regelung vorgesehen. Würden sie zwischen den Beteiligten, den Nutznießern und den Schadensverursachern, ausgehandelt, entstünden Verhandlungskosten, die sog. Transaktionskosten, die bei der Vielzahl der Beteiligten drastisch anstiegen, so daß eine Problemlösung letztendlich zu kostspielig würde. Wirtschaftstheoretisch wäre nämlich ein Umweltbelastungszustand als günstiger einzuschätzen, wenn seine Verbesserung weniger Aufwand erforderte als die Kosten für diese Verbesserung einschließlich der Transaktionskosten.[64]

Das Nutznießerprinzip wird gegenwärtig in Baden-Württemberg im Rahmen des Projektes "Wasserpfennig" angewandt. Das Konzept sieht Ausgleichszahlungen der Wasserverbraucher an die Landwirte vor, damit diese weniger Düngemittel auf die Felder in grundwassergefährdeten Gebieten ausbringen und die Nitratbelastung gesenkt wird. Der Aufpreis beträgt generell 10 Pfennig pro Kubikmeter Wasser, 4 Pfennig bei industriell genutztem Oberflächenwasser und 1 Pfennig bei zu Kühlzwecken eingesetztem Wasser.[65]
Sicherlich erscheint der Wasserpfennig auf den ersten Blick sinnvoll, denn die Festpreise für landwirtschaftliche Produkte infolge der EG-Einbindung schließen eine Weitergabe der Umweltschutzkosten über den Preis quasi aus, Einkommensverluste der Landwirte wären unweigerlich die Folge.
Nichtsdestoweniger birgt dieser Vorstoß in Richtung Nutznießerprinzip einige Probleme mit nicht absehbaren Folgen in sich.
Ungeklärt ist, ob der Wasserpfennig, gegen den wasserverbrauchsintensive Industriegruppen in Baden-Württemberg (z.B. Chemische Industrie, Papierhersteller) wegen befürchteter Wettbewerbsnachteile im Vergleich zu Betrieben anderer Bundesländer eine Normenkontrollklage anstrengen werden, beim

---

64) Vgl. Meißner, W., a.a.O., S. 202, 203.

65) Vgl. Umwelt und Energie, a.a.O., Gruppe 2, 1986, S. 1329.

Landesfinanzausgleich berücksichtigt wird. Falls dies zutreffen sollte, würden die Ausgleichszahlungen Baden-Württembergs um 80 % reduziert. Darüber hinaus könnten industrielle Umweltverschmutzer unter Berufung auf das Nutznießerprinzip z.B. Waldbauern auffordern, für Luftreinhaltungsmaßnahmen, die ja auch der Bekämpfung des Waldsterbens dienen, aufzukommen. Sogar Bemühungen, die bisher durchgeführten Maßnahmen im nachhinein auf die Nutznießer abzuwälzen, wären denkbar, was umfangreiche und kostspielige juristische und administrative Regelungen nach sich ziehen würde, und letztendlich kann nicht ausgeschlossen werden, daß das Nutznießerprinzip die Wirtschaftssubjekte motiviert, willkürlich Umweltgefährdungen zu erzeugen, um somit in den Genuß von Ausgleichszahlungen zu kommen.[66]

### 3.2.3    Das Gemeinlastprinzip

Das Verursacherprinzip läßt sich in der Realität nicht immer bzw. nicht vollständig anwenden. Dies trifft besonders dann zu, wenn

1. sich bei Altlasten und synergetischen Effekten der Verursacher nicht bestimmen läßt;

2. in akuten ökologischen Notlagen zunächst rasches Handeln statt langwieriger Auseinandersetzungen mit potentiell Verantwortlichen geboten ist;

3. der Verursacher aus ökonomischen Gründen nicht die gesamten Umweltschutzkosten tragen kann:

---

66) Vgl. zum Wasserpfennig u.a. Bonus, H.: Eine Lanze für den Wasserpfennig. Wider die Vulgärform des Verursacherprinzips. In: Wirtschaftsdienst 66, 1986, S. 451-455. Brösse, U.: Wasserzins statt Wasserpfennig. In: Wirtschaftsdienst 66, 1986, S. 566-569. Scheele, M. und G. Schmitt: Der "Wasserpfennig": Richtungsweisender Ansatz oder Donquichotterie. In: Wirtschaftsdienst 66, 1986, S. 570-574. Bonus. H.: Don Quichotte, Sancho Pansa und der Wasserpfennig. In: Wirtschaftsdienst 66, 1986, S. 625-629. Wicke, L.: Ökonomische Ansätze zur Lösung ökologischer Probleme. In: Umwelt und Energie, a.a.O., Gruppe 12, S. 50, 51. Die Zeit. 1978, S. 32.

In derartigen Fällen muß sich die Allgemeinheit bzw. die öffentliche Hand entscheiden, ob sie die Kosten für die Schadensregulierung übernimmt oder die Umweltbelastungen akzeptiert. Werden Umweltschutzmaßnahmen mit Hilfe der öffentlichen Hand durchgeführt, so wird diese Art der Kostenzurechnung als Gemeinlastprinzip bezeichnet.

Eine weitgehende Deckung von Umweltschutzkosten mit Staatsmitteln, sei es durch Übernahme von Schadensbeseitigungsmaßnahmen oder durch Gewährung von Darlehen, Finanzierungsbeihilfen, Steuervergünstigungen etc., ist jedoch abzulehnen, denn das Gemeinlastprinzip signalisiert den Wirtschaftssubjekten keine Knappheitsverhältnisse im Umweltbereich. Anstelle einer schonenden Umweltnutzung würden wegen der fehlenden Marktkopplung umweltschädliche Wirtschaftsstrukturen gefördert, da es rentabler ist, statt teurer Produktions- und Konsumbedingungen das Kollektivgut Umwelt einzusetzen (vgl. S. 8).

Aus ökonomischen und ökologischen Gründen empfiehlt es sich also, das Gemeinlastprinzip restriktiv zu praktizieren. Es sollte lediglich den Vollzug des Verursacherprinzips flankierend und ergänzend unterstützen.[67]

## 3.2.4     Das Kooperationsprinzip

Das Kooperationsprinzip dient als Leitlinie für die Gestaltung der umweltpolitischen Entscheidungsfindung. Es wurde von der Bundesregierung folgendermaßen formuliert:

"Nur aus der Mitverantwortlichkeit und der Mitwirkung der Betroffenen kann sich ein ausgewogenes Verhältnis zwischen individuellen Freiheiten und gesellschaftlichen Bedürfnissen ergeben. Eine frühzeitige Beteiligung der gesellschaftlichen Kräfte am umweltpolitischen Willensbildungs- und Entscheidungsprozeß ist deshalb von der

---

67) Vgl. Hartkopf, G. und E. Bohne, a.a.O., S. 112, 113. Siebert, H., a.a.O., S. 83. Wicke, L., Umweltökonomie, a.a.O., S. 80-82. Wicke, L.: Gemeinlastprinzip. In: Umwelt und Energie, a.a.O., Gruppe 3/41, 1980, S. 1-4.

Bundesregierung vorangetrieben worden, ohne jedoch den Grundsatz der Regierungsverantwortlichkeit in Frage zu stellen."[68]

Dem Kooperationsprinzip, das in fast allen Politikbereichen in Erscheinung tritt, kommt in der Umweltpolitik eine besondere Bedeutung zu, denn in kaum einem anderen Bereich als dem Umweltschutz sind die staatlichen und gesellschaftlichen Kräfte in so hohem Maße aufeinander angewiesen. Eine frühzeitige Zusammenarbeit ist also für alle Beteiligten von Interesse und verhindert unausgewogene Entscheidungen. Um einen ständigen Informations- und Meinungsaustausch zwischen den involvierten Gruppen zu ermöglichen, wurde die "Arbeitsgemeinschaft für Umweltfragen" ins Leben gerufen.[69]

Die Grenzen der Kooperation werden durch den Primat der staatlichen Entscheidungen gezogen, d.h. die Zusammenarbeit der gesellschaftlichen Kräfte bei umweltpolitischen Entscheidungs-findungen kennt kein Konsensgebot und gesteht den beteiligten gesellschaftlichen Gruppierungen kein Vetorecht gegenüber den Beschlüssen des Staates zu.[70]

## 3.3 Umweltpolitische Instrumente

Unter dem Begriff "umweltpolitische Instrumente" werden alle staatlichen Mittel der Verhaltenssteuerung subsumiert, die der Realisierung von Umweltschutzzielen dienen. Grundsätzlich stehen dem Staat Befehl, Tausch, einseitige Leistungen[71] und

---

68) Deutscher Bundestag, Umweltbericht '76, a.a.O., S. 27.

69) Vgl. Deutscher Bundestag, Umweltbericht '76, a.a.O., S. 39 ff.

70) Vgl. Hartkopf, G. und E. Bohne, a.a.O., S. 113-115. Wicke, L., Umweltökonomie, a.a.O., S. 85-87. Wicke, L.: Kooperationsprinzip. In: Umwelt und Energie, a.a.O., Gruppe 3/51, 1980, S. 1,2.

71) Die Konsequenzen von einseitigen staatlichen Leistungen als Lenkungsmittel, die unabhängig von Gegenleistungen nur aus der Erwartung auf umweltfreundliche Aktivitäten erbracht werden, können bisher nicht zu einem eindeutigen Handlungs-Wirkungsmechanismus

Forts. Fußnote

Pläne als Lenkungsmittel zur Verfügung,[72] die den im folgenden skizzierten Instrumententypen zugrunde liegen.


### 3.3.1 Ordnungsrechtliche Ge- und Verbote im Umweltschutz

Umweltbezogene Ge- und Verbote bzw. Auflagen sind Verordnungen für den direkten Umgang mit Umweltgütern und für jedermann verpflichtend. Ihre Handlungsform sind Gesetze und Rechtsverordnungen, die allgemein durch Verwaltungsvorschriften für die Behörden ergänzt werden.[73]
Ge- und Verbote beschreiben Gefahren- und Belastungswerte, die nicht überschritten werden dürfen. Umweltpolitische Gebote beabsichtigen, ein Verhalten durchzusetzen, bei dem zwar noch gewisse Umweltbelastungen auftreten können, jedoch in geringerem Maße als im Ausgangszustand. Dagegen unterbindet das Verbot eine als umweltschädigend anerkannte Betätigung vollständig. Das klassische Instrument administrativer Lenkung ist das Verbot mit Erlaubnisvorbehalt. Dabei wird eine bestimmte, potentiell umweltbeeinträchtigende Betätigung generell und abstrakt verboten und ihre Ausübung von einer im Einzelfall vorhergehenden staatlichen Überprüfung und Erlaubniserteilung abhängig gemacht. Die Anwendung von Verboten mit Erlaubnisvorbehalt beruht auf Gesetzen, Rechtsverordnungen oder Satzungen, die darlegen, unter welchen Voraussetzungen Umweltschäden nicht erwartet oder toleriert werden. Dementsprechend sieht die erteilte Erlaubnis im allgemeinen Auflagen, Bedingungen oder

---

Forts. Fußnote
  zusammengefaßt und damit auch nicht in ihrer verhaltenslenkenden Relevanz erfaßt werden. Deshalb bleibt diese Steuerungsmaßnahme hier im weiteren unberücksichtigt. Künftig wären jedoch staatliche Leistungen z.B. in Form von Informationsweitergabe, wissenschaftlichen Analysen und Lösungskonzepten durchaus als einseitige Vorgaben denkbar. Vgl. Hartkopf, G. und E. Bohne, a.a.O., S. 177,185.

72) Vgl. Hartkopf, G. und E. Bohne, a.a.O., S. 172-185. Wicke, L., Umweltökonomie, a.a.O., S. 89 ff.

73) Vgl. hierzu und im folgenden Hartkopf, G. und E. Bohne, a.a.O., S. 187-194. Wicke, L., Umweltökonomie, a.a.O., S. 91-108. Wicke, L.: Auflagen. In: Umwelt und Energie, a.a.O., Gruppe 3/8, 1980, S. 1 ff.

38

Befristungen vor, die die Einhaltung der Erlaubnisvoraussetzung sicherstellen sollen.

Seit Beginn der Umweltpolitik stellen ordnungsrechtliche Ge- und Verbote die am weitesten verbreiteten umweltpolitischen Instrumente dar. Dies erklärt sich dadurch, daß die angestrebten Ziele und Wirkungen wegen der allgemeinen Verbindlichkeit von Ge- und Verboten kalkulierbar sind und Ausweichreaktionen wirksam unterbunden werden können. Zudem paßt sich dieses Instrument bereits bestehenden Verwaltungsformen und -systemen an. Diese Eigenschaften erwiesen sich in der Frühphase der Umweltpolitik, die häufig Feuerwehr- und Aufräumcharakter besaß, sich also durch akuten Handlungsbedarf auszeichnete, als besonders hilfreich. Allerdings trägt die im allgemeinen einheitliche Ausgestaltung der Ge- und Verbote den individuellen, teils voneinander abweichenden Reinigungskosten wenig Rechnung. Als Folge können unterschiedliche Kosten-Nutzen-Relationen und damit möglicherweise Wettbewerbsverzerrungen auftreten.

Darüber hinaus werden die Wirtschaftssubjekte (ökonomisch) nicht motiviert, die vorgeschriebenen Anforderungen zu übertreffen und innovative Umweltschutztechnologien zu entwickeln. Sie werden im Gegenteil bei der umweltpolitischen Zielfindung darauf hinwirken, daß der technische Standard so niedrig wie nur möglich angesetzt wird, da sie für die Mehrkosten, die ihnen bei niedrigeren Emissionswerten entstünden, nicht entschädigt werden. So lähmt eine ordnungsrechtliche Umweltpolitik die innovativen Kräfte, und die im Umweltschutzbereich prinzipiell dynamische Prägung der Technik wird von einer überaus statischen Komponente überlagert, die sich noch dadurch verstärkt, daß der Stand der Technik (vgl. S. 28, 29) in der Regel nur alle zehn Jahre neu bestimmt wird.[74]

---

74) Vgl. Bonus, H.: Marktwirtschaftliche Instrumente im Umweltschutz. In: Wirtschaftsdienst 61, 1981, S. 170. Brunowsky, R.-D.: Deutsche Umweltpolitik. Markt mit Macken. In: Wirtschaftswoche 31, 1984, S. 51. Maier- Rigaud, G.: Umweltpolitik in der Marktwirtschaft. In: Wirtschaftsdient 60, 1980, S. 342.

### 3.3.2    Umweltabgaben

Als Umweltabgaben werden Geldleistungen bezeichnet, die der Staat als Festpreise pro abgegebener Emissionseinheit den umweltbeanspruchenden Wirtschaftssubjekten zwecks umweltpolitischer Zielrealisierung auferlegt.[75]

Hierunter fallen zunächst Abgaben, bei denen die Finanzierungsfunktion im Vordergrund steht (z.B. Ausgleichsabgabe für den Rückstellungsfonds zur Sicherung der Altölbeseitigung, §§ 1-5 AltölG vom 11.12.1979; §§ 5a, 30 AbfG). Daneben gibt es Umweltabgaben mit überwiegender ökonomischer Lenkungsfunktion, bei denen über pretiale Anreize zu umweltverträglichen Verhaltensweisen motiviert werden soll. Die Konzeption dieses Abgabentyps wird hier dargelegt:

Die Höhe der Abgabe orientiert sich wegen der obenerläuterten Schwierigkeiten bei einer exakten Bestimmung der externen Umweltkosten an den Kosten, die entsprechend dem für nötig erachteten technischen Standard für konkrete Vermeidungsmaßnahmen anfielen. Indem die Wirtschaftssubjekte, die die Umwelt in Anspruch nehmen, mit den Abgaben konfrontiert werden, können sie, wie es dem marktwirtschaftlichen System entspricht, anhand ihrer Rentabilitätsrechnung überprüfen, ob für sie eigene Umweltschutzmaßnahmen oder Abgabenzahlungen kostengünstiger sind. Wenn dabei der zu leistende Abgabenbetrag die Summe aus Umweltschutzkosten und dem wegen gegebenenfalls noch verbleibender Umweltbelastungen anfallenden Abgabenrestbetrag übersteigt, besteht nach dem Wirtschaftlichkeitsprinzip ein Anreiz, Umweltschutzmaßnahmen durchzuführen bzw. technische Neuerungen zu entwickeln. Da die Beseitigungskosten pro Schadstoffeinheit bei den einzelnen Emittenten unterschiedlich

---

75) Vgl. hierzu und im folgenden Hartkopf, G. und E. Bohne, a.a.O., S. 197,198. Wicke, L., Umweltökonomie, a.a.O., S. 219-224. Ewringmann, D. und F. Schaffhausen: Abgaben als ökonomischer Hebel in der Umweltpolitik. Ein Vergleich von 75 praktizierten oder erwogenen Abgabenlösungen im In- und Ausland. In: Berichte des Umweltbundesamtes 8/85, Berlin 1985.

hoch ausfallen, können Abgaben im Idealfall dazu führen, daß dort, wo Umweltschutzmaßnahmen am rentabelsten sind, der vorgeschriebene Reinigungsgrad unterboten und eine entsprechend geringere Reinigungsleistung bei teuren Anlagen akzeptiert wird.[76] Auf diese Weise ließen sich die jeweiligen Kosten-Nutzen-Analysen im größeren Umfang als bei Ge- und Verboten optimieren, so daß theoretisch - eine umfassende Informationssituation und kostenrationales Verhalten der Wirtschaftssubjekte vorausgesetzt -[77] die Möglichkeit bestünde, Umweltqualitätsnormen gesamtwirtschaftlich kostengünstiger einzuhalten. Durch Abgabenerhöhungen in gewissen Zeitabständen könnte die Entwicklung der Umweltschutztechnologie forciert werden, so daß auch die Umweltvorsorge vorangetrieben würde.

Allerdings ist die ökologische Effektivität von umweltpolitischen Regelungen, die sich ausschließlich nach dem Abgabeninstrument hin ausrichten, a priori nicht gewährleistet. Wenn nämlich das Abgabenniveau im Vergleich zu den Umweltschutzkosten zu niedrig angesetzt wird, bevorzugen die Schadensverursacher die Abgabenzahlung, und notwendige Umweltschutzvorkehrungen unterbleiben. Beispielsweise könnten kleinere Betriebe, die, verglichen mit Großbetrieben, oft die höheren spezifischen Reinigungskosten zu verzeichnen haben, verstärkt dazu neigen, die Abgabenlösung zu praktizieren. Bei einer räumlichen Konzentration kleinerer Betriebe würden sich dann regionale,

---

76) Vgl. Bonus, H.: Ein ökologischer Rahmen für die Soziale Marktwirtschaft. In: Wirtschaftsdienst 59, 1979, S. 145. Fassing, W.: Mehr Markt im Umweltschutz? - Instrumente der Umweltpolitik und ihre Wirksamkeit - In: WSI Mitteilungen (Deutscher Gewerkschaftsbund) 12, 1985, S. 726,727. Wicke, L., Umweltökonomie, a.a.O., S. 224-227.

77) Wie Erfahrungen mit dem Abwasserabgabengesetz offenbaren, wurden tatsächlich in einem Großteil der Betriebe neue Abwasserreinigungsmaßnahmen lediglich aus "Furcht" vor der zu erwartenden Abgabenbelastung durchgeführt, obwohl die Abgabenbelastung noch gar nicht berechnet war; ein rationaler Abgabensatz-Umweltschutzkosten-Vergleich kam nicht zustande.
Vgl. Ewringmann, D. u.a.: Die Abwasserabgabe als Investitionsanreiz. Auswirkungen des § 7a WHG und des Abwasserabgabengesetzes auf Investitionsplanung und -abwicklung industrieller und kommunaler Direkteinleiter. In: Berichte des Umweltbundesamtes 8/1980, S. 78.

ökologisch nicht vertretbare Negativerscheinungen einstellen.[78]

Um derartige Effekte auszuschließen, wurde im Abwasserabgabengesetz von 1978, der bislang einzigen Anwendung des Abgabeninstruments in der Bundesrepublik Deutschland zwecks ökonomischer Lenkung im Umweltschutz, keine reine Umweltabgabenregelung erarbeitet. Vielmehr wurde das Abwasserabgabengesetz mit den ordnungsrechtlichen Anforderungen an das Einleiten von Abwasser nach § 7a WHG verbunden, so daß eine Kombination von Abgabe und Ge- und Verboten vorliegt, d.h. der ökonomischen Anreizwirkung wurde die kalkulierbare Zielerreichung von Auflagen zur Seite gestellt.

Die Abwasserabgabe wurde erstmals 1981 in Höhe von 12 DM pro Schadstoffeinheit erhoben und erhöhte sich dann stufenweise bis auf 40 DM im Jahre 1986.[79] Die Abgabe, deren Aufkommen sich von 1981 bis 1985 auf 1,3 Mrd. DM belief, muß zweckgebunden für die Erhaltung und Verbesserung von Gewässern sowie zur Abdeckung der Vollzugskosten für das Abwasserabgabengesetz verwendet werden.[80] Das Abwasserabgabengesetz sieht zur Abwehr von wirtschaftlich unvertretbaren Belastungen seitens der Abgabepflichtigen einige Ausnahme- und Einschränkungsregelungen vor (§§ 9, 10 AbwAG). So konnten Abgabepflichtige gemäß § 9,6 - diese Regelung wurde bei der Novellierung des Abwasserabgabengesetzes von 1987 nicht mehr berücksichtigt - bis längstens Ende 1989 von der Entrichtung der Abgabe ganz oder teilweise freigestellt werden. Diesbezüglich richteten u.a. zellstofferzeugende Betriebe einen Antrag an das

---

78) Angaben des Bundesministeriums für Umwelt, Naturschutz und Reaktorsicherheit.

79) Abgabensätze nach § 9,4 AbwAG:

```
1981:  12 DM pro Schadstoffeineheit
1982:  18 DM    "              "
1983:  24 DM    "              "
1984:  30 DM    "              "
1985:  36 DM    "              "
1986:  40 DM    "              "
```

80) Vgl. § 13 AbwAG; Umwelt und Energie, a.a.O., Gruppe 2, o.J., S. 1357.

Bundesministerium des Innern.[81]   Nach einem Prüfungsverfahren wurde zwischen den Unternehmen und den für die Erhebung der Abgabe zuständigen Behörden der Länder Gespräche eingeleitet, in denen z.B. für Baden-Württemberg, dem einzigen Zellstoffstandort in Südwestdeutschland, eine sog. 80/20-Regelung vereinbart wurde. Dieser Vereinbarung zufolge entrichten die betroffenen Zellstoffbetriebe drei Jahre lang nur 20 % ihrer jährlich fälligen Abgabebeträge, die restlichen 80 % werden gestundet und schließlich erlassen, wenn die Unternehmen nach drei Jahren den Nachweis erbringen können, daß das Doppelte der gestundeten Summe für betriebliche Abwasserreinigungsmaßnahmen investiert wurde:[82]

Beispiel:

| | |
|---|---|
| jährlicher Abwasserabgabebetrag: | 3,0 Mio. DM |
| (ohne Ausnahmeregelung) | |
| zu zahlende Abgabe nach der | |
| 80/20-Regelung: | 0,6 Mio. DM |
| jährlich gestundeter Betrag: | 2,4 Mio. DM |
| gestundeter Gesamtbetrag nach | |
| drei Jahren: | 7,2 Mio. DM |
| zu investierender Gesamtbetrag: | 14,4 Mio. DM |

Der Vorteil der 80/20-Regelung seitens der Betriebe liegt darin, daß sie nach den umfangreichen Gewässerschutzinvestitionen über weitgehende Reinigungsmöglichkeiten für ihre Abwässer verfügen, so daß der künftig zu entrichtende Abgabenbetrag reduziert wird.

---

81) Anträge der Hefe-, Fleischmehl-, Holzfaserplatten-, Kali-, Cellophan- und Pektinenindustrie sowie von Wollwäschereien wurden zurückgewiesen. Bundesminister des Innern: Erfahrungsbericht zum Abwasserabgabengesetz, o.O., 1983. 2. 28-31.

82) Nach Angaben von baden-württembergischen Zellstoffunternehmen. Das Ministerium für Umwelt in Baden-Württemberg erteilte zur 80/20-Regelung nur ergänzende Informationen.

### 3.3.3 Öffentliche Finanzierungshilfen

Staatliche Finanzhilfen, mit denen umweltpolitisch erwünschte Handlungen, die dem Umweltschädiger Investitionen verursachen, gefördert werden sollen, zählen zu den am Gemeinlastprinzip orientierten Instrumenten. Sie lassen sich in zwei Kategorien untergliedern: Bei der einen offeriert der Staat direkte Geldzahlungen oder geldwerte Leistungen in Form von verbilligten Krediten, Zuschüssen, Bürgschaften etc. - einige dieser Programme zielen schwerpunktmäßig auf mittelständische Betriebe ab -, bei der anderen verzichtet er auf öffentlich-rechtliche Geldanforderungen, z.B. durch das Gewähren von Steuervergünstigungen (vgl. Tab. 3). Die Inanspruchnahme jeglicher Hilfe ist an konkrete Bedingungen geknüpft.[83]

Der finanzpolitische Anreiz von Umweltschutzsubventionen ist vor dem Hintergrund von umweltpolitischen Ge- und Verboten sowie Abgabenverpflichtungen zu sehen. Nur der ordnungsrechtliche Zwang bzw. die fällige Abgabenzahlung lassen staatliche Förderungsmaßnahmen für die Verursacher von Umweltschäden erst attraktiv werden. Denn ohne derartige Regelungen bzw. dem daraus resultierenden Kostendruck wäre es für die Betroffenen immer noch kostengünstiger, auf Umweltschutzmaßnahmen zu verzichten, da ihnen trotz Beihilfen ein spürbarer Eigenanteil an den Umweltschutzkosten verbleibt.[84]

---

83) Vgl. Bundesminister für Umwelt, Naturschutz und Reaktorsicherheit (Hrsg.): Investitionshilfen im Umweltschutz. Ein Überblick mit Gesetzes-, Verordnungs- und Richtliniensammlung für die Unternehmen aus Industrie, Handwerk und Kreditwirtschaft sowie die Freien Berufe. Bonn o.J., S. 7-138. Landesgewerbeamt Baden-Württemberg: Förderhilfen bei Umweltschutzmaßnahmen. Fördermaßnahmen des Bundes und des Landes Baden-Württemberg für kleine und mittelständische Unternehmen bei Investitionsvorhaben zur Verringerung oder Beseitigung von Umweltbelastungen. In: Informationsdienst Nr. 2, 1986. Hoffmann, V.: Die Programme zur Förderung von Umweltschutzinvestitionen. Systematische Gesamtübersicht über die Förderprogramme von Bund und Ländern; Erläuterungen der wichtigsten Regelungen. In: Umwelt und Energie, a.a.O., Gruppe 11, 1986, S. 157-233. Wicke, L., Umweltökonomie, a.a.O., S. 189.

84) Vgl. Hartkopf, G. und E. Bohne, a.a.O., S. 203,204. Wicke, L., Umweltökonomie, a.a.O., S. 185.

Tab. 3:     Wichtige öffentliche Finanzierungshilfen für industrielle Umweltschutzmaßnahmen allgemein in der Bundesrepublik Deutschland und speziell in Südwestdeutschland[*]

| Förderungskonzept | Umweltschutz- bzw. Anwendungsbereich | Art der Hilfe | Geltungsgebiet |
| --- | --- | --- | --- |
| | | S t e u e r v e r g ü n s t i g u n g e n | |
| § 7d EStG | Anlagen aller Umweltschutzbereiche, die mindestens zu 70 % dem Umweltschutz dienen | erhöhte Abschreibungssätze | Bundesrepublik |
| § 4a InZulG | Energieeinsparung; Heiz- u. Müllkraftwerke, Müllheizwerke | Investitionszulage von 7,5 % | Bundesrepublik |
| § 10 EStG | Ausgaben für besonders förderungswürdige gemeinnützige Zwecke (d.h. auch für Umweltschutzmaßnahmen) | abzugsfähige Ausgaben in Höhe von 2 % des Umsatzes und der Löhne | Bundesrepublik |
| § 117 I Nr. 2 BewG | Wasserversorgungsunternehmen | Begünstigung bei der Vermögens- und Gewerbekapitalsteuer | Bundesrepublik |

Fortsetzung Tab. 3

| | Investitionshilfen | | |
| --- | --- | --- | --- |
| ERP-Programme | Maßnahmen der Abfallbeseitigung, des Gewäs-serschutzes, der Luftreinhaltung und der Lärmbekämpfung (z.T. vor allem für mittel-ständische Betriebe) | zinsgünstige Darlehen | Bundesrepublik |
| KfW-Umweltprogramm | Maßnahmen zur Verminderung der Abfall-, Gewässer-, Lärm- und Luftbelastung | zinsgünstige Darlehen | Bundesrepublik |
| Ergänzungsprogramm (ED)-III der Deut-schen Ausgleichsbank | Hersteller von Umweltschutzanlagen und von umweltfreundlichen Produkten (besonders mittelständische Betriebe) | zinsgünstige Darlehen | Bundesrepublik |
| Investitionsprogramm zur Vermeidung von Umweltbelastungen | Demonstrationsvorhaben für Altanlagen in allen Umweltbereichen | Zuschüsse bis 50 % Investitionen | Bundesrepublik |
| Gemeinschaftliche Umweltaktion (EG) | Demonstrationsprojekte zur Ressourcenein-sparung und für Überwachungstechnologien | Zuschüsse von 30-50 % der Investitionen | Bundesrepublik |

Investitionshilfen

| | | | |
|---|---|---|---|
| Zuwendungen zur Finanzierung von Umweltschutzmaßnahmen | Verminderung von Gewässer-, Lärm- und Luftbelastungen (besonders mittelständische Betriebe) | zinsgünstige Darlehen | Baden-Württemberg |
| Programm zur verstärkten Umsetzung der TA Luft 86 und der GfVO | Emissionsminderung bei Feuerungsanlagen, Verbrennungsmotoranlagen und Gasturbinen: Maßnahmen und Demonstrationsprojekte | zinsgünstige Darlehen, Zuschüsse | Baden-Württemberg |
| Altanlagenprogramm | Demonstrationsprojekte zur Einführung des Standes der Technik in Altanlagen bei den Abfall-, Gewässer-, Lärm und Luftbelastungen | zinsgünstige Darlehen, Zuschüsse | Baden-Württemberg |
| Zinszuschußprogramm | Verminderung von Umweltbelastungen in mittelständischen Betrieben | Zinszuschüsse zu ERP-Mitteln | Rheinland-Pfalz |
| Zuwendungen für wasserwirtschaftliche Maßnahmen | Abwasseranlagen, Wasserbaumaßnahmen etc. | zinslose Darlehen, Zuschüsse | Rheinland-Pfalz |

* Das Saarland unterhält keine nennenswerten eigenen Förderungsprogramme für den industriellen Umweltschutz (Angaben des Ministeriums für Umwelt, Raumordnung und Bauwesen des Saarlandes).

Quelle: vgl. Anm. 83

Im allgemeinen gelten erhöhte Abschreibungen als klassisches Instrument des bundesdeutschen Steuerrechts, um bei intensiven Investitionstätigkeiten finanzielle Engpässe einzugrenzen bzw. zu lindern. Demnach stellen Sonderabschreibungssätze für Umweltschutzgüter eine der wichtigsten staatlichen Finanzierungsbeihilfen dar.

Das Konzept von § 7d EStG sieht vor, daß Wirtschaftsgüter, die zu mehr als 70 % dem Umweltschutz dienen,[85] bereits im ersten Jahr der Anschaffung oder Herstellung bis zu 60 % und in den folgenden vier Jahren bis zur vollständigen Abschreibung jeweils um 10 % der Anschaffungs- bzw. Herstellungskosten abgesetzt werden können.[86] Dadurch kann der Förderungsempfänger Zins- und Liquidationsvorteile erzielen.

### 3.3.4 Absprachen

Unter Absprachen, wie sie bisher in der Bundesrepublik Deutschland zur Anwendung kamen, versteht man zweiseitige, rechtlich unverbindliche Kooperationsvereinbarungen zwischen Staat und privatwirtschaftlichen Unternehmen bzw. Verbänden (z.B. Branchenabkommen, Verbandslösungen). Dabei sollen bestimmte umweltpolitische Zielvorstellungen durch eine Einigung von staatlichen und betroffenen privaten Akteuren ohne entsprechende Gesetze und Rechtsverordnungen erreicht werden.

---

85) Wird ein Wirtschaftsgut gleichzeitig für Umweltschutzzwecke und Produktionsaufgaben eingesetzt, so gilt für den Gesetzgeber die 70 %-Forderung als nicht erfüllt.

86) Vgl. Schaffhausen, F.: Die Umweltschutzkonzeption des Bundes. Zum Stand und zur Weiterentwicklung der zentralen Förderungsmaßnahmen des Bundes. In: Umwelt und Energie, a.a.O., Gruppe 11, 1985, S. 112-130. Von 1975 bis 1985 wurden in der Bundesrepublik Deutschland nach § 7d EStG Bescheinigungen in Höhe von ca. 19 Mrd. DM ausgestellt, die größtenteils von der Energie- und Wasserversorgung, der Chemischen Industrie und der Mineralölverarbeitung in Anspruch genommen wurden. Vgl. Hoffmann, V.: Umweltschutzförderung durch Sonderabschreibungen. Informationen über Stand und Entwicklung der Sonderabschreibungsmöglichkeiten nach § 7d Einkommensteuergesetz; Hinweise zu den Nutzungsmöglichkeiten für die betriebliche Praxis; Auszüge aus einschlägigen Richtlinien. In: Umwelt und Energie, a.a.O., Gruppe 11, 1987, S. 240-256.

Konkret bedeutet dies, daß der Zusage seitens der Wirtschaft, gewisse Umweltbelastungen zu vermindern bzw. zu unterlassen, die staatliche Erklärung gegenübersteht, aufgrund der eingeleiteten Umweltschutzmaßnahmen auf ordnungsrechtliche Regelungen zu verzichten.[87]

Kooperationslösungen bieten sich als umweltpolitisches Instrument besonders in jenen Entscheidungssituationen an, in denen beim Staat Unsicherheit über Inhalt, Reichweite und Zweck von Ge- und Verboten herrscht und die Wirtschaft Verluste bei eventuellen staatlichen Interventionen befürchten muß. Hierbei ist die rechtliche Unverbindlichkeit des Instruments für alle Beteiligten von großem Interesse, denn falls die Vereinbarungen zu ökonomischen Verlusten führen sollten, kann sich die Wirtschaft ebenso von den Übereinkünften distanzieren wie der Staat, wenn er aus umweltpolitischen Gründen nachträgliche Verfügungen für geboten erachtet. Grundsätzlich hängt die Bindewirkung von Absprachen von der Interessensübereinstimmung und den politisch-sozialen Sanktionsmitteln der Partner sowie der Ausgestaltung und vom Wirkungsbereich ab. Erfahrungsgemäß erhöhte sich bisher die Bindewirkung umso mehr, je geringer die Zahl der Beteiligten und je intensiver die gegenseitigen Kommunikationsbeziehungen waren.
Kooperationsvereinbarungen kamen vor allem seit Ende der 70er Jahre zum Einsatz, aufgrund ihres unverbindlichen Charakters und vielfältiger ordnungsrechtlicher Regelungen jedoch erst in begrenztem Umfang. In jüngster Zeit sicherte z.B. die Chemische Industrie zu, den Lösungsmittelgehalt in Lacken und die Phosphatanteile in Waschmitteln zu senken; die bundesdeutschen Aerosolhersteller versprachen 1987, die Verwendung von Fluorchlorkohlenwasserstoffen als Treibgas in Spraydosen bis 1989 um mindestens 90 % gegenüber dem Stand von 1976 zu reduzieren.[88]

---

87) Vgl. Hartkopf, G. und E. Bohne, a.a.O., S. 220-225. Wicke, L., Umweltökonomie, a.a.O., S. 131-135.

88) Vgl. Bundesminister für Umwelt, Naturschutz und Reaktorsicherheit: Die
Forts. Fußnote

### 3.3.5    Pläne

Umweltbezogene Planungen stellen das Ergebnis eines mehrphasi-
gen, systematischen politischen Informationsbeschaffungs-,
Informationsverarbeitungs- und Entscheidungsprozesses dar. Sie
enthalten mehrere grundsätzliche und langfristig wirksame
Zielsetzungen sowie die verschiedenen, aufeinander abgestimmten
Maßnahmen, die zur Realisierung der Ziele eingesetzt werden
sollen.[89]
Umweltplanung kann sowohl im Rahmen übergreifender Gesamtpla-
nungen (Raumordnungs-, Länderentwicklungs-, Regional- und
Bauleitplanung) erfolgen als auch durch reine Umweltfachpläne
der einzelnen Bundesländer (Wasserwirtschaftliche Rahmenpläne
§ 36 WHG, Luftreinhaltepläne §§ 44-47 BImSchG sowie

---

Forts. Fußnote
   Ozon-Schicht schützt unsere Umwelt. Meller, E., a.a.O., S. 362.

   Weitere Beispiele für Absprachen:

   1. Vier weißblechherstellende Unternehmen garantierten 1974, zum
      Zwecke der Weiterverwendung bis zu 250.000 Jahrestonnen
      Weißblechdosenschrott abzunehmen. 1983 hoben die Produzenten die
      mengenmäßige Abnahmebegrenzung auf und sicherten ein
      vollständiges Recycling des Schrotts zu.

   2. Der Fachverband der Hohlglasindustrie erklärte sich freiwillig
      dazu bereit, von 1977 bis 1980 das Altglasrecycling um etwa 40 %
      zu steigern; dieser Wert wurde um 18 % übertroffen.

   3. Die Asbestindustrie gab 1982 die Zusage, bis spätestens Ende 1986
      den Asbestgehalt ihrer Produktpalette um 30 bis 50 % zu
      vermindern.

   4. Ende 1982 erklärte sich der Lebensmitteleinzelhandel in einer
      Absprache bereit, den Anteil von mehrfach verwendbaren
      Getränkeverpackungen für Bier, Mineralwasser und
      Erfrischungsgetränke zu stabilisieren. Diese Vereinbarung galt
      bereits 1983 als gescheitert, da die Benutzung von
      Einwegbehältern erneut zunahm.

   Vgl. Schaffhausen, F.: "Branchenverträge" als umweltpolitische
   Strategie in der Bundesrepublik Deutschland. In: Schneider, G. und
   R.-U. Sprenger (Hrsg.): Mehr Umweltschutz für weniger Geld.
   Einsatzmöglichkeiten und Erfolgschancen ökonomischer Anreizsysteme in
   der Umweltpolitik. München 1984, S. 532, 533, 535-537.

89) Vgl. hierzu und im folgenden Hartkopf, G. und E. Bohne, a.a.O.,
    S. 117,179. Wicke, L., Umweltökonomie, a.a.O., S. 148-168.

Abfallbeseitigungspläne für geeignete Standorte von Abfallbeseitigungsanlagen § 6 AbfG und Abwasserbeseitigungspläne für geeignete Standorte von bedeutsamen Anlagen für die Behandlung von Abwasser § 18a WHG).

Indem sich die Umweltpläne räumlich begrenzt erstellen lassen, besteht die Möglichkeit, bei Bedarf konkreten regionalen Umweltschutzerfordernissen Rechnung zu tragen.[90]

So erstellte in Südwestdeutschland Rheinland-Pfalz eine immissionsbezogene Gewässerplanung: Gewässer, die der Trinkwasserversorgung dienen, werden saniert, wenn ihre Güteklasse unter II liegt, sowie Gewässer in Erholungsgebieten, Verdichtungsräumen und Entwicklungsachsen, wenn ihre Güte nicht der Klasse II-III entspricht.[91]

Davon sind vor allem der Rhein und seine Nebenflüsse im Bereich Rheinhessen und Rheinpfalz betroffen. Die dort ansässigen Betriebe, die Abwässer in Vorfluter einleiten, mußten bzw. müssen ihre Aktivitäten im Gewässerschutz gemäß den Planvorgaben aktivieren. Bereits 1984 wurde dadurch fast im gesamten bezeichneten Rheinabschnitt die Gewässergüteklasse II erreicht und die Schadstoff-Fracht der Nebenflüsse entsprach den Kategorien II-III bzw. III.[92]

In Baden-Württemberg setzte man in der ersten Hälfte der 80er Jahre dem Planungsinstrumentarium vergleichbare

---

90) Vgl. zur regionalbezogenen Umweltpolitik: Rasmussen, T., M. Oesterreich und S. Behn: Regionaldifferenzierte Umweltpolitik im Luftbereich. Grundzüge einer Konzeption und ihre ökonomisch-ökologische Beurteilung. Hamburg 1982, hier S. 43,44. Thoss, R. u.a.: Regionale Differenzierung von Instrumenten im Abwassersektor. In: Beiträge zum Siedlungs- und Wohnungswesen und zur Raumplanung Bd. 110, 1985, hier S. 21-26.

91) Vgl. Ministerium für Umwelt und Gesundheit Rheinland-Pfalz: Umweltprogramm. Mainz 1986, 3. Aufl., S. 25.

92) Vgl. Ministerium für Umwelt und Gesundheit Rheinland-Pfalz: Aktionsprogramm Wasserwirtschaft 1985. Mainz, S. 30. Ministerium für Umwelt und Gesundheit Rheinland-Pfalz (Hrsg.): Gewässergütekarte Rheinland-Pfalz Stand 1972, 1977, 1984. Mainz. Ministerium für Umwelt und Gesundheit Rheinland-Pfalz: Umweltqualitätsbericht 1987. Mainz, S. 60-64.

Sanierungsprogramme ein, um die Gewässergüte von Neckar und Donau zu verbessern.[93]

Der Verzicht des Saarlandes, im Gewässerschutz Planungsinstrumente anzuwenden, muß im Zusammenhang mit den dortigen wirtschaftsstrukturellen Problemen gesehen werden. Eine Gewässerplanung würde nicht nur über die vorgeschriebenen Reinigungsanforderungen hinaus Umweltschutzkosten auslösen, sondern könnte auch Unternehmen daran hindern, sich angesichts der hohen Gewässerschutzkosten im Saarland niederzulassen.[94]

Pläne im Bereich der Luftreinhaltung liegen in Rheinland-Pfalz für Ludwigshafen-Frankenthal und Mainz-Budenheim vor. Den baden-württembergischen Behörden stehen seit Ende 1986 die für die beabsichtigte Ausarbeitung von Luftreinhalteplänen für die Ballungsräume Stuttgart, Karlsruhe und Mannheim nötigen Emissionskataster zur Verfügung. Letztere enthalten Angaben über Art, Menge, räumliche und zeitliche Verteilung sowie Austrittsbedingungen von Luftverunreinigungen bestimmter Anlagen und Fahrzeuge (vgl. § 46 BImSchG). Emissionskataster besitzt ebenfalls das Saarland für die industriell-urbanen Bereiche Dillingen, Völklingen, Saarbrücken und Neunkirchen.[95]

---

93) Angaben des Ministeriums für Umwelt Baden-Württemberg.

94) Angaben des Ministeriums für Umwelt, Raumordnung und Bauwesen des Saarlandes.

95) Vgl. Ministerium für Umwelt und Gesundheit Rheinland-Pfalz, Umweltprogramm, a.a.O., S. 29. Ministerium für Umwelt, Raumordnung und Bauwesen des Saarlandes: Bericht 1983 zum Umweltprogramm Saarland. Saarbrücken 1984, S. 209-230. Ministerium für Ernährung, Landwirtschaft, Umwelt und Forsten Baden-Württemberg: Emissionskataster Stuttgart, Karlsruhe, Mannheim. Quellengruppe Industrie und Gewerbe, Verkehr und Hausbrand. Stuttgart 1986, 9 Bde. Bundesminister des Innern (Hrsg.): Dritter Immissionsschutzbericht der Bundesregierung. Deutscher Bundestag Drucksache 10/1354, 1984, S. 26-28.

# Kapitel 4  Struktur der Umweltschutzkosten in der Industrie von Südwestdeutschland

Als Umweltschutzkosten werden hier Kosten bezeichnet, die in der Industrie aufgrund umweltpolitischer Regelungen zur Verringerung, Vermeidung und Beseitigung von Umweltbelastungen anfallen. Sie lassen sich in Investitionen und laufende Kosten untergliedern. Letztere entstehen durch den Betrieb eigener Umweltschutzanlagen und durch Gebühren, Beiträge und Entgelte für die Inanspruchnahme betriebsexterner Umweltschutzeinrichtungen.

Während die Umweltschutzinvestitionen für entsprechende Aggregate auf das Ausmaß der betrieblichen Umweltschutzerfordernisse und -aktivitäten verweisen, zeigen die laufenden Umweltschutzkosten die periodisch anfallenden Aufwendungen im Umweltschutz an.[96]

Durch die Analyse der Umweltschutzkosten, die im folgenden nach Industriegruppen und, soweit dies geboten erscheint, auch nach Betriebsgrößen differenziert erfolgt, werden Erkenntnisse über produktionsbezogene und betriebliche Erfordernisse des Umweltschutzes erzielt.

## 4.1  Häufigkeit von Umweltschutzinvestitionen

### 4.1.1  Häufigkeit von Umweltschutzinvestitionen nach Industriegruppen

Unter der Häufigkeit von Umweltschutzinvestitionen versteht man den prozentualen Anteil der Betriebe mit Umweltschutzinvestitionen an der Gesamtzahl der Betriebe mit Investitionen.[97]

---

96) Vgl. Büringer, H.: Umweltschutzinvestitionen im Verarbeitenden Gewerbe 1975 bis 1982. In: Baden-Württemberg in Wort und Zahl 32, 1984, S. 255. Zur Unterscheidung der verschiedenen Kostenkategorien im Umweltschutz (Damage, Avoidance, Transaction, Abatement Costs; nach Council of Environmental Quality, dem Beraterstab des US-amerikanischen Präsidenten) siehe Keiter, H.: Umweltschutzkosten. In: Umwelt und Energie, a.a.O., Gruppe 3/96, 1980, S. 1-3.

97) Vgl. Büringer, H., Umweltschutzinvestitionen im Verarbeitenden Gewerbe 1971 bis 1982, a.a.O., S. 256.

In Südwestdeutschland tätigten von 1976 bis 1985 im Jahresdurchschnitt ungefähr 10 bis 15 Prozent der badenwürttembergischen, 12 bis 14 Prozent der rheinland-pfälzischen und 11 bis 14 Prozent der saarländischen Betriebe, die Investitionen aufwiesen, Umweltschutzinvestitionen (vgl. Anhang Tab. 37). Dabei sind beachtliche sektorale Unterschiede zu erkennen. Die Betriebe der grundstoff- und produktionsgütererzeugenden Industrien investieren, bedingt durch ihre emissionsintensiven Stoffumwandlungs- und -verarbeitungsprozesse, am häufigsten in den Umweltschutz, so vor allem die Mineralölverarbeitung, NE-Metallerzeugung, Eisen- und Stahlerzeugung, Chemische Industrie und Holzschliff-, Zellstoff-, Papier- und Pappeerzeugung. Dagegen erfordert die Produktionstätigkeit in zahlreichen anderen Branchen, z.B. Stahlbau, Druckerei, Elektrotechnik, Feinmechanik, vergleichsweise selten Umweltschutzanstrengungen.

Da die Betriebe nicht jährlich, sondern nur bei Bedarf Umweltschutzinvestitionen durchführen, werden mit den jährlichen Häufigkeitswerten möglicherweise nicht alle Betriebe erfaßt, die in den Umweltschutz investieren. (Beispiel: Betriebe mit Umweltschutzinvestitionen 1977: A,B,C,D; 1978: A,C,E,G; 1979: B,D,F,G). Zusätzliche Informationen liefern daher Häufigkeitswerte, die sich auf längere Zeiträume beziehen. Für Baden-Württemberg[98] liegen Werte für die Zeitspannen von 1977 bis 1979 und von 1980 bis 1984 vor.

Sie unterstreichen nachhaltig die herausragende Stellung des Grundstoff- und Produktionsgütersektors hinsichtlich der Umweltschutzinvestitionshäufigkeit: In einigen seiner Branchen sind 50 bis 80 Prozent der Betriebe (mit Investitionen) von Umweltschutzinvestitionen betroffen, z.B. NE-Metallerzeugung, Gießerei, Holzschliff-, Zellstoff-, Papier- und Pappeerzeugung, während in anderen Bereichen oft nur halb so viele oder noch deutlich weniger Betriebe umweltschutzbedingte Investitionen tätigen (vgl. Tab. 4).

---

98) Das statistische Landesamt von Rheinland-Pfalz und vom Saarland weisen Betriebe mit Umweltschutzinvestitionen nicht nach Zeiträumen aus.

Tab. 4:   Umweltschutzinvestitionshäufigkeit in den Industrie-
          gruppen von Baden-Württemberg  in den Zeiträumen  von
          1977 bis 1979 und von 1980 bis 1984

| Industriegruppe | 1977 - 1979 | | 1980 - 1984 | |
|---|---|---|---|---|
| | A | % | A | % |
| VERARBEITENDES GEWERBE | 2175 | 25,9 | 2358 | 25,3 |
| GRUNDSTOFF-und PRODUKTIONSGÜTER[1] | 410 | 38,3 | 509 | 38,0 |
| Mineralölverarbeitung | 5 | 55,6 | . | . |
| Steine u. Erden | 133 | 33,6 | 179 | 32,7 |
| NE-Metallerzeugung | 24 | 80,0 | 20 | 55,5 |
| Gießerei | 56 | 50,0 | 64 | 54,7 |
| Chemische Industrie | 96 | 37,5 | 131 | 44,6 |
| Holzbearbeitung | 31 | 30,1 | 44 | 31,2 |
| Holzschliff ... | 29 | 76,3 | 29 | 72,5 |
| Gummiverarbeitung | 17 | 22,9 | 14 | 25,9 |
| INVESTITIONSGÜTER | 1030 | 27,3 | 1051 | 23,3 |
| Stahlverformung | 130 | 35,9 | 154 | 34,1 |
| Stahlbau | 23 | 13,9 | . | . |
| Maschinenbau | 319 | 25,6 | 332 | 22,4 |
| Straßenfahrzeugbau | 145 | 28,8 | 137 | 23,1 |
| Schiffahrt ... | 5 | 25,0 | . | . |
| Elektrotechnik | 182 | 27,3 | 185 | 22,2 |
| Feinmechanik | 97 | 24,2 | 83 | 18,5 |
| Eisen-/Blechwaren | 138 | 30,5 | 141 | 27,9 |
| Büromaschinen | 9 | 33,3 | 12 | 23,1 |
| VERBRAUCHSGÜTER | 571 | 19,3 | 625 | 18,6 |
| Musikinstrumente | 62 | 24,8 | 70 | 26,2 |
| Feinkeramik | 6 | 40,0 | 8 | 42,1 |
| Glasherstellung | 21 | 31,3 | 15 | 18,1 |
| Holzverarbeitung | 149 | 30,2 | 159 | 27,8 |
| Papier-/Pappeverarbeitung | 37 | 20,6 | 40 | 20,9 |
| Druckerei | 56 | 15,2 | 67 | 15,3 |
| Kunststoffwaren | 80 | 22,9 | 92 | 20,0 |
| Ledererzeugung | 17 | 68,0 | 17 | 60,7 |
| Lederverarbeitung | 13 | 13,0 | 10 | 9,9 |
| Textilgewerbe | 121 | 16,8 | 131 | 17,3 |

Fortsetzung Tab. 4

| Industriegruppe | 1977 - 1979 | | 1980 - 1984 | |
| --- | --- | --- | --- | --- |
| | A | % | A | % |
| Bekleidungsgewerbe | 8 | 2,1 | . | . |
| NAHRUNGS- und GENUSSMITTEL | 160 | 27,6 | 170 | 25,3 |
| Ernährungsgewerbe | 157 | 27,7 | 166 | 25,2 |
| Tabakverarbeitung | 3 | 23,1 | 4 | 28,6 |

[1] ohne Eisen- und Stahlerzeugung

A = Anzahl der Betriebe mit Umweltschutzinvestitionen

% = Anteil der Betriebe mit Umweltschutzinvestitionen an der Gesamtzahl der Betriebe mit Investitionen

Quelle: Statistisches Landesamt Baden-Württemberg (Hrsg.):
Umweltschutzinvestitionen der Betriebe im Bergbau und Verarbeitenden Gewerbe 1979 und im Zeitraum 1977 bis 1979. In: Statistische Berichte Stuttgart 1981, S. 4. Statistisches Landesamt
Baden-Württemberg (Hrsg.): Umweltschutzinvestitionen der Betriebe
im Bergbau und Verarbeitenden Gewerbe im Zeitraum 1980 bis 1984.
In: Statistische Berichte Stuttgart 1986, S. 2.

Betrachtet man die Zeitreihe der umweltschutzinduzierten
Investitionshäufigkeit (vgl. Anhang, Tab. 37), so zeigt sich,
daß sich die Häufigkeit von Umweltschutzinvestitionen in allen
südwestdeutschen Ländern von 1976/77 an bis etwa 1982/83
rückläufig entwickelte, wobei der Rückgang im Grundstoff- und
Produktionsgüterbereich geringer ausfiel als in den anderen
Sektoren. Ursächlich für die Abnahme der Umweltschutzinvestitionstätigkeit sind mehrere Faktoren: In der ersten Hälfte der
70er Jahre kamen zahlreiche Umweltschutzgesetze und -
verordnungen zur Verabschiedung, wodurch in dieser Zeit ein
erhöhter Bedarf an Umweltschutzeinrichtungen geschaffen wurde.
Zudem bot eine Investitionszulage, die die Bundesregierung bis
Mitte 1975 für Umweltschutzanlagen gewährte, einen zusätzlichen

56

Anreiz, trotz konjunkturell ungünstiger Gesamtlage künftig ohnehin notwendige Umweltschutzmaßnahmen vorzuziehen. In den darauffolgenden Jahren nahm dann die Häufigkeitsrate ab, da die Betriebe wohl einen gewissen Sättigungsgrad hinsichtlich Umweltschutzvorkehrungen erzielt hatten und von staatlicher Seite keine grundlegend neuen Umweltschutzanforderungen gestellt wurden. Daher dürften umweltbezogene Investitionen in der zweiten Hälfte der 70er Jahre zu einem wesentlichen Teil unternommen worden sein, um bestehende Einrichtungen zu erneuern, zu verbessern und zu ergänzen.

Der Rückgang der Häufigkeit von Umweltschutzinvestitionen setzte sich bis in die 80er Jahre hinein fort, und sie erreichte wegen der allgemein schlechten Konjunktur- und Investitionslage und fehlender finanzpolitischer Unterstützung durch die öffentlich Hand um 1982 ihren Tiefstand.[99]

Zur Mitte der 80er Jahre hin wurden die Umweltschutzinvestitionen wieder häufiger. Der Grund liegt zum einen in der günstigeren wirtschaftlichen Lage nach 1982, zum anderen in der Neuschaffung bzw. Verschärfung von rechtlichen Regelungen, die den Umweltschutz betreffen, z.B. Abwasserabgabengesetz, Großfeuerungsanlagenverordnung, Novellierung der TA Luft.

Da die Gesetze und Verordnungen oft mehrjährige Anpassungsfristen bis zur vollständigen Einhaltung der Grenzwerte gewähren und die Neufassung des Wasserhaushaltsgesetzes und des Abfallgesetzes von 1986 gegenüber den früher geltenden Bestimmungen zusätzliche Umweltschutzanforderungen beinhalten, kann bis in die 90er Jahre mit einer hohen Umweltschutzinvestitionstätigkeit der Industrie gerechnet werden.

---

99) Vgl. Büringer, H., Umweltschutzinvestitionen im Verarbeitenden Gewerbe 1972 bis 1982, a.a.O., S. 258. Statistisch-prognostischer Bericht Baden-Württemberg 1984/1985. Daten-Analysen-Perspektiven. Hrsg. von der Landesregierung Baden-Württemberg in Zusammenarbeit mit dem Statistischen Landesamt, Stuttgart 1985, S. 201,202.

## 4.1.2 Häufigkeit von Umweltschutzinvestitionen nach Betriebsgrößen

Untersucht man die Häufigkeit von Umweltschutzinvestitionen in verschiedenen Betriebsgrößenklassen, so zeigt sich, wie Tab. 5 am Beispiel von Baden-Württemberg belegt, daß in allen industriellen Sektoren mit wachsender Beschäftigtenzahl die Häufigkeit der Umweltschutzinvestitionen in den Betrieben ansteigt. Investieren in Baden-Württemberg in der Klasse der Kleinbetriebe bis 49 Beschäftigten zwischen 11 und 24 Prozent der Produktionsstätten (mit Investitionen) in den Umweltschutz, so erhöht sich dieser Anteil bis auf 63 bis 86 Prozent in Betrieben, deren Personalbestand 500 und mehr Beschäftigte umfaßt. In der baden-württembergischen Industrie insgesamt übertrifft die Umweltschutzinvestitionshäufigkeit der Großbetriebe diejenige der Kleinbetriebe um mehr als das Vierfache. Ausschlaggebend für die betriebsgrößenspezifischen Unterschiede dürfte der jeweilige, mit der Betriebsgröße zunehmende Umfang der Produktionstätigkeit sein. In Großbetrieben ist der Schadstoffausstoß oft so groß, daß entweder die Selbstreinigungskapazität der verschiedenen Umweltmedien (Luft, Wasser, Boden) zumindest lokal bzw. regional überfordert wird und betriebliche Umweltschutzmaßnahmen unumgänglich werden oder daß betriebsinterne Umweltschutzanstrengungen kostengünstiger sind als die Inanspruchnahme betriebsfremder Dienstleistungen oder aber auch, daß betriebsexterne Umweltschutzeinrichtungen, wie Abfallbeseitigungs- oder Kläranlagen der öffentlichen Hand für eine problemadäquate Behandlung der Belastungen nicht konzipiert sind.[100]
Diese Gründe erklären auch, warum der im vorangegangenen Kapitel festgestellte Rückgang der Häufigkeit von Umweltschutzinvestitionen von 1976/77 bis 1982/83 in Großbetrieben weniger stark ausgeprägt war als bei den mittleren und kleinen Betrieben. Bei Betrieben mit mehr als 500 Beschäftigten sank

---

100) Vgl. Sprenger, R.-U., a.a.O., S. 45.

Tab. 5:  Umweltschutzinvestitionshäufigkeit in den Industriehauptgruppen von Baden-Württemberg nach Betriebsgrößenklassen in den Zeiträumen von 1977 bis 1979 und 1980 bis 1984

| Beschäftigte | Grundstoff- und Produktionsgütersektor | | Investitionsgütersektor | | Verbrauchsgütersektor | | Nahrungs- und Genussmittelerzeugung | | Verarbeitendes Gewerbe | |
|---|---|---|---|---|---|---|---|---|---|---|
| | A | % | A | % | A | % | A | % | A | % |
| **1977 bis 1979** | | | | | | | | | | |
| 1 - 49 | 134 | 24,0 | 242 | 16,2 | 155 | 11,4 | 50 | 17,7 | 581 | 15,8 |
| 50 - 99 | 86 | 41,1 | 199 | 22,1 | 132 | 16,9 | 46 | 27,5 | 463 | 22,5 |
| 100 - 199 | 67 | 50,0 | 192 | 31,2 | 117 | 26,2 | 31 | 43,1 | 407 | 32,1 |
| 200 - 499 | 69 | 64,5 | 198 | 44,1 | 111 | 37,5 | 23 | 52,3 | 401 | 44,8 |
| 500 u. mehr | 54 | 85,7 | 199 | 63,2 | 56 | 70,9 | 10 | 71,4 | 319 | 67,7 |
| **1980 bis 1984** | | | | | | | | | | |
| 1 - 49 | 208 | 25,7 | 285 | 13,6 | 208 | 11,4 | 58 | 15,6 | 759 | 14,9 |
| 50 - 99 | 101 | 43,3 | 187 | 19,3 | 130 | 16,4 | 36 | 24,0 | 454 | 21,2 |
| 100 - 199 | 81 | 57,9 | 187 | 28,2 | 118 | 27,8 | 42 | 44,7 | 414 | 31,3 |
| 200 - 499 | 67 | 67,7 | 202 | 42,0 | 128 | 50,2 | 26 | 55,3 | 423 | 48,0 |
| 500 u. mehr | 52 | 86,7 | 190 | 63,7 | 41 | 64,1 | 8 | 80,0 | 291 | 67,4 |

A =  Anzahl der Betriebe mit Umweltschutzinvestitionen

% =  Anteil der Betriebe mit Umweltschutzinvestitionen an der Gesamtzahl der Betriebe mit Investitionen

Quelle:  siehe Tab. 4., S. 54, 55 (dort S. 10, 11 bzw. S. 5, 6)

die Häufigkeit nur von 55 auf 40 Prozent, sie halbierte sich jedoch bei den Betrieben mit weniger als 100 Beschäftigten (vgl. Abb. 2).

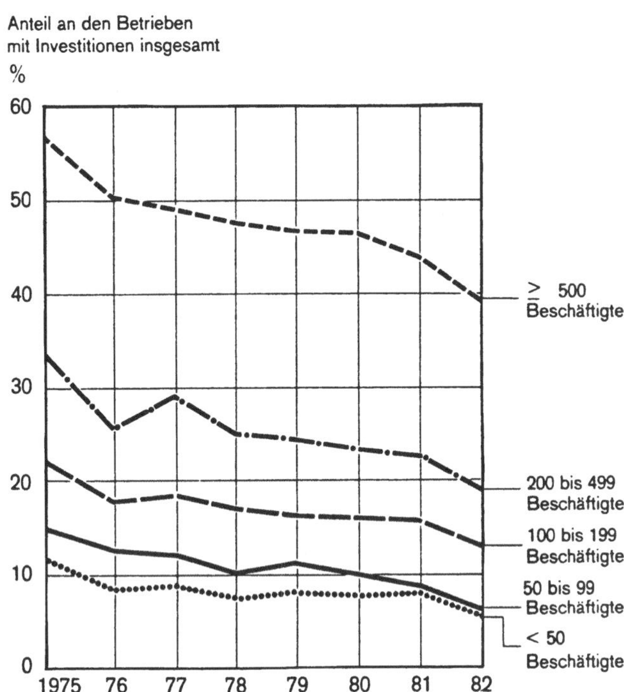


Abb. 2:     Entwicklung und Häufigkeit von Umweltschutzinvesti-
            tionen in den Betrieben des Verarbeitenden Gewerbes
            von Baden-Württemberg nach Beschäftigtengrößenklassen
            von 1975 bis 1982

Quelle:     Büringer, H., Umweltschutzinvestitionen im Verarbeitenden
            Gewerbe 1972 bis 1982, a.a.O., S. 257.

## 4.2     Größenordnung der Umweltschutzinvestitionen in den Industriegruppen

Die Industrie investierte in Südwestdeutschland im Zeitraum von 1976 bis 1985 insgesamt etwa 4,9 Mrd. DM in den Umweltschutz, wovon 2,9 Mrd. DM auf Baden-Württemberg, 1,4 Mrd. DM auf Rheinland-Pfalz und 0,4 Mrd. DM auf das Saarland entfielen

60

(vgl. Anhang, Tab. 38). Die Divergenz der Beträge erklärt sich aus dem unterschiedlichen Industriebesatz: Baden-Württemberg verfügt im Südwesten über die meisten, das Saarland über die wenigsten industriellen Produktionsstätten mit Umweltschutzinvestitionen (vgl. Anhang, Tab. 37).

Aus Tab. 38 (Anhang) geht hervor, daß die einzelnen industriellen Bereiche und Branchen nicht im gleichen Ausmaß in den Umweltschutz investieren. Die umfangreichsten Umweltschutzinvestitionen werden im südwestdeutschen Raum von den Betrieben des emissionsintensiven Grundstoff- und Produktionsgütersektors getätigt. Der Investitionsgüterbereich, die Nahrungs- und Genußmittelerzeugung und der Verbrauchsgütersektor folgen jeweils mit Abstand. Die Abstände können in den einzelnen Ländern je nach der Bedeutung, die den verschiedenen Sektoren dort zukommt, variieren. So besteht z.B. in Baden-Württemberg kaum ein Unterschied zwischen dem Grundstoff- und Produktionsgüterbereich und dem Investitionsgütersektor hinsichtlich des Umfanges der Umweltschutzinvestitionen, denn die chemische Grundstoff- und die Eisenschaffende Industrie sind hier im Vergleich zu Rheinland-Pfalz und dem Saarland schwach, der Fahrzeugbau mit seinen hohen Umweltschutzinvestitionen dafür stark vertreten.

Schwerpunktmäßig konzentrieren sich die Umweltschutzinvestitionen - sowohl absolut als auch gemessen an ihrem Anteil an den Gesamtinvestitionen - auf wenige Industriegruppen und hier wiederum auf bestimmte Produktionszweige. Im Hinblick auf das Ausmaß der Umweltschutzinvestitionen treten also inter- und intrasektorale Divergenzen auf. Sehr hohe Umweltschutzinvestitionen unternehmen in Baden-Württemberg die Mineralölverarbeitung, Holzschliff-, Zellstoff-, Papier- und Pappeerzeugung (Schwerpunkt: Herstellung von Zellstoff), NE-Metallerzeugung, Gießereien, Chemische Industrie, Gewinnung und Verarbeitung von Steinen und Erden (Schwerpunkt: Zementherstellung), Büromaschinenproduktion und insbesondere der Straßenfahrzeugbau (Schwerpunkt: Herstellung von Kraftwagen und Kraftwagenmotoren). In Rheinland-Pfalz und im Saarland ragen die Chemische

Industrie (Schwerpunkt: Grundstoffchemie) bzw. die Eisen- und Stahlerzeugung hervor.

In bisher noch nicht erwähnten Branchen, wie z.B. Stahlbau, Schiffs-, Luft- und Raumfahrzeugbau, Herstellung von Musikinstrumenten und Papier- und Pappeverarbeitung, fällt in ganz Südwestdeutschland das umweltbezogene Investitionsvolumen ziemlich gering aus[101] (vgl. Anhang, Tab. 38). Die unterschiedlich hohe Investitionstätigkeit der einzelnen Branchen erklärt sich nun zum einen durch die Unterschiede im Grad der Betroffenheit durch Umweltschutzgesetze entsprechend der Emissions- bzw. Belastungsstruktur in Abhängigkeit der eingesetzten Verfahrens-, Fertigungs- und Energietechniken, zum anderen durch die zum Teil unterschiedlichen angestrebten Wirkungsgrade der Maßnahmen.

In allen Industriegruppen unterliegt die jährliche Investitionssumme für Umweltschutz mehr oder weniger ausgeprägten Schwankungen, die keine Tendenz erkennen lassen (vgl. Anhang, Tab. 38). Sie kommen vor allem zustande durch

- den aperiodischen, von umweltpolitischen Regelungen hervorgerufenen Bedarf an Umweltschutzmaßnahmen,
- die unterschiedliche Inanspruchnahme von gesetzlichen Übergangsfristen bis zur vollständigen Einhaltung der Umweltschutznormen und
- wechselnde konjunkturelle und subventionspolitische Einflüsse.[102]

---

101) Vgl. zur Größenordnung der Umweltschutzinvestitionen insgesamt: Büringer, H.: Ökonomische Aspekte des Umweltschutzes. Teil 1: Umweltschutzleistungen und davon ausgehende Kostenbelastung im Verarbeitenden Gewerbe. In: Baden-Württemberg in Wort und Zahl 29, 1981, S. 142-144. Sprenger, R.-U., Struktur und Entwicklung von Umweltschutzaufwendungen in der Industrie, a.a.O., S. 48,49. Sprenger, R.-U. u. G. Britschkat: Beschäftigungseffekte der Umweltpolitik. Berlin, München 1979, S. 84-86. Umweltqualitätsbericht Baden-Württemberg 1987 (Vorabexemplar), S. 438,439. Umweltbundesamt (Hrsg.): Daten zur Umwelt 1986/87, a.a.O., S. 50 ff.

102) Vgl. Sprenger, R.-U.: Kostenbelastung der Sektoren durch Umweltschutz und ihre wettbewerblichen Auswirkungen. In: Gutzler, H. (Hrsg.):
Forts. Fußnote

Wie Tab. 6 für Baden-Württemberg zeigt, wird in der Regel innerhalb einer Branche der Großteil (bis 92 %) der Umweltschutzinvestitionen von Betrieben mit 200 und mehr Beschäftigten getätigt.[103] Gemessen an der Gesamtbetriebszahl der Branche verkörpern sie jedoch nur einen kleinen Prozentsatz.

Im Zeitraum von 1980 bis 1984 fielen beispielsweise in der Chemischen Industrie 81 Prozent der Umweltschutzinvestitionen (202,177 Mio. DM) auf Betriebe mit mehr als 500 Beschäftigten, die nicht mehr als ein Fünftel aller Betriebe dieser Branche ausmachen.

## 4.3 Investitionen in den verschiedenen Umweltschutzbereichen

In der Bundesrepublik Deutschland werden die Investitionen der Industrie, die dem Schutz der Umwelt dienen, gemäß § 11 UStaG für die Bereiche Abfallbeseitigung, Gewässerschutz, Lärmbekämpfung und Luftreinhaltung ermittelt.

Zur Abfallbeseitigung zählen Anlagen und Einrichtungen zum Sammeln, Befördern, Lagern und Ablagern von Abfällen. Gewässerschutzinvestitionen sind für Anlagen und Einrichtungen notwendig, die die Abwasserfracht vermindern (Verringerung oder Beseitigung von Feststoffen und gelösten Stoffen sowie Reduktion der Wärmemenge) und die Oberflächengewässer und das Grundwasser schützen. Lärmbekämpfende Maßnahmen sollen

---

Forts. Fußnote
Umweltpolitik und Wettbewerb. Baden-Baden 1981, S. 168. Staatsministerium Baden-Württemberg: Wirtschaftliche Entwicklung - Umwelt - Industrielle Produktion. Bericht der Arbeitsgruppe, berufen von der Regierung des Landes Baden-Württemberg. Stuttgart 1986, S. 164.

103) In Rheinland-Pfalz und dem Saarland, wo Umweltschutzinvestitionen nach Betriebsgrößen nur für das gesamte Produzierende Gewerbe statistisch ausgewiesen werden, verteilen sich die investiven Umweltschutzaufwendungen hauptsächlich auf die wenigen Großunternehmen der Chemischen Industrie bzw. der Eisen- und Stahlerzeugung. Vgl. Statistisches Landesamt Rheinland-Pfalz (Hrsg.): Investitionen für Umweltschutz im Produzierenden Gewerbe 1976 (bis 1985). In: Statistische Berichte Rheinland-Pfalz. Bad Ems 1979-1987, versch. S.. Statistisches Amt des Saarlandes: Investitionen für Umweltschutz im Produzierenden Gewerbe 1975 und 1976 (bis 1985). In: Statistische Berichte. Saarbrücken 1980-1985, versch. S.. (Klammer: Anm. d.V.).

Tab. 6:  Umweltschutzinvestitionen und Betriebsgröße nach Industriegruppen in Baden-Württemberg im Zeitraum
von 1980 bis 1984

| | | | BESCHÄFTIGTE | | | | | | | | |
| | | | bis 49 | | 50 - 99 | | 100 - 199 | | 200 - 499 | | mehr als 500 | |
| | Betriebe mit UI | UI in 1000 DM | % der Betr. | % der UI | % der Betr. | % der UI | % der Betr. | % der UI | % der Betr. | % der UI | % der Betr. | % der UI |
|---|---|---|---|---|---|---|---|---|---|---|---|---|
| GRUNDSTOFF- und PRODUKTIONSGÜTER | 509 | 671.794 | 40,9 | 5,0 | 19,8 | 3,7 | 15,9 | 5,4 | 13,2 | 36,6 | 10,2 | 49,3 |
| Steine und Erden | 179 | 104.294 | 63,7 | 16,8 | 17,9 | 10,2 | 8,9 | 6,2 | 7,8 | 55,1 | 1,7 | 11,5 |
| Chemische Industrie | 131 | 249.670 | 22,9 | 2,0 | 19,8 | 1,8 | 19,8 | 4,8 | 16,8 | 10,4 | 20,6 | 81,0 |
| Holzschliff ... | 29 | 114.134 | 10,3 | 0,4 | . | 0,2 | . | 1,4 | 44,8 | 46,2 | 27,6 | 51,8 |
| INVESTITIONSGÜTER | 1051 | 737.985 | 27,1 | 2,3 | 17,8 | 2,3 | 17,8 | 3,4 | 19,2 | 8,5 | 18,1 | 83,5 |
| Straßenfahrzeugbau | 137 | 477.367 | 29,9 | 0,4 | 13,9 | 0,3 | 8,8 | 0,9 | 20,4 | 1,8 | 27,0 | 96,6 |
| Maschinenbau | 332 | 48.335 | 21,4 | 4,9 | 21,4 | 9,8 | 19,3 | 11,9 | 19,3 | 19,4 | 18,6 | 53,9 |
| Elektrotechnik | 185 | 51.991 | 15,1 | 2,1 | 14,0 | 6,1 | 18,4 | 8,5 | 22,2 | 21,2 | 30,3 | 62,0 |
| VERBRAUCHSGÜTER | 625 | 147.327 | 33,3 | 9,0 | 20,8 | 8,4 | 18,9 | 11,8 | 20,5 | 32,6 | 6,5 | 38,1 |
| Druckerei | 67 | 9.391 | . | 8,1 | 22,4 | 9,2 | 14,9 | 23,7 | 14,9 | 58,1 | . | 0,9 |
| Textilgewerbe | 131 | 43.042 | 18,3 | 2,8 | 16,0 | 6,3 | 22,9 | 14,4 | 29,0 | 36,9 | 13,7 | 39,6 |
| NAHRUNGS- und GENUSSMITTEL | 170 | 58.895 | 34,1 | 18,9 | 21,2 | 13,8 | 24,7 | 21,5 | 15,3 | 29,9 | 4,7 | 15,9 |

UI =  Umweltschutzinvestitionen



Quelle:  Statistisches Landesamt Baden-Württemberg (Hrsg.), Umweltschutzinvestitionen der Betriebe im Bergbau und Verarbeitenden Gewerbe im Zeitraum von
1980 bis 1984, a.a.O., S. 5,6.

Geräusche beseitigen, verringern oder vermeiden (ausgenommen sind die Investitionen für den Arbeitsschutz). Die Luftreinhaltung umfaßt die Beseitigung, Reduzierung und Vermeidung von luftfremden Stoffen (Gase, Dämpfe, Stäube, Aerosole und Tröpfchen) in Abluft bzw. Abgas (ohne Leistungen aus Arbeitsschutzgründen).[104]

Die Umweltschutzinvestitionen konzentrierten sich in der südwestdeutschen Industrie - wie im gesamten Bundesgebiet -[105] im Zeitraum von 1976 bis 1985 mit 2,07 Mrd. DM und 1,87 Mrd. DM eindeutig auf die Bereiche Luftreinhaltung und Gewässerschutz. Dagegen betrugen die betrieblichen Investitionen für Abfallbeseitigung und Lärmbekämpfung nur 495 bzw. 311 Mio. DM (vgl. Anhang, Tab. 39). Die Bedeutung, die den Umweltschutzbereichen in den Industriegruppen zukommt, wird von den jeweiligen produktionsbedingten, also sektoral verschiedenen Umweltschutzerfordernissen determiniert (vgl. Abb. 3). Folglich werden Abfallbeseitigung, Gewässerschutz, Lärmbekämpfung und Luftreinhaltung in den Ländern entsprechend ihrer industriellen Struktur (vgl. Abb. 4) unterschiedlich akzentuiert. So stellt der Gewässerschutz hinsichtlich des Investitionsumfanges in Baden-Württemberg, wo abwasserintensive Branchen, wie die Zellstoff- und Papierherstellung, der Straßenfahrzeugbau, aber auch die Chemische Industrie bedeutende Standorte besitzen, den wichtigsten Umweltschutzbereich dar. In Rheinland-Pfalz überwiegen die Investitionen für Maßnahmen zur Luftreinhaltung. Jedoch nahm die BASF 1975 eine Großkläranlage in Betrieb, deren Aufbau in den drei vorangegangenen Jahren allein Investitionen

---

104) Vgl. Statistisches Bundesamt Wiesbaden (Hrsg.), a.a.O., S. 7.
In der Erhebung werden Natur-, Boden- und Landschaftsschutz, Strahlenschutz oder Schutz von Ökosystemen vor Umweltchemikalien nicht berücksichtigt. Allerdings sind derartige Maßnahmen auch nur in wenigen industriellen Produktionsbereichen erforderlich. Vgl. Keiter, H.: Umweltstatistik. In: Umwelt und Energie, a.a.O., Gruppe 3/98, 1980, S. 1,3.

105) Vgl. Statistisches Bundesamt Wiesbaden (Hrsg.): Investitionen für Umweltschutz im Produzierenden Gewerbe 1976 (bis 1984, A.d.V.). Fachserie 19, Reihe 3; Wiesbaden 1980 (bis 1986).

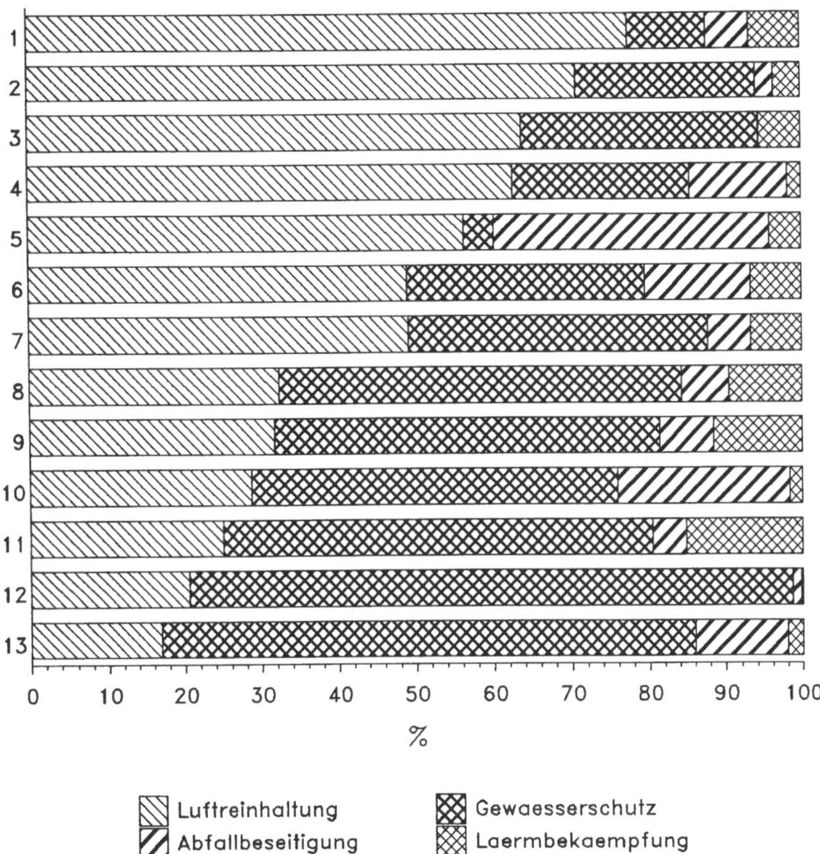


BW = Baden-Württemberg, RP = Rheinland-Pfalz, S = Saarland

| | | |
|---|---|---|
| 1 = Steine und Erden (BW) | 8 = | Nahrungs- u. Genußmittel (BW) |
| 2 = Mineralölverarbeitung (BW) | 9 = | Elektrotechnik (BW) |
| 3 = Eisen- u. Stahlerzeugung (S) | 10 = | Straßenfahrzeugbau (BW) |
| 4 = Textil- u.Bekleidungsge- | 11 = | Eisen- u. Blechwaren (BW) |
| werbe (RP) | 12 = | Büromaschinenherstellung (BW) |
| 5 = Holzverarbeitung (RP) | 13 = | Holzschliff-,Zellstoff...(BW) |
| 6 = Chemische Industrie (RP) | | |
| 7 = NE-Metallerzeugung (BW) | | |

Entwurf: J. Gernert, Zeichnung: M. Quick

Abb. 3: Verteilung der Umweltschutzinvestitionen auf die Umweltschutzbereiche am Beispiel ausgewählter Industriegruppen in Südwestdeutschland im Zeitraum von 1976-1985

Quelle: Tab. 39 (Anhang)

in Höhe von rund 450 Mio. DM beanspruchte (vgl. Anhang, Tab. 39).[106] Im Saarland herrscht wegen der stark luftbelasteten Produktionstätigkeit der Eisen- und Stahlerzeugung ebenfalls die Luftreinhaltung vor.

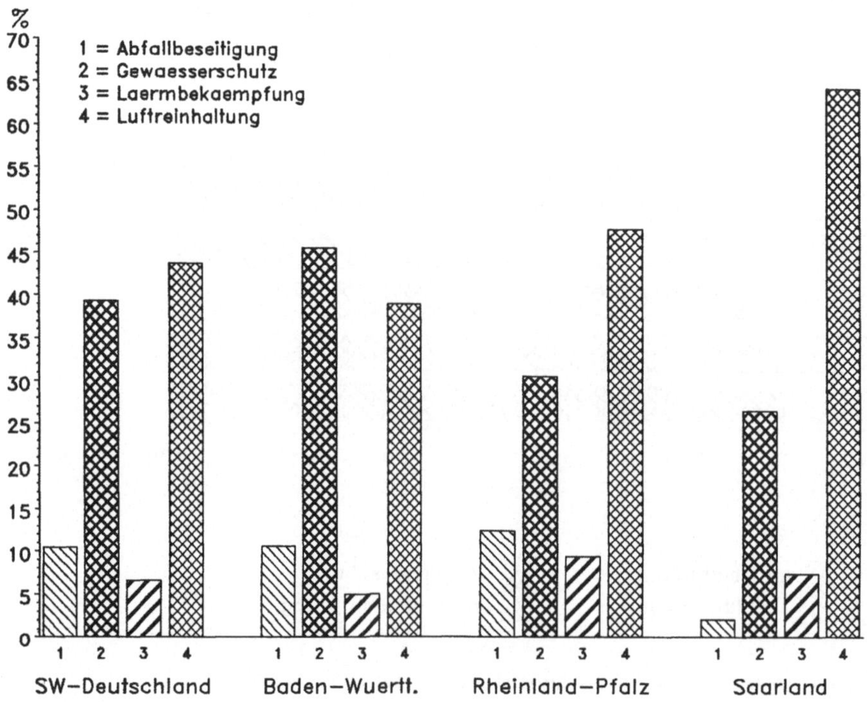


Entwurf: J. Gernert, Zeichnung: M. Quick

Abb. 4:   Verteilung der Umweltschutzinvestitionen des Verarbeitenden Gewerbes in Südwestdeutschland auf die Umweltschutzbereiche im Zeitraum von 1976 bis 1985

Quelle:   Anhang, Tab. 39.

---

106) Vgl. Suter, H.: Umweltschutz aus industrieller Sicht - am Beispiel der BASF. Sonderdruck aus der Hauszeitschrift der BASF Aktiengesellschaft, Heft September 1973, 23. Jg.

Die Investitionen für die einzelnen Umweltschutzbereiche werden
im Regelfall schwerpunktmäßig von jeweils nur wenigen Industriegruppen aufgebracht.

a)    Luftreinhaltung

Investitionen für Maßnahmen zur Luftreinhaltung, die aufgrund
der Verabschiedung der Großfeuerungsanlagenverordnung und
Novellierungen der TA Luft seit Beginn der 80er Jahre verstärkt
erfolgen, sind prinzipiell in fast allen Branchen unumgänglich,
denn die meisten Produktionsvorgänge verursachen unerwünschte
Kuppelprodukte, die sich aus den diversen Stoffumwandlungs-,
-verarbeitungs- und -bearbeitungsprozessen ergeben. Zur
Reduzierung dieser schädlichen Umwelteinflüsse ist eine
Inanspruchnahme betriebsexterner Einrichtungen nahezu ausgeschlossen, so daß innerbetriebliche Vorkehrungen getroffen
werden müssen. Diese erweisen sich in den folgenden Industriegruppen als besonders investitionsintensiv:

1.    Bei der Gewinnung und Verarbeitung von Steinen und Erden,
      vor allem bei der Zementherstellung, die in Süd-
      westdeutschland hauptsächlich in Baden-Württemberg
      lokalisiert ist, erzeugt das Brechen, Mahlen und Brennen
      der Rohstoffe im wesentlichen Stäube und gasförmige
      Emissionen, die durch den Einsatz umfangreicher Abscheider
      (Faser- oder Gewebefilter) zurückgehalten werden sol-
      len.[107]

2.    Die Eisen- und Stahlerzeugung (Saarland) führt - wie
      bereits erwähnt - zu beachtlichen Luftverschmutzungen. An
      verschiedenen Quellen, z.B. Sinteranlagen, beim Redukti-
      onsprozeß von Eisenerz, bei der Roheisenentschwefelung
      oder der Stahlerzeugung, werden staub- und gasförmige

---

107) Vgl. Hinz, W.: Entstehung und Verhütung von Emissionen in der
     Zementindustrie. In: Staub-Reinhaltung der Luft 42, 1982, S. 470,471.
     Kroboth, K. und H. Xeller: Entwicklungen beim Umweltschutz in der
     Zementindustrie. In: Sonderdruck aus Zement-Kalk-Gips, Heft 1, 1986,
     S. 5-9.

Luftverunreinigungen freigesetzt. Zur Vermeidung bzw. Verminderung dieser Emissionen wird eine Vielzahl von Maßnahmen angewandt, so z.B. die Ableitung der Sintergase bis zu einer Höhe von 250 Metern (Diffusion) zwecks Einhaltung von Immissionsgrenzwerten für Schwefeldioxid, große Abzugsventilatoren über den Abstichlöchern des Hochofens und den Übergabestellen, Abzugshauben über dem Sauerstoffbad beim LD-Blasstahlverfahren.[108]

3.  Die Mineralölverarbeitung tätigte in Baden-Württemberg im Zeitraum von 1976 bis 1985 die umfangreichsten Investitionen für die Luftreinhaltung (vgl. Anhang, Tab. 39). Bei vielen Arbeitsgängen, z.B. Erdöldestillation, Crack-Prozesse, Lagerung, entstehen Luftverunreinigungen, zu deren Bekämpfung etwa ein Drittel dieser Investitionen aufgebracht wurden, u.a. für Gaswäschen (Schwefelverbindungen aus Heizgas), Clausanlagen (Schwefel aus Schwefelwasserstoff) und schwimmende Tanklagerabdeckungen.

Die restlichen Mittel entfielen auf die Errichtung von Produktionsanlagen zur Herstellung von bleiarmem Benzin und zur Reduzierung des Schwefelgehaltes im leichten Heizöl und im Dieselkraftstoff. Für diese Maßnahmen wurden infolge des Benzin-Blei-Gesetzes von 1976 und der dritten Verordnung zur Durchführung des Bundesimmissionsschutzge-

---

108) Vgl. Philipp, J. A.: Entstehung und Verhütung von Emissionen - Eisenhüttenwerke. In: Staub-Reinhaltung der Luft 42, 1982, S. 453-456. Philipp. J. A., u.a.: Umweltschutz in der Stahlindustrie. Entwicklungsstand-Anforderungen-Grenzen. In: Eisen und Stahl 107, 1987, S. 507-511.

Beim LD-Verfahren - es wurde in den österreichischen Hüttenwerken Linz und Donawitz entwickelt - wird Sauerstoff über eine wassergekühlte, von oben in den Konverter gesenkte Lanze auf oder in die Schmelze gegeben. Dadurch wird das Frischen und die Temperatursteigerung der Schmelze zum Einschmelzen von kaltem Einsatz, vornehmlich Schrott, aber auch Erze, beschleunigt.
Vgl. Dege, W.: Das Ruhrgebiet. Braunschweig 1976, überarb. Aufl., S. 85.

setzes von 1975 allein 1977 ca. 33 und 1978 fast 112 Mio. DM investiert.[109]

4.  Der Straßenfahrzeugbau stellt für die Behandlung von Abgasen, Stäuben und Dämpfen aus Gießereien, Schleifanlagen, Galvanisations-, Härtungs- und Lackierungsprozessen hohe Summen bereit.[110]

5.  In der Chemischen Industrie wird ein wesentlicher Teil der gesamten Umweltschutzinvestitionen für die Luftreinhaltung verwandt, um schwerwiegende Belastungen ($SO_2$, $NO_x$, $CO_2$ etc.) aus vielfältigen Oxidations- und Syntheseprozessen zu vermindern.[111]

In Baden-Württemberg tätigten die Mineralölverarbeitung, die Gewinnung und Verarbeitung von Steinen und Erden, die Chemische Industrie und der Straßenfahrzeugbau zusammen 62,7 Prozent der Investitionen für die Luftreinhaltung im Zeitraum von 1976 bis 1985; in Rheinland-Pfalz und im Saarland wurden 62,5 bzw. 63,5 Prozent alleine von der Chemischen Industrie (inkl. Mineralölerzeugung) bzw. der Eisen- und Stahlerzeugung getragen.

---


109) Vgl. Mineralölwirtschaftsverband: Mineralöl und Umweltschutz. Hamburg 1984, 2. aktual. Aufl., S. 18-25. Goethel, G. F.: Entstehung und Verhütung von Emissionen in der Mineralölindustrie. In Staub-Reinhaltung der Luft 42, 1982, S. 466-468. Shell briefing service, a.a.O., Stotz, E.: Mineralölindustrie. In: Umwelt und Energie, a.a.O., Gruppe 3/61, 1980, S. 1. Sprenger, R.-U., Struktur und Entwicklung von Umweltschutzaufwendungen in der Industrie, a.a.O., S. 64.

110) Vgl. Sprenger, R.-U., Struktur und Entwicklung von Umweltschutzaufwendungen in der Industrie, a.a.O., S. 66.

111) Vgl. Suter, H., a.a.O.. Landesverband der Baden-Württembergischen Industrie: Vorschläge zur Umweltpolitik in Baden-Württemberg. Stuttgart 1984, S. 12. Verband der Chemischen Industrie e.V.: Mehr Wachstum - Mehr Umweltschutz. Eine Bilanz der chemischen Industrie. Hamburg, o.J., S. 7,8.

b)    Gewässerschutz

Industrielle Abwasserprobleme lassen sich sowohl innerbetrieblich als auch durch betriebsfremde Kläranlagen lösen. Eigene Gewässerschutzmaßnahmen unternehmen die Betriebe dann, wenn die Abwasserfracht nicht ohne Vorbehandlung in den Vorfluter (Direkteinleitung) oder in öffentliche Kläranlagen (Indirekteinleitung) eingeleitet werden darf (vgl. § 7a WHG) und sich bei hohem Abwasseraufkommen eine betriebliche Abwasserbehandlung ökonomisch, u.a. wegen der Abwasserabgabe, als vorteilhaft erweist (z.B. Einsparung von Gebühren, Verschmutzungszuschlägen).[112]

In Baden-Württemberg unterhielten 1981 1179 (11,5 %) der Betriebe und in Rheinland-Pfalz 342 (6 %) der Betriebe eigene Kläranlagen.[113] Umfangreiche Investitionen erfordert der Gewässerschutz in folgenden Branchen:

1.    Bei der Mineralölverarbeitung kommen Wasser oder Wasserdampf in den Raffinerieanlagen in engen Kontakt mit Rohöl. Die Abwässer, die in den Vorfluter eingeleitet werden sollen, bedürfen einer mehrstufigen Reinigung (Grobtrennung von Wasser und Öl, Ölabscheider, Flotation, Flockung usw.). Darüber hinaus müssen Vorkehrungen zum Schutz des Grundwassers (z.B. Auskofferung) getroffen werden.[114]

2.    Die Chemische Industrie zählt zu den Branchen mit dem höchsten Wasserbedarf. Der Hauptteil des benutzten Wassers dient Kühlzwecken (z.B. zu 85 % bei der BASF Ludwigshafen), seine Rückführung macht keine nennenswerten Reinigungsleistungen erforderlich. Die Prozeßwässer

---

112) Vgl. Sprenger, R.-U., Struktur und Entwicklung von Umweltschutzaufwendungen in der Industrie, a.a.O., S. 60.

113) Statistisch-prognostischer Bericht 1984/85, a.a.O., S. 202. Sauer, F.: Wasserversorgung und Abwasserbeseitigung im Verarbeitenden Gewerbe. In: Statistische Monatshefte Rheinland-Pfalz 37, 1984, S. 9.

114) Vgl. Mineralölwirtschaftsverband, a.a.O., S. 29,30. Angaben befragter Unternehmen der Mineralölverarbeitung.

jedoch, besonders die von Großunternehmen der chemischen Grundstofferzeugung (z.B. 11 % des Wasserverbrauchs der BASF), werden in erheblichem Maße organisch und mit Schwermetallen belastet. Ein Großteil der Umweltschutzinvestitionen wird daher in der Chemischen Industrie für die Sanierung dieses Abwassers eingesetzt, z.B. für Trennkanalisation (BASF: 35 km Länge), mehrstufige Kläranlagen, Verbrennung hochkonzentrierter Abwässer, Eliminierung von Schwermetallen, halogenhaltiger Verbindungen etc.[115]

3.  Die Papier- und Zellstoffherstellung ist ohne den Einsatz von Wasser nicht denkbar. Mit Hilfe von Wasser werden Rohstoffe aufbereitet, Fasern und Hilfsstoffe durchmischt oder Rohmaterialien im Produktionsprozeß transportiert. Dabei wird das Wasser stark belastet; in der Papierherstellung im wesentlichen mit Papierfasern, Holzpolyosen, Stärke, Leim, Kunststoffdispersionen, Retentionsmitteln und mineralischen Pigmenten, in der Zellstoffproduktion zusätzlich mit Ligninverbindungen, Polyosen und Bleichstoffen. Die Abwasserbeseitigung konzentriert die meisten Umweltschutzinvestitionen dieser Industriegruppe auf sich.[116]

---

115) Vgl. Verband der Chemischen Industrie e.V., a.a.O.. Verband der Chemischen Industrie e.V.: Umweltleitlinien. Frankfurt, o.J.. Verband der Chemischen Industrie e.V.: Umwelt und Chemie von A-Z. Freiburg 1986, 3. Aufl., S. 144. Landesverband der Baden-Württembergischen Industrie, a.a.O., S. 11. Roche: Roche von A-Z. Grenzach-Whylen, o.J., S. 46-49,52. Engelhardt, H. u.a.: Über 10 Jahre BASF Kläranlage. In: Korrespondenz Abwasser 32, 1985, S. 941. BASF AG: Wo steht die BASF im Umweltschutz? Ludwigshafen, o.J.. BASF: Umweltschutz. Denken, planen, handeln. Fakten und Beispiele. Ludwigshafen 1986, 5. Aufl., S. 6-12.

116) Vgl. Sonderdruck aus: Der Papiermacher. Fachblatt der Deutschen Papierindustrie. Nr. 1-6/87: 1987 - Europäisches Umweltschutzjahr, S. 3-5. Landesverband der Baden-Württembergischen Industrie, a.a.O., S. 23. Papierfabrik August Koehler AG (Unternehmensportrait). Cordier: Die Cordier Gruppe - Vielfalt in Spezialpapieren. Bad Dürkheim-Jägerthal. Weber, M.: Die Zellstoffindustrie. In: Umwelt und Energie, a.a.O., Gruppe 3/108, 1986, S. 4,5. Sprenger, R.-U., Struktur und Entwicklung von Umweltschutzaufwendungen in der Industrie, a.a.O., S. 67,68.

Die Zellstofferzeugung, die in Südwestdeutschland nur mit Betrieben in Baden-Württemberg vertreten ist und die meisten Umweltschutzinvestitionen der Holzschliff-, Zellstoff-, Papier- und Pappeherstellung trägt, wurde in der ersten Hälfte der 80er Jahre durch die sog. 80/20-Abwasserabgaberegelung (vgl. S. 41, 42) verstärkt angeregt, ihre Aktivitäten im Gewässerschutz zu intensivieren. In Rheinland-Pfalz stimulierte die Anwendung des Planungsinstrumentariums u.a. Betriebe der Papierindustrie mit Standorten an linksrheinischen Vorflutern, Abwasserbeseitigungsmaßnahmen durchzuführen (vgl. Kap. 3.3.5).

4. Der Straßenfahrzeugbau, in Baden-Württemberg die Industriegruppe mit den höchsten Investitionen im Gewässerschutz, errichtet Entgiftungs- und Neutralisationsanlagen, um mechanisch belastete Abwässer, z.B. aus Schleifereien, oder chemisch verunreinigtes Wasser, z.B. aus Härtereien, Beizereien, Galvanikprozessen,[117] zu reinigen.

Im Zeitraum von 1976 bis 1985 vereinigten die Chemische Industrie, die Mineralölverarbeitung, die Holzschliff-, Zellstoff-, Papier- und Pappeerzeugung ca. 69,2 Prozent aller gewässerschutzbezogenen Investitionen im Verarbeitenden Gewerbe Baden-Württembergs auf sich. In Rheinland-Pfalz und im Saarland entfielen 61 bzw. 76,9 Prozent der Gewässerschutzinvestitionen auf die Chemische Industrie (inkl. Mineralölverarbeitung) bzw. auf die Eisen- und Stahlerzeugung.

Wie aus Tab. 39 (Anhang) hervorgeht, erweisen sich die Bereiche Abfallbeseitigung und Lärmbekämpfung für den industriellen Umweltschutz von untergeordneter Bedeutung.
Für die Abfallbeseitigung sind prinzipiell die Gebietskörperschaften zuständig. Ihnen müssen in der Regel die Abfälle überlassen werden. Die Industriebetriebe investieren daher im Abfallbereich hauptsächlich für Abfallbehälter, -sammel- und

---

117) Vgl. Sprenger, R.- U., Struktur und Entwicklung von Umweltschutzaufwendungen in der Industrie, a.a.O., S. 66.

-transporteinrichtungen sowie Abfallvorbehandlungsmaßnahmen (z.B. Verdichtungs- und Verkleinerungsaktivitäten). In Baden-Württemberg können umfangreiche Lagerungs- und Transportinvestitionen in den Betrieben entstehen, in denen Sondermüll anfällt, da die Sondermüllabnahme im Land mangels einer thermischen Verbrennungsanlage nicht vollständig gelöst ist. Betriebseigene Abfallbeseitigungsanlagen (z.B. Altölaufbereitungs-, Dekantier-, Emulsionsspalt-, Verbrennungs-, Schlammtrockungs- und Deponieeinrichtungen) sind genehmigungspflichtig. Sie erfordern sowohl einen großen Verwaltungsaufwand als auch hohe Investitionen und kommen daher vor allem für Großbetriebe (z.B. der Chemischen Industrie, der Eisen- und Stahlerzeugung, der Zellstoffproduktion und des Straßenfahrzeugbaus) in Frage.

Das relativ geringe Investitionsvolumen für den Lärmschutz erklärt sich dadurch, daß lärmdämmende Maßnahmen aus Umweltschutzgründen (anders als beim Arbeitsschutz) in erster Linie dann vorgeschrieben sind, wenn die zur Vermeidung von Lärmbeeinflussung durch Industriebetriebe erforderlichen Abstände zwischen den Produktionsstätten und Wohnsiedlungen unterschritten werden.[118] Dies ist aber bei vielen Industriestandorten nicht der Fall.

Neben den unmittelbar für die verschiedenen Umweltschutzzwecke eingesetzten Investitionen erzielen auch produktionsbezogene Veränderungen positive Umweltschutzeffekte, die allerdings nicht a priori aus ökologischen, sondern aus ökonomischen Gründen unternommen werden. Dabei handelt es sich um Einsparungen, die durch Ersatz, Reduzierung oder Mehrfachverwendung der Input-Materialien erreicht werden (vgl. Abb. 5). Beispielsweise substituierte Mineralöl im Rahmen des Strukturwandels seit den 60er Jahren aus Kostengründen die schadstofffreiere Kohle bei der industriellen Energieerzeugung. Auf diese Weise verringerten die Betriebe quasi als Sekundäreffekt ihren

---

118) Vgl. Sprenger, R.-U., Struktur und Entwicklung von Umweltschutzaufwendungen in der Industrie, a.a.O., S. 60,62.

Schadstoffausstoß. Diesen Effekt verstärkten in jüngster Zeit rentabel arbeitende Abwärme- und Abgasrückgewinnungsanlagen sowie verbesserte und sparsamere Feuerungstechniken (Wirbelschichtfeuerung etc.). Darüber hinaus tragen mikroelektronisch gesteuerte Meß- und Regelungstechniken dazu bei, den Energieverbrauch und den Materialeinsatz zu optimieren.[119] So gelingt es z.B. einem saarländischen Unternehmen der Eisen- und Stahlerzeugung durch die Aufbereitung von Abgasen, einen Brennwert von 46 Mio. Liter Gas zu gewinnen und damit Kosteneinsparungen und gleichzeitig eine verminderte Luftbelastung zu erreichen.[120] In dieser Industriegruppe zählt auch die Mehrfachverwendung des Brauchwassers, z.B. durch Wasserkreisläufe bei der Gaswäsche oder der Warm- und Kaltumformung sowie durch geschlossene Kühlwassersysteme am Hochofen, zu den wichtigen Zielgrößen. Ein integriertes saarländisches Hüttenwerk deckt mit einer Wasserentnahme von 22,6 Mio. m³ aus dem Vorfluter seinen Wasserbedarf von 327,4 Mio. m³ für 17 Kreislaufsysteme.[121] Durch die verstärkte Anwendung der Kreislaufführung des Wassers konnte die Zellstoff- und Papiererzeugung

---

119) Vgl. Härtel, H.-H.: Zusammenhang zwischen Strukturwandel und Umwelt. (Veröffentlichungen des HWWA-Instituts für Wirtschaftsforschung) Hamburg 1987, S. 74-76, 212-217. Statistisch-prognostischer Bericht Baden-Württemberg, a.a.O., S. 214. Sprenger, R.-U.: Die Nutzung von Abfallstoffen und Abwärme-"Recycling" als Beitrag zum Umweltschutz und zur Rohstoff- und Energieeinsparung. In: Ifo-Schnelldienst 27, 15/1974, S. 5-18. Borries, D. von: Kraft-Wärme-Kopplung. In: Umwelt und Energie, a.a.O., Gruppe 3/52, 1980, S. 1-5. Piller, W. und M. Rudolph: Kraft-Wärme-Kopplung. Zur Theorie und Praxis der Kostenrechnung. Frankfurt 1984. Scharmer, K.; Energieeinsparung durch kombinierte Stoff- und Energiewirtschaft. In: Brennstoff-Wärme-Kraft 36, 1984, S. 446-472. Tautz, A. und T. Mathenia: Heißwasserspeicher für industrielle Abwärme. In: Brennstoff-Wärme-Kraft 36, 1984, S. 287-295. Lamberg, H.: Optimierung von Kraft-Wärme-Kopplungsanlagen. In: Brennstoff-Wärme-Kraft 36, 1984, S. 307-309. Oberländer, G.: Kraft-Wärme-Kopplung mit Industriegasturbinen. In: Brennstoff-Wärme-Kraft 36, 1984, S. 96-100. Ehrgeiziger Wirbel. Mehr Marktchancen für Wirbelschicht gefordert. In: Energie 38, 1986, S. 20-23. Angaben befragter Unternehmen.

120) Nach Angaben eines saarländischen Unternehmens der Eisen- und Stahlerzeugung.

121) Vgl. Dillinger Hüttenwerke. Unternehmensportrait. In: "Us Hütt"- Werkszeitschrift der Dillinger Hütte 32, 1987 (Sonderdruck). Philipp, u.a., a.a.O., S. 5,6.

den Nutzungsfaktor dieses Hilfsstoffs von 1,73 im Jahre 1957 auf 4 im Jahre 1985 erhöhen. Waren vor wenigen Jahren noch etwa 100 Liter Wasser für die Produktion von einem Kilogramm Papier nötig, so ist heute eine Einengung auf 15 Liter technisch möglich.[122)]

Im Abfallbereich bietet u.a. die Verbrennung der Entfallstoffe die Möglichkeit, Kostenvorteile zu erzielen. So kann die BASF durch die Verfeuerung von getrockneten Schlämmen aus ihrer Kläranlage ca. 30.000 t Steinkohle einsparen.[123)]

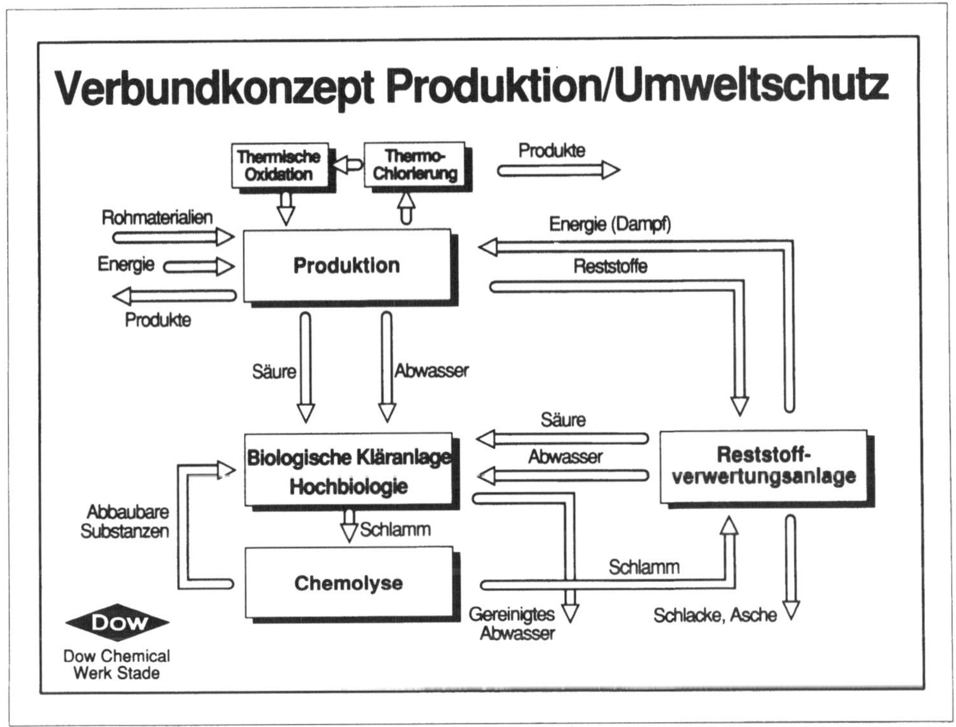


Abb. 5: Verbundkonzept zwischen Produktion und Umweltschutz

Quelle: Umweltschutzpressekonferenz der Dow Chemical GmbH/ Stade, 26.08.87

---

122) Vgl. Anm. 116.

123) Vgl. Engelhardt, H. u.a., a.a.O., S. 947.

## 4.4      Art der Umweltschutzinvestitionen

Umweltschutzinvestitionen werden bei der Erhebung nach dem Umweltstatistikgesetz je nach ihrer Verwendung im Produktionsprozeß in drei Arten untergliedert:[124]

1.    Ausschließlich dem Umweltschutz dienende Investitionen

Die betrieblichen Neuzugänge dieser Kategorie stellen im allgemeinen Sachanlagen (Gebäude, Maschinen, Grundstücke) dar, die ausschließlich zu Reinigungszwecken angeschafft werden. Die Umweltschutztechnologie ist in diesem Fall dem Produktionsprozeß nachgeschaltet (z.B. Filtersysteme, Kläranlagen).

2.    Verfahrensbezogene Investitionen

Unter diese Aufwandskomponente fallen investive Mittel für Teile von Sachanlagen sowie anteilige Aufwendungen für Verfahrensumstellungen, die dem Umweltschutz dienen. Derartige Umweltschutzeinrichtungen stellen integrierte Bestandteile von Produktionsanlagen dar.

3.    Produktbezogene Investitionen

Bei dieser Art handelt es sich um Zugänge von Sachanlagen für die Herstellung von Erzeugnissen, die bei Verwendung eine verminderte Umweltbelastung hervorrufen.

Die Abgrenzung der Investitionsarten gestaltet sich bei der praktischen Ermittlung von Umweltschutzmaßnahmen nicht immer unproblematisch.
Eindeutig lassen sich Investitionen, die nur dem Umweltschutz dienen, feststellen. Produktbezogene Investitionen erfaßt die amtliche Statistik nur dann, wenn diese auf gesetzliche Vorschriften hin getätigt werden. Kommt es zu freiwilligen produktbezogenen Leistungen, ist anzunehmen, daß sie primär aus

---

124) Vgl. Statistisches Bundesamt Wiesbaden (Hrsg.), a.a.O., S. 6,7.

Rentabilitäts- und weniger aus Umweltschutzgründen aufgebracht werden. Schwieriger ist es, verfahrensbezogene Umweltschutz- investitionen exakt zu bestimmen, denn der Wert von inte- grierten, dem Umweltschutz dienlichen Bestandteilen von Produktionsanlagen läßt sich nicht immer genau angeben. Auch bei Umstellungen auf umweltfreundliche Produktionsverfahren kann der Anteil der Umweltschutzinvestitionen nur außerordent- lich schwer abgegrenzt werden, denn solche Umstellungen müssen nicht ausschließlich Umweltschutzzwecken dienen; sie können auch betriebswirtschaftlich günstig sein.

Aus einer Datenaggregation, die der Tab. 40 (Anhang) zugrunde liegt, geht hervor, daß in den Jahren von 1976 bis 1985 in allen Industriegruppen die ausschließlich für den Umweltschutz erbrachten Investitionen stark dominieren (in der Regel 75-100 % der gesamten Umweltschutzinvestitionen). Diese Investitionen lassen sich weiter untergliedern in Baumaßnahmen, Investitionen für Grundstücke und Investitionen für Maschinen und Anlagen. Tab. 41 (Anhang) zeigt, daß letztere vorherrschen; Grundstücke werden rein umweltschutzbedingt kaum erstanden. Zu Baumaßnahmen kommt es vornehmlich durch die Installation von Umweltschutzaggregaten in bestehende Gebäude (Ausnahme: Kläranlagen).[125]
Der verfahrensbezogene Umweltschutz vereinigt lediglich in einigen Branchen in dem einen oder anderen Jahr mehr als die Hälfte der gesamten Umweltschutzinvestitionen (Mineralölerzeu- gung 1981, Steine und Erden 1980, Gießereien 1984, Straßen- fahrzeugbau 1977, Feinkeramik 1980, Eisenschaffende Indu- strie 1985 etc. - vgl. Anhang, Tab. 40). Es fällt auf, daß die Branchen, wenn sie in den verfahrensbezogenen Umweltschutz investieren, ihre Mittel für ausschließlich den Umweltschutz dienende Sachanlagen entsprechend reduzieren.
Seit Jahren wird prognostiziert, daß die ausschließlich für den Umweltschutz erbrachten Investitionen von den verfahrensbezogenen Investitionen zunehmend verdrängt

---

125) Angaben befragter Unternehmen.

würden.[126] Diese Prognose kann durch die vorliegenden Daten nicht bestätigt werden. Noch 1985 machten die verfahrensbezogenen Investitionen nur einen sehr geringen Teil der gesamten Mittel aus, die von den Industriebetrieben für den Umweltschutz bereitgestellt wurden.

Das Ausbleiben dieser Entwicklung erklärt sich dadurch, daß die Umweltpolitik bislang die Schadstoffbeseitigung im nachhinein stärker favorisierte als die Vermeidung von Umweltbelastungen im Produktionsprozeß.[127] So können z.B. Industriebetriebe nur dann Sonderabschreibungen für ihre Umweltschutzanlagen beanspruchen, wenn die hierfür aufgebrachten Investitionen unmittelbar oder mindestens zu 70 Prozent (§ 7 EStG, vgl. Kap. 3.3.3) dem Umweltschutz zuzurechnen sind. Verfahrensumstellungen oder sonstige produktionsbezogene Veränderungen, die nur partiell aus Umweltschutzgründen durchgeführt werden, jedoch einen hohen Umweltschutzeffekt erzielen (vgl. S. 73-75), bleiben von den Abschreibungsvergünstigungen ausgeklammert. Somit finden nicht alle technisch und ökonomisch sinnvollen Umweltschutzmaßnahmen in diesem Instrument Berücksichtigung; sein voller Lenkungsspielraum wird nicht ausgeschöpft.[128]

Produktbezogene Umweltschutzinvestitionen, bislang selten, entfallen fast vollständig auf die Mineralölverarbeitung. Die im Benzin-Blei-Gesetz des Jahres 1976 vorgeschriebene Senkung des Bleigehaltes auf 1,5 Gramm je Liter Benzin und die in der Dritten Verordnung des Bundesimmissionsschutzgesetzes von 1975 artikulierte Reduzierung des Schwefelgehaltes im Heizöl veranlaßten die mineralölverarbeitenden Unternehmen, von 1976 bis 1978 umfangreiche produktbezogene Umweltschutzinvestitionen zu tätigen.[129]

---

126) Vgl. Büringer, H., Ökonomische Aspekte des Umweltschutzes, a.a.O., S. 143.

127) Angaben des Bundesministeriums für Umwelt, Naturschutz und Reaktorsicherheit.

128) Vgl. Wicke, L., Umweltökonomie, a.a.O., S. 150.

129) Vgl. Büringer, H., Ökonomische Aspekte des Umweltschutzes, a.a.O., S. 143. Sprenger, R.-U., Struktur und Entwicklung von Umweltschutzaufwendungen in der Industrie, a.a.O., S. 74,75.

## 4.5 Kostenbelastung der Betriebe durch Umweltschutzinvestitionen
### 4.5.1 Intersektorale Unterschiede

Um die Belastung der Betriebe durch die umweltschutzinduzierten Investitionen feststellen zu können, müssen diese mit aussagekräftigen Bezugsgrößen der betrieblichen Kostenrechnung in Beziehung gesetzt werden, z.B. mit dem Umsatz. Den Anteil der Umweltschutzinvestitionen am Umsatz (in ‰ ) innerhalb eines Zeitraums (in der Regel ein Jahr) bezeichnet man als Umweltschutzinvestitionsquote.[130] In den Jahren 1976 bis 1985 lag die Quote in den Industriebetrieben mit Umweltschutzinvestitionen in Baden-Württemberg durchschnittlich bei 3 bis 4 ‰, in Rheinland-Pfalz bei 3 bis 6 ‰ und im Saarland bei 1 bis 7 ‰ des jeweiligen Jahresumsatzes (vgl. Anhang, Tab. 42). Die Untergliederung nach Industriegruppen (vgl. Anhang, Tab. 42) ergibt, daß die in den Umweltschutz investierten Beträge in den einzelnen Branchen unterschiedliche Belastungen verursachen. So wird in einigen Produktionsbereichen des Grundstoff- und Produktionsgütersektors - vor allem in der Gewinnung und Verarbeitung von Steinen und Erden, der baden-württembergischen Holzschliff-, Zellstoff-, Papier- und Pappeerzeugung, zum Teil in der saarländischen Eisen- und Stahlerzeugung sowie in der rheinlandpfälzischen und saarländischen Nahrungs- und Genußmittelerzeugung - häufig ein Vielfaches des jeweiligen landesüblichen Durchschnittswertes erreicht. Die Umweltschutzquote macht deutlich, daß einige der Industriegruppen mit sehr hohen Umweltschutzinvestitionen in der Regel nicht überdurchschnittlich große Umsatzanteile für den Umweltschutz reservieren müssen, z.B. die Chemische Industrie in Baden-Württemberg und Rheinland-Pfalz oder der Straßenfahrzeugbau, der Maschinenbau und die Elektrotechnik. Bei Branchen mit weniger umfangreichen Umweltschutzinvestitionen fällt die Belastung z.T. genauso hoch oder gar noch höher aus, z.B. im Stahlbau, in

---

130) Vgl. Büringer, H., Ökonomische Aspekte des Umweltschutzes, a.a.O., S. 146. Sprenger, R.-U., Stuktur und Entwicklung der Umweltschutzaufwendungen in der Industrie, a.a.O., S. 54.

der Stahlverformung, Glasherstellung und -verarbeitung, Feinkeramik, Ledererzeugung sowie -verarbeitung, im Textil- oder Bekleidungsgewerbe.

Als weiterer Belastungsparameter kann die Umweltschutzinvestitionsintensität herangezogen werden, die die Höhe der Umweltschutzinvestitionen pro Beschäftigten angibt.[131]
Vergleicht man die Branchen hinsichtlich dieses Wertes, so läßt sich wie bei der Umweltschutzinvestitionsquote eine starke Streuung konstatieren (vgl. Anhang, Tab. 43). Wiederum sind die Industrien des Grundstoff- und Produktionsgütersektors, gemessen am Landesdurchschnitt, überaus stark belastet. Zu nennen sind in erster Linie die Mineralölverarbeitung, die Holzschliff-, Zellstoff-, Papier- und Pappeerzeugung, die Chemische Industrie (vor allem in Rheinland-Pfalz), die Eisen- und Stahlerzeugung sowie die Gewinnung und Verarbeitung von Steinen und Erden und die Nahrungs- und Genußmittelerzeugung - alle besonders kapitalintensiv produzierende Branchen. Der Grad der Kapitalintensität kann allerdings nicht allein als Kriterium für die branchenspezifische Bedeutung von Umweltschutzinvestitionen betrachtet werden, denn in einigen kapitalintensiven Industrien, wie z.B. dem Straßenfahrzeugbau (in Baden-Württemberg) liegt die Umweltschutzinvestitionsintensität unter dem Landesdurchschnitt, in der arbeitsintensiven Ledererzeugung (Baden-Württemberg) dagegen merklich darüber.[132]

---

131) Vgl. Sprenger, R.-U., Struktur und Entwicklung der Umweltschutzaufwendungen in der Industrie, a.a.O., S. 54.

132) Vgl. Sprenger, R.-U., Struktur und Entwicklung der Umweltschutzaufwendungen in der Industrie, a.a.O., S. 54.

## 4.5.2 Betriebsgrößenspezifische Belastungsunterschiede

Schwankungen hinsichtlich der Kostenbelastung durch Umweltschutzinvestitionen zeichnen sich nicht nur zwischen den
Industriegruppen ab, sondern auch intersektoral zwischen
Betriebsgrößenklassen, wie aus Tab. 7 beispielhaft für
Baden-Württemberg ersichtlich wird. Gemessen an den Aufwendungen je Umsatzeinheit und je Beschäftigten werden in fast
allen Branchen die kleineren und mittelständischen Betriebe im
allgemeinen stärker belastet als die Großbetriebe.[133] Eine
wesentliche Ursache der betriebsgrößenabhängigen Belastung
stellt nach Untersuchungen des Ifo-Instituts die Dimensionie-
rung der Produktions- bzw. Umweltschutzaggregate dar. So
erweisen sich Anlagen für den Gewässerschutz und die Luftreinhaltung leistungsspezifisch umso aufwendiger, je geringer die
Durchsatzmengen bzw. die zu behandelnden Schadstoffeinheiten
ausfallen. Demzufolge nimmt die durch Umweltschutzinvestitionen
hervorgerufene Kostenbelastung je zu reinigender Emissionseinheit im Sinne der "economies of scale" mit zunehmender Größe
der Produktions- und Umweltschutzanlagen einen degressiven
Verlauf.[134]
Darüber hinaus wird in der umweltökonomischen Debatte noch
darauf verwiesen, daß[135]

- Großbetriebe, besonders diversifizierte Unternehmun-
  gen, sich vornehmlich dazu eignen, Recycling-
  Möglichkeiten aufgrund der umfangreichen
  Entfallstoffmengen rentabel zu praktizieren;

---

133) In ihrer Gesamtheit waren die kleineren Betriebe bisher jedoch weniger
stark betroffen als Großbetriebe, da sie seltener in den Umweltschutz
investierten als größere Betriebseinheiten (vgl. Kap. 4.1.2).

134) Vgl. Sprenger, R.-U.: Umweltschutzaktivitäten der deutschen Industrie
und ihre Wettbewerbswirksamkeit. In: Ifo-Schnelldienst 30, 8/1977,
S. 11-12. Sprenger, R.-U., Kostenbelastung der Sektoren durch
Umweltschutz und ihre wettbewerblichen Auswirkungen, a.a.O., S. 173.

135) Vgl. Lichtwer, L.: Differenzierende Wirkungen des Umweltschutzes auf
die Wettbewerbsstellung kleiner und mittlerer Unternehmen und auf
Konzentrationstendenzen. In: Gutzler, H. (Hrsg.): Umweltpolitik und
Wettbewerb, Baden-Baden 1981, S. 222.

**Tab. 7:** Kostenbelastung durch Umweltschutzinvestitionen im Verarbeitenden Gewerbe von Baden-Württemberg in den Zeiträumen von 1977 bis 1979 und 1980 bis 1984 nach Betriebsgrößenklassen

1977 - 1979

| Industriegruppe | Gesamt | | Beschäftigte | | | | | | | | | |
| --- | --- | --- | --- | --- | --- | --- | --- | --- | --- | --- | --- | --- |
| | | | bis 49 | | 50 - 99 | | 100 - 199 | | 200 - 499 | | über 500 | |
| | A | B | A | B | A | B | A | B | A | B | A | B |
| GRUNDSTOFF- und PRODUKTIONSGÜTER | 5 | 3.330 | 5 | 2.369 | 5 | 2.283 | 3 | 1.375 | 6 | 5.455 | 6 | 3.116 |
| Steine u. Erden[1] | 5 | 1.960 | 8 | 3.744 | 9 | 3.300 | 3 | 946 | 2 | 630 | 4 | 1.257 |
| Zementherstellung[2] | 12 | 9.197 | . | . | . | . | 9 | 4.305 | 13 | 11.209 | . | |
| Chem. Industrie[3] | 2 | 945 | 1 | 675 | 2 | 1.242 | 3 | 1.261 | 4 | 1.974 | 1 | 714 |
| Chem. Grundstoff-produktion | 4 | 2.616 | - | - | . | . | . | . | 4 | 4.224 | 4 | 2.283 |
| Holzschliff... | 10 | 5.311 | . | . | . | . | 3 | 987 | 12 | 6.169 | 10 | 5.195 |
| INVESTITIONSGÜTER | 2 | 516 | 3 | 861 | 2 | 633 | 2 | 515 | 1 | 328 | 2 | 533 |
| Straßenfahrzeugbau[4] | 1 | 418 | 1 | 545 | 1 | 607 | 2 | 977 | 2 | 503 | 1 | 354 |
| Herstellung von Kraftwagen u. Kraftwagenmotoren | 2 | 1.161 | - | - | - | - | - | - | - | - | 2 | 1.161 |
| Maschinenbau | 1 | 226 | 3 | 719 | 1 | 380 | 1 | 358 | 1 | 281 | 1 | 1.182 |
| Elektrotechnik | 1 | 272 | 2 | 455 | 4 | 978 | 3 | 578 | 1 | 334 | 1 | 241 |
| VERBRAUCHSGÜTER | 2 | 708 | 4 | 1.304 | 3 | 873 | 3 | 1.052 | 2 | 657 | 2 | 534 |
| Druckerei | 3 | 1.030 | 2 | 425 | 3 | 1.099 | 1 | 394 | 3 | 905 | 5 | 1.445 |
| Textilgewerbe[5] | 1 | 500 | 2 | 1.368 | 1 | 537 | 2 | 755 | 1 | 339 | 1 | 485 |
| Textilveredelung | 6 | 1.585 | 17 | 5.486 | 9 | 2,958 | 12 | 2.617 | 20 | 3.009 | 2 | 671 |
| NAHRUNGS- und GENUSSMITTEL | 2 | 1.339 | 5 | 3.855 | 4 | 2.433 | 1 | 760 | 1 | 1.357 | 1 | 794 |

A = Umweltschutzinvestitionen je 1000 DM Umsatz,  B = Umweltschutzinvestitionen in DM je Beschäftigten

[1]ohne Zementherstellung, [2]wird für den Zeitraum 1980-1984 nicht mehr separat ausgewiesen, [3]ohne Chemische Grundstoffproduktion, [4]ohne Herstellung von Kraftwagen und Kraftwagenmotoren, [5]ohne Textilveredelung

1980 - 1984

| Industriegruppe | Beschäftigte | | | | | | | | | | | |
| --- | --- | --- | --- | --- | --- | --- | --- | --- | --- | --- | --- | --- |
| | Gesamt | | bis 49 | | 50 - 99 | | 100 - 199 | | 200 - 499 | | über 500 | |
| | A | B | A | B | A | B | A | B | A | B | A | B |
| GRUNDSTOFF- und PRODUKTIONSGÜTER | 4 | 5.766 | 6 | 5.955 | 3 | 3.451 | 3 | 3.149 | 6 | 11.787 | 4 | 4.649 |
| Steine u. Erden | 8 | 8.389 | 6 | 6.561 | 5 | 4.619 | 5 | 3.305 | 13 | 15.894 | 7 | 6.506 |
| Chem. Industrie[1] | 4 | 4.840 | 6 | 5.564 | 2 | 2.372 | 3 | 3.175 | 3 | 3.569 | 4 | 5.360 |
| Chem. Grundstoff-produktion | 11 | 13.739 | 75 | 26.445 | 3 | 3.533 | 2 | 3.565 | 4 | 5.873 | 14 | 16.687 |
| Holzschliff... | 7 | 9.801 | 11 | 5.658 | 1 | 1.329 | 6 | 4.177 | 11 | 13.435 | 6 | 8.325 |
| INVESTITIONSGÜTER | 2 | 1.483 | 3 | 1.855 | 2 | 1.277 | 2 | 916 | 1 | 970 | 2 | 1.608 |
| Straßenfahrzeugbau[2] | 3 | 2.771 | 2 | 1.452 | 1 | 1.152 | 3 | 2.373 | 1 | 975 | 3 | 2.900 |
| Herstellung von Kraftwagen u.Kraft-wagenmotoren | 4 | 3.764 | - | - | - | 270 | - | - | - | - | 4 | 3.767 |
| Maschinenbau | 1 | 410 | 2 | 1.007 | 2 | 985 | 1 | 618 | 1 | 455 | - | 323 |
| Elektrotechnik | 1 | 426 | 2 | 1.232 | 4 | 1.660 | 2 | 865 | 1 | 832 | - | 319 |
| VERBRAUCHSGÜTER | 2 | 1.353 | 3 | 2.000 | 2 | 1.354 | 1 | 1.044 | 2 | 1.257 | 2 | 1.471 |
| Druckerei | 1 | 1.142 | 2 | 1.057 | 1 | 812 | 1 | 1.177 | 2 | 1.351 | - | 159 |
| Textilgewerbe[3] | 2 | 1.265 | 2 | 1.609 | 3 | 1.767 | 2 | 1.455 | 2 | 1.344 | 1 | 1.088 |
| Textilveredelung | 3 | 1.870 | 2 | 1.582 | 10 | 4.055 | 2 | 1.400 | 4 | 2.728 | 2 | 1.369 |
| NAHRUNGS- und GENUSSMITTEL | 1 | 2.267 | 4 | 6.362 | 3 | 3.123 | 1 | 2.198 | 1 | 2.114 | 1 | 1.241 |

A = Umweltschutzinvestitionen je 1000 DM Umsatz, B = Umweltschutzinvestitionen in DM je Beschäftigten

[1]inkl. Chemische Grundstoffproduktion, [2]inkl. Herstellung von Kraftwagen, [3]inkl. Textilveredelung

Quelle: siehe Quelle Tab. 4 (dort S. 5 bzw. 3)

- Großbetriebe über den besseren Zugang zu staatlichen F.- u. E.-Mitteln auch im Bereich des Umweltschutzes verfügen;

- Großbetriebe meistens größere Grundstücke besitzen und relativ selten in Gemengelagen lokalisiert sind, so daß zum Beispiel beim Lärmschutz oder bei olfaktorischen Belastungen die Umweltschutzanforderungen, z.B. räumliche Abstände zu Wohngebieten, ziemlich leicht erfüllt werden können.

Abweichungen von der festgestellten Korrelation zwischen Betriebsgröße und Kostenbelastung sind in der Regel darauf zurückzuführen, daß innerhalb einer Branche eine Produktionsrichtung herausragende Umweltschutzinvestitionen aufweist und ihre Betriebe sich auf bestimmte Betriebsgrößenklassen konzentrieren. So entfällt im Wirtschaftszweig der Gewinnung und Verarbeitung von Steinen und Erden der größte Teil der Umweltschutzinvestitionen auf die Zementhersteller, die in Baden-Württemberg (1980-1984) nur in den Größenklassen von 200-499 Beschäftigten und über 500 Beschäftigten vertreten sind.
Bei der Holzschliff-, Zellstoff, Papier- und Pappeerzeugung tragen in Baden-Württemberg lediglich vier Zellstoffproduzenten mit Personalbeständen von 200-499 bzw. über 500 Beschäftigten den Hauptteil der Umweltschutzinvestitionen.
Im Druckereigewerbe, das ebenfalls von dem obengenannten Abhängigkeitsverhältnis abweicht, liegt der Fall etwas anders: Hier können vor allem in Großbetrieben zur Luftreinigung Rückgewinnungsanlagen für Lösungsmittel in Verbindung mit dem sogenannten Tiefdruckverfahren eingesetzt werden, die vorübergehend zu erhöhten Umweltschutzbelastungen führen.[136]

---

136) Vgl. Büringer, H., Ökonomische Aspekte des Umweltschutzes, a.a.O., S. 147.

## 4.6 Laufende Umweltschutzkosten

### 4.6.1 Datenlage

Die Einhaltung von Umweltschutzauflagen verursacht - wie bereits erwähnt - der Industrie nicht nur Investitionen, sondern auch laufende Kosten (vgl. S. 52).

Die laufenden Umweltschutzkosten sind bisher datenmäßig nur in Einzelfällen erfaßt worden, da sich die Unternehmen der ursprünglichen Absicht des Gesetzgebers, neben den Umweltschutzinvestitionen auch die laufenden Aufwendungen für den Umweltschutz zu ermitteln, mit dem Hinweis auf statistische Erhebungsprobleme erfolgreich widersetzten.[137]

Um die öffentlichen Informationen zu ergänzen, wurden die Unternehmen in der eigenständigen Erhebung über ihre laufenden Umweltschutzkosten befragt. Dies erwies sich insofern als problematisch, als die laufenden Kosten für den Umweltschutz nur selten nach den verschiedenen Aufwandsarten (Kosten für Material, Personal etc., Gebühren, Beiträge usw.) aufgeschlüsselt werden. Daher wurde von den Unternehmen in der Regel nur die Größenordnung der gesamten laufenden Kosten angegeben.

### 4.6.2 Ergebnisse einer IHK-Untersuchung über laufende Umweltschutzkosten

Die Industrie- und Handelskammern Mittlerer Oberrhein und Rhein-Neckar befragten in Baden-Württemberg im Jahre 1985 bisher einmalig eine repräsentative Auswahl von Betrieben des Verarbeitenden Gewerbes in den Regionen Mittlerer Oberrhein und Unterer Neckar zu ihren laufenden Umweltschutzkosten. Die Ergebnisse werden im folgenden dargestellt (vgl. Tab 8 und 9).

---

137) Vgl. Büringer, H., Kosten durch Umweltschutzmaßnahmen im Verarbeitenden Gewerbe, a.a.O., 1986, S. 265. O.V.: Ökologie und Ökonomie (2). Umweltschutz: Investitionen und Betriebskosten. In: WZB-Mitteilungen (Wissenschaftszentrum Berlin) 33, 1986, S. 5.

**Tab. 8:** Gebühren und Beiträge im Verarbeitenden Gewerbe für Umweltschutzmaßnahmen 1984 (Region Mittlerer Oberrhein, Unterer Neckar)

| Verarbeitendes Gewerbe Wirtschaftsbereiche ausgewählte Wirtschaftsgruppen | Gebühren und Beiträge | | Davon im Bereich | | | |
|---|---|---|---|---|---|---|
| | insgesamt | je Beschäftigten | Abfallbeseitigung | Gewässerschutz | Lärmbekämpfung | Luftreinhaltung |
| | Mill. DM | DM | % | | | |
| **Verarbeitendes Gewerbe** . . . . . . . . . . . . . . . . | **76,2** | **295** | **34,6** | **63,2** | **0,3** | **1,9** |
| davon | | | | | | |
| Grundstoff- und | | | | | | |
| Produktionsgütergewerbe . . . . . . . . . . . . . . . | 33,3 | 599 | 30,8 | 66,2 | 0,3 | 0,9 |
| darunter | | | | | | |
| 22 Mineralölverarbeitung . . . . . . . . . . . . . . | 0,6 | 309 | 75,5 | 23,5 | — | 1,0 |
| 25 Gewinnung und Verarbeitung von | | | | | | |
| Steinen und Erden. . . . . . . . . . . . . . . . . | 2,7 | 416 | 71,6 | 17,2 | 3,6 | 7,6 |
| 40 Chemische Industrie . . . . . . . . . . . . . . . | 12,2 | 511 | 40,8 | 58,6 | — | 0,6 |
| 55 Holzschliff-, Zellstoff-, Papier- | | | | | | |
| und Pappeerzeugung . . . . . . . . . . . . . . . | 12,8 | 2 187 | 9,4 | 90,6 | — | 0 |
| Investitionsgüter produzierendes Gewerbe . . . . . . | 30,3 | 192 | 40,4 | 57,3 | 0,5 | 3,7 |
| darunter | | | | | | |
| 32 Maschinenbau . . . . . . . . . . . . . . . . . . | 7,2 | 182 | 41,6 | 57,7 | 0,2 | 0,5 |
| 33 Straßenfahrzeugbau, Reparatur | | | | | | |
| von Kfz. usw. . . . . . . . . . . . . . . . . . . | 12,1 | 345 | 37,5 | 53,2 | 0,9 | 8,4 |
| 36 Elektrotechnik, | | | | | | |
| Reparatur von Haushaltsgeräten . . . . . . . . | 7,8 | 126 | 40,0 | 59,0 | 0,3 | 0,7 |
| Verbrauchsgüter produzierendes Gewerbe . . . . . . | 5,1 | 151 | 48,3 | 51,2 | 0 | 0,4 |
| darunter | | | | | | |
| 57 Druckerei und Vervielfältigung . . . . . . . . . | 0,6 | 109 | 56,7 | 43,3 | — | — |
| 58 Herstellung von Kunststoffwaren . . . . . . . . | 1,1 | 149 | 71,7 | 28,1 | 0,1 | 0,1 |
| 63 Textilgewerbe. . . . . . . . . . . . . . . . . . . | 1,0 | 335 | 24,0 | 76,0 | — | — |
| Nahrungs- und Genußmittelgewerbe . . . . . . . . . | 7,2 | 667 | 15,9 | 84,0 | 0 | 0,1 |

Quelle: Büringer, H., Kosten durch Umweltschutzmaßnahmen im Verarbeitenden Gewerbe, a.a.O., S. 267.

Tab. 9:    Betriebskosten im Verarbeitenden Gewerbe für Umweltschutzmaßnahmen 1984 (Regionen
Mittlerer Oberrhein, unterer Neckar)

| Verarbeitendes Gewerbe Wirtschaftsbereiche ausgewählte Wirtschaftsgruppen | Betriebskosten insgesamt | Davon | | | | |
|---|---|---|---|---|---|---|
| | Mill. DM | Abschreibungen | Personalkosten | Materialkosten | Energiekosten | Sonstige Betriebskosten |
| | | % | | | | |
| **Verarbeitendes Gewerbe** | **427,2** | **24,8** | **12,8** | **6,6** | **23,2** | **32,7** |
| davon | | | | | | |
| Grundstoff- und | | | | | | |
| Produktionsgütergewerbe | 322,8 | 24,7 | 11,0 | 5,1 | 26,1 | 33,1 |
| darunter | | | | | | |
| 22 Mineralölverarbeitung | 224,8 | 24,4 | 7,4 | 3,5 | 31,5 | 33,2 |
| 25 Gewinnung und Verarbeitung von | | | | | | |
| Steinen und Erden | 20,7 | 34,7 | 8,8 | 6,9 | 28,4 | 21,2 |
| 40 Chemische Industrie | 45,2 | 16,7 | 23,8 | 7,7 | 7,8 | 44,0 |
| 55 Holzschliff-, Zellstoff-, Papier- | | | | | | |
| und Pappeerzeugung | 27,7 | 33,2 | 17,9 | 11,2 | 11,3 | 26,3 |
| Investitionsgüter produzierendes Gewerbe | 90,1 | 24,9 | 19,1 | 9,4 | 14,0 | 32,6 |
| darunter | | | | | | |
| 32 Maschinenbau | 7,0 | 12,5 | 21,8 | 8,3 | 28,4 | 29,0 |
| 33 Straßenfahrzeugbau, Reparatur | | | | | | |
| von Kfz. usw. | 70,1 | 26,3 | 17,8 | 8,5 | 12,7 | 34,7 |
| 36 Elektrotechnik, | | | | | | |
| Reparatur von Haushaltsgeräten | 9,0 | 29,2 | 23,8 | 9,2 | 15,9 | 21,8 |
| Verbrauchsgüter produzierendes Gewerbe | 5,8 | 13,7 | 22,4 | 24,7 | 20,2 | 19,1 |
| darunter | | | | | | |
| 57 Druckerei und Vervielfältigung | 1,2 | 17,4 | 20,6 | 14,6 | 34,2 | 13,2 |
| 58 Herstellung von Kunststoffwaren | 1,1 | 13,8 | 35,4 | 10,1 | 10,4 | 30,2 |
| 63 Textilgewerbe | 0,5 | 23,5 | 5,7 | 17,2 | 52,2 | 1,4 |
| Nahrungs- und Genußmittelgewerbe | 8,3 | 32,9 | 5,9 | 20,9 | 11,3 | 29,0 |

Quelle:    siehe Quelle Tab. 8.

Sie bestätigen die Erkenntnisse aus einer früheren, kleiner angelegten Erhebung im IHK-Bereich Hochrhein-Bodensee.[138]

1.  Die Betriebe im Berichtskreis verzeichnen im Jahr 1984 insgesamt Gebühren und Beiträge für betriebsfremde Umweltschutzleistungen in Höhe von ca. 76 Mio. DM. Dieser Betrag entspricht ungefähr der Größenordnung der jahresdurchschnittlichen Umweltschutzinvestitionen im Zeitraum von 1976 bis 1984.

2.  Die Gebühren, Beiträge und Entgelte verteilen sich hauptsächlich auf die Umweltschutzbereiche Abfallbeseitigung (34,6 %) und Gewässerschutz (63,2 %), bei dem vor allem die Abwasserabgabegebühren ins Gewicht fallen. Daher entrichten wasserintensiv produzierende Branchen, z.B. die Chemische Industrie, die Holzschliff-, Zellstoff-, Papier- und Pappeerzeugung und der Straßenfahrzeugbau, umfangreiche Gebühren und Beiträge. In der Lärmbekämpfung und der Luftreinhaltung entstehen kaum Gebühren usw., da in diesen Umweltschutzbereichen lediglich Überwachungs- und Meßaufgaben etc. auf externem Weg erledigt werden können.

3.  In den untersuchten Betrieben belaufen sich die Betriebskosten für Umweltschutzanlagen insgesamt auf ca. 420 Mio. DM (in der Mineralölverarbeitung allein auf 224,8 Mio. DM) und liegen damit mehr als viermal so hoch wie die von 1977 bis 1984 pro Jahr erbrachten Umweltschutzinvestitionen.

4.  Ein Viertel der Betriebskosten entfällt auf Abschreibungen; dieser Betrag kommt in etwa den durchschnittlichen Jahresumweltschutzinvestitionen gleich. Die restlichen Betriebskosten verteilen sich auf die Bereiche Energie (23,2 %), sonstige Betriebskosten (32,7 % - hauptsächlich für Wartung und Reparatur), Personal (12,8 %) und Materialaufwand (6,6 %).

---

138) Vgl. Anm. 37.

5.  In den meisten Industriegruppen (z.B. Chemische Industrie,
    Nahrungs- und Genußmittelerzeugung, Elektrotechnik und
    mehreren Branchen der Metallverarbeitung) herrschen
    Betriebskosten für Gewässerschutzmaßnahmen vor. In der
    Mineralölverarbeitung sowie der Gewinnung und Verarbeitung
    von Steinen und Erden überwiegen die Betriebskosten für
    die Luftreinhaltung. Offenbar steht die große Bedeutung
    der Betriebskosten für den Gewässerschutz bzw. die
    Luftreinhaltung in engem Zusammenhang mit den ebenfalls
    hohen Umweltschutzinvestitionen in diesen Umweltschutzbe-
    reichen. Hohe Investitionen ziehen also hohe Folge-, d.h.
    Betriebskosten nach sich. Auffallend hoch liegt auch der
    Anteil der Betriebskosten, der durch Abfallbeseitigungs-
    maßnahmen entsteht. In einigen Branchen, z.B. Maschinen-
    oder Straßenfahrzeugbau erfordert die Abfallbeseitigung
    sogar die meisten Betriebskosten (vgl. Abb. 6). Da,
    verglichen mit anderen Umweltschutzbereichen, in die
    Abfallbeseitigung relativ geringe Investitionen fließen,
    vermutet Büringer, daß es sich hier im wesentlichen um
    "anlagenunabhängige"[139] Kosten für gesetzlich und
    behördlich vorgeschriebene Maßnahmen handelt.

6.  Insgesamt betrachtet, tragen die Industriegruppen des
    Grundstoff- und Produktionsgütersektors und aus dem
    Investitionsgüterbereich der Straßenfahrzeugbau die
    höchsten laufenden Umweltschutzkosten.

---

139) Büringer, H., Kosten durch Umweltschutzmaßnahmen im Verarbeitenden
     Gewerbe 1984, a.a.O., S. 269.

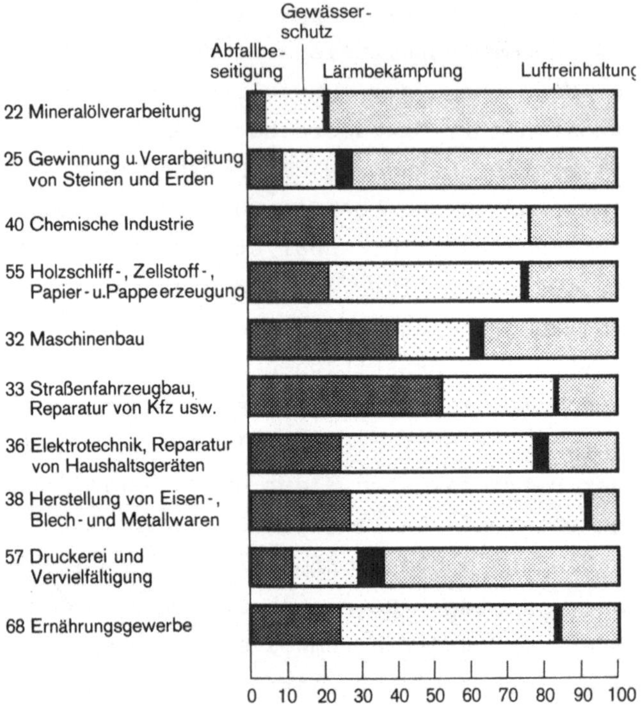


Abb. 6    Betriebskosten nach Umweltschutzbereichen in ausgewählten Branchen 1984 (Regionen Mittlerer Oberrhein, Unterer Neckar)

Quelle:   Büringer, H., Kosten durch Umweltschutzmaßnahmen im Verarbeitenden Gewerbe, a.a.O., S. 269.

## 4.6.3 Laufende Kosten in den befragten Unternehmen

Einen Überblick über die Größenordnung der laufenden Kosten in den befragten Unternehmen gibt Tab. 10. Die absolut höchsten Beträge verzeichnen mit über 530 bzw. 650 Mio. DM zwei Großunternehmen der Chemischen Industrie mit ca. 55.000 bzw. 61.000 Beschäftigten.[140] Die erheblichen Spannbreiten innerhalb der Industriegruppen erklären sich wie folgt: Zum einen verteilen sich die erfaßten Unternehmen in der Hälfte der Branchen über alle Größenklassen, und Tab. 11 zeigt, daß kleinere Unternehmen in der Regel niedrigere laufende Umweltschutzkosten aufweisen als größere.

Zum anderen können die laufenden Umweltschutzkosten in Abhängigkeit anderer betrieblicher Gegebenheiten stark variieren. Als Beispiel seien die verschiedenen Entstaubungsmöglichkeiten in der Stahlerzeugung angeführt: In den 70er Jahren betrugen die Betriebskosten beim Sauerstoffblasverfahren (LD-Verfahren) ca. 3,50 DM/t Roheisen, beim Siemens-Martin-Verfahren 12-15 DM und beim Elektroverfahren 12 DM.[141]

---

140) Der Standort eines Großunternehmens befindet sich an der Peripherie des eingangs skizzierten Untersuchungsgebietes.
Bei der BASF in Ludwigshafen beliefen sich allein die Betriebskosten für die Wasserreinhaltung 1985 auf rd. 258 Mio. DM. Vgl. BASF: Umweltschutz - Planen, Denken, Handeln, a.a.O., S. 4.

141) Vgl. Sprenger, R.-U., Umweltschutzaktivitäten der deutschen Industrie - Kosteneffekte und ihre Wettbewerbswirksamkeit, a.a.O., S. 10.

Siemens-Martin-Verfahren:
Das Verfahren wurde nach Wilhelm und Friederich Siemens sowie Emile und Pierre Martin benannt und erstmals 1864 von den Brüdern Martin angewandt. Das zu frischende Eisen befindet sich dabei in einer großen, flachen, feuerfest ausgemauerten Wanne, dem Flamm- bzw. Herdofen, über die eine sehr heiße Gas- und Ölfeuerung streicht. Dadurch kommt das Eisen mit dem für die Verbrennung der unerwünschten Eisenbegleiter nötigen Sauerstoff in breiter Fläche in Verbindung. Mit der Entwicklung des sogenannten Regenerativofens schufen die Gebrüder Siemens die Voraussetzung für die zur Feuerung erforderlichen sehr hohen Temperaturen (2000° C). Das maximale Fassungsvermögen der Öfen liegt bei ca. 900 Tonnen.

Forts. Fußnote

Tab. 10: Laufende Umweltschutzkosten in den befragten
Unternehmen 1985

| Industriegruppe | laufende Umweltschutzkosten in 1000 DM | | | | | |
|---|---|---|---|---|---|---|
| | bis 49 | 50 - 99 | 100 - 499 | 500 - 999 | 1.000 - 4.999 | 5.000 und mehr |
| Chem. Industrie | 12 | 4 | 9 | 4 | 11 | 5 |
| Zellstoff- und Papiererzeugung | 1 | 1 | 3 | - | 7 | 3 |
| Brauereien | 4 | 3 | 14 | 3 | 2 | - |
| Mineralölverarb. | 1 | - | 1 | 1 | 2 | 1 |
| Zementherstell. | - | - | 2 | - | - | 3 |
| Eisen- und Stahlerzeugung | - | - | - | - | - | 2 |
| Gesamt | 18 | 8 | 29 | 8 | 22 | 14 |

Quelle:    Eigene Befragung

Bei über 70 % aller erfaßten Unternehmen liegen die laufenden
Kosten mindestens so hoch oder höher als die Umweltschutzinvestitionen (vgl. Tab. 12). In den beiden erwähnten chemischen
Großunternehmen überstiegen sie 1985 die im selben Jahr
getätigten Investitionen sogar um das 7,5- bzw. 8fache.

Forts. Fußnote
    Elektroverfahren:
    Dieses Verfahren gleicht der Siemens-Martin-Methode. Die Art der
    Beheizung erfolgt durch Elektrizität mittels Lichtbogen. In den Ofen
    werden zwei Elektroden von oben her eingeführt. Der zwischen den
    Elektroden und dem Schmelzgut überspringende Lichtbogen erreicht eine
    Temperatur von über 3000° C. Durch diese Beheizungsart werden
    Verunreinigungen, wie sie bei der Verbrennung von Feuerungsgasen
    entstehen, vollständig ausgeschlossen.
    Vgl. Dege, W., a.a.O., S. 86.

Hinsichtlich der Bedeutung der Investitionen bzw. laufenden Kosten innerhalb der Umweltschutzkosten lassen sich keine branchenspezifischen Einflüsse erkennen, denn in fast allen

Tab. 11: Laufende Umweltschutzkosten in den befragten Unternehmen nach Beschäftigtengrößenklassen 1985[*]

| Industriegruppe/ Beschäftigte | laufende Umweltschutzkosten in 1000 DM | | | | | |
|---|---|---|---|---|---|---|
| | bis 49 | 50 - 99 | 100 - 499 | 500 - 999 | 1.000 - 4.999 | 5.000 und mehr |
| **Chem. Industrie** | | | | | | |
| bis 49 | 7 | 3 | 5 | | | |
| 50 - 99 | 4 | | 1 | 1 | | |
| 100 - 199 | 1 | 1 | | 1 | | |
| 200 - 499 | | | 3 | 1 | 1 | |
| 500 - 999 | | | | | 6 | |
| 1000 u. mehr | | | | 1 | 4 | 5 |
| **Brauereien** | | | | | | |
| bis 49 | 3 | | 1 | | | |
| 50 - 99 | 1 | 3 | 5 | | | |
| 100 - 199 | | | 4 | | | |
| 200 - 499 | | | 4 | 2 | | |
| 500 - 999 | | | | 1 | 2 | |
| 1000 u. mehr | | | | | | |
| **Zellstoff- u. Papiererzeug.** | | | | | | |
| bis 49 | 1 | | | | | |
| 50 - 99 | | | | | 1 | |
| 100 - 199 | | 1 | 2 | | | |
| 200 - 499 | | | 1 | | 1 | 1 |
| 500 - 999 | | | | | 4 | 1 |
| 1000 u. mehr | | | | | 1 | 1 |

[*] Die Mineralölverarbeitung, die Zementherstellung und die Eisen- und Stahlerzeugung werden nicht in der Tabelle aufgeführt, da sich ihre Unternehmen in Südwestdeutschland auf bestimmte Größenklassen konzentrieren.

Quelle: Eigene Befragung

Tab. 12: Verhältnis der Umweltschutzinvestitionen[*] zu den laufenden Umweltschutzkosten in den befragten Unternehmen nach Industriegruppen 1985

| Industriegruppe | Umweltschutzinvestitionen | | | | : laufende Umwelt-schutzkosten | |
| --- | --- | --- | --- | --- | --- | --- |
| | > 1:1 | | ≤ 1:1 u.> 1:2 | | ≤ 1:2 | |
| | A | % | A | % | A | % |
| Chem. Industrie | 14 | 31,2 | 11 | 24,4 | 20 | 44,4 |
| Zellstoff- und Papiererzeugung | 6 | 40,0 | 6 | 40,0 | 3 | 20,0 |
| Brauereien | 6 | 24,0 | 13 | 52,0 | 6 | 24,0 |
| Mineralölverarb. | | | 2 | 33,3 | 4 | 66,7 |
| Zementherstell. | 1 | 25,0 | | | 3 | 75,0 |
| Einsen- und Stahlerzeugung | 1 | 33,3 | 1 | 33,3 | 1 | 33,3 |
| Gesamt | 28 | 28,6 | 33 | 33,7 | 37 | 37,7 |

A = Anzahl der Unternehmen

% = Anteil der Unternehmen an der Gesamtzahl der befragten Unternehmen in einer Industriegruppe

* Wurden 1985 keine Umweltschutzinvestitionen getätigt, so wurde der Betrag aus dem letzten davorliegenden Investitionsjahr eingesetzt.

Quelle: Eigene Befragung

Industriegruppen liegt der Anteil der Betriebe mit mehr Investitionen als laufende Kosten bei ungefähr 30 %. Differenziert man nach Größenklassen, so variiert dieser Anteil stärker, jedoch läßt sich keine Korrelation mit der Unternehmensgröße ablesen (vgl. Tab. 13).

Tab. 13: Verhältnis der Umweltschutzinvestitionen[*] zu den laufenden Umweltschutzkosten in den befragten Unternehmen nach Beschäftigtengrößenklassen 1985

| Beschäftigte | Umweltschutzinvestitionen | | | | : laufende Umweltschutzkosten | |
| --- | --- | --- | --- | --- | --- | --- |
| | > 1:1 | | ≤ 1:1 u.> 1:2 | | ≤ 1:2 | |
| | A | % | A | % | A | % |
| bis 49 | 7 | 38,9 | 3 | 16,7 | 8 | 44,4 |
| 50 - 99 | 3 | 17,6 | 9 | 52,9 | 5 | 29,4 |
| 100 - 199 | 7 | 50,0 | 6 | 42,9 | 1 | 7,1 |
| 200 - 499 | 5 | 31,2 | 6 | 37,6 | 5 | 31,2 |
| 500 - 999 | 2 | 14,3 | 7 | 50,0 | 5 | 35,7 |
| 1000 und mehr | 4 | 21,2 | 2 | 10,5 | 13 | 68,4 |
| Gesamt | 28 | 28,6 | 33 | 33,7 | 37 | 37,7 |

A = Anzahl der Unternehmen

% = Anteil der Unternehmen an der Gesamtzahl der befragten Unternehmen in einer Größenklasse

* Wurden 1985 keine Umweltschutzinvestitionen getätigt, so wurde der Betrag aus dem letzten davorliegenden Investitionsjahr eingesetzt.

Quelle: Eigene Befragung

In einem Teil der Unternehmen mit mehr Investitionen als laufende Kosten kommt dieses Verhältnis dadurch zustande, daß gerade im Untersuchungszeitraum umfangreiche Umweltschutzinvestitionen durchgeführt wurden.

Die Ergebnisse der IHK-Umfrage und die hier ermittelten Daten weisen also die gleiche Tendenz auf und berechtigen zu der Annahme, daß Mitte der 80er Jahre die laufenden Aufwendungen im allgemeinen den gewichtigeren Faktor innerhalb der Umweltschutzkosten darstellen.

Da klein- und mittelständische Unternehmen weniger in den Umweltschutz investieren als Großunternehmen (vgl. Kap. 4.1.2 und Kap. 4.2), d.h. weniger eigene Umweltschutzanlagen erstellen, ist zu vermuten, daß bei ihnen das Gros der laufenden Umweltschutzkosten für Gebühren, Entgelte etc. anfällt; bei Großunternehmen dürften entsprechend die Betriebskosten vorherrschen.[142] Wenn umweltrechtlich erlaubt, kann es sich für kleinere Unternehmen in vielen Fällen betriebswirtschaftlich lohnen, Umweltschutzinvestitionen durch die Zahlung von Gebühren zu umgehen, denn Umweltschutzanlagen unterliegen nicht nur bei der Errichtung (vgl. Kap. 4.5.2), sondern auch in der Unterhaltung den economies of scale.[143]

### 4.6.4    Gesamtkosten durch Umweltschutzmaßnahmen

Um die gesamten umweltschutzinduzierten Kosten der Unternehmen zu berechnen, darf man nicht, wie häufig praktiziert, Umweltschutzinvestitionen und laufende Kosten einfach addieren, da die Betriebskosten die Investitionen bereits in Form der Abschreibungen enthalten.[144] Die jährlichen Gesamtkosten durch Umweltschutzmaßnahmen ergeben sich also aus der Zusammenfassung der Betriebskosten, Gebühren, Beiträge und Entgelte.

---

142) Vgl. O.V.: Ökologie und Ökonomie (2), a.a.O., S. 6,7.

Das Überwiegen der laufenden Kosten bei kleineren Unternehmen wird u.a. bestätigt durch: Böhringer Mannheim GmbH: Geschäftsbericht 1985. Dynamit Nobel 1985. Benckiser: Geschäftsbericht 1985, S. 29. Verband der Chemischen Industrie e.V. (Hrsg.): Chemie und Umwelt. Wasser. Frankfurt 1987, S. 40,42. Verband der Chemischen Industrie e.V. (Hrsg.), Mehr Wachstum - mehr Umweltschutz, a.a.O., S. 4. Lichtwer, L.: Schätzung der monetären Aufwendungen für Umweltschutzmaßnahmen in den Jahren 1977-1981. In: Berichte des Umweltbundesamtes 4, 1980, S. 44 ff.. O.V.: Bureau of Census Reports. Pollution Abatement Expenditures and Operating Costs. In: Air Pollution Control Association Journal Bd. 30, 1980, S. 431-433; Bd. 33, 1983, S. 496,497, 519-522; Bd. 34, 1984, S. 676,677, 690-693.

143) Vgl. Sprenger, R.-U., Umweltschutzaktivitäten der deutschen Industrie - Kosteneffekte und ihre Wettbewerbswirksamkeit, a.a.O., S. 12. Sprenger, R.-U. und G. Britschkat, a.a.O., S. 87.

144) Vgl. Keiter, H., Umweltschutzkosten, a.a.O., S. 331.

In Tab. 14 wurden die Daten der IHK-Erhebung für ganz Baden-Württemberg extrapoliert. Offensichtlich ist der Grundstoff- und Produktionsgütersektor durch Umweltschutzkosten am stärksten belastet.

Tab. 14   Schätzung der Gesamtkosten durch Umweltschutzmaßnahmen und der daraus resultierenden Kostenbelastung im Verarbeitenden Gewerbe in Baden-Württemberg 1984

| Verarbeitendes Gewerbe | Gesamtkosten | | |
|---|---|---|---|
| Wirtschaftshauptgruppen | insgesamt | je Beschäftigten | je 1000 DM Umsatz |
| | Mio. DM | DM | |
| Verarbeitendes Gewerbe | 1519 | 1108 | 6 |
| Grundstoff- und Produktionsgüter | 655 | 4128 | 15 |
| Investitionsgüter | 678 | 780 | 5 |
| Verbrauchsgüter | 101 | 351 | 3 |
| Nahrungs- und Genußmittel | 75 | 1352 | 4 |

Quelle:   Büringer, H., Kosten durch Umweltschutzmaßnahmen im Verarbeitenden Gewerbe 1984, a.a.O., S. 270.

## 4.7 Unternehmerische Anpassungsreaktionen auf die Umweltschutzkosten

Die umweltpolitische Durchsetzung des Verursacherprinzips führt, wie die vorhergehenden Kapitel darlegen, zu einer Verteuerung des Produktionsfaktors "Umwelt". In diesem Zusammenhang ist nun nach Anpassungshandlungen zu fragen, mit denen die Betriebe auf den umweltschutzbedingten Kostendruck reagieren. Um negativen Ertrags- und Liquiditätseffekten zu begegnen, bieten sich u.a. folgende Handlungsmöglichkeiten an:[145]

a) Kostenersparnisse infolge betriebsinterner Maßnahmen mit positiver Umweltschutzwirkung (z.B. Energieeinsparung, Reduzierung des Material- und Rohstoffverbrauchs, Kreislaufführungen, Recycling);

b) Inanspruchnahme von öffentlichen Finanzierungshilfen;

c) Betriebsinterne Subvention der durch Umweltschutzkosten belasteten Produkte (Mischkalkulation);

d) partielle oder vollständige Kostenüberwälzung auf die Produktpreise;

e) Pioniergewinne infolge innovativen Verhaltens (durch schnelles Reagieren auf den umweltbezogenen Umwertungsprozeß können gegenüber weniger flexiblen Konkurrenten Markt- bzw. Ertragsvorteile erzielt werden[146].

Die Ergebnisse der eigenständigen Unternehmensbefragung lassen insgesamt erkennen, daß nur wenige Unternehmen in der Lage sind, den Druck durch Umweltschutzkosten vollständig zu kompensieren (vgl. Tab. 15). Von Einzelfällen abgesehen, geschieht dies mittels Kostenüberwälzung auf die Endpreise. Auf

---

145) Vgl. Siebert, H.: Analyse der Instrumente der Umweltpolitik. Göttingen 1976, S. 46 ff.
Unberücksichtigt blieb im Fragebogen die äußerst selten praktizierte Anpassungsreaktion, mit Behörden verminderte Umweltschutzanforderungen auszuhandeln (bargaining-activities). Ebenso wurde die gezielte Image- und Produktwerbung nicht aufgenommen, da sich ihre Wirkung nur sehr schwer quantifizieren läßt. Vgl. Sprenger, R.-U., Kostenbelastung der Sektoren durch Umweltschutz und ihre wettbewerblichen Auswirkungen, a.a.O., S. 197-202.

146) Vgl. Sprenger, R.-U., u. G. Britschkat, a.a.O., S. 95. Sprenger, R.-U., Kostenbelastung der Sektoren durch Umweltschutz und ihre wettbewerblichen Auswirkungen, a.a.O., S. 191-193.

diese Weise gelingt es etwa jedem fünften der befragten Unternehmen, seine Umweltschutzkosten zu bewältigen. Der Spielraum für die völlige Weitergabe der Umweltschutzkosten über den Preis wird durch die jeweilige Marktsituation, die Preiselastizität der Nachfrage, die Existenz von Substitutionsgütern und ausländischen (von Umweltschutzanforderungen weniger betroffenen) Konkurrenten wesentlich bestimmt.[147] Unter mehreren konkurrierenden Anbietern wird derjenige am ehesten seine Umweltschutzkosten an den Markt weitergeben können, der die geringste Kostenerhöhung durch den Umweltschutz verzeichnet.

Wesentlich häufiger als ein gänzlicher Ausgleich wird in den befragten Produktionsstätten eine Kompensation der Umweltschutzaufwendungen teilweise erreicht, und zwar durch die Kombination verschiedener Maßnahmen (vgl. Tab. 15). Dabei bedienen sich mehr als 50 Prozent der Unternehmen staatlicher Finanzierungshilfen im Umweltschutzbereich (vgl. Kap. 3.3.3). In der Eisen- und Stahlerzeugung des Saarlandes oder in der Zementherstellung nutzen alle Unternehmen dieses umweltpolitische Instrument. Unter den Förderungshilfen werden die Sonderabschreibungsmöglichkeiten nach § 7d EStG und die ERP-Programme am meisten beansprucht. Etwas mehr als ein Drittel der Unternehmen spart partiell Kosten durch die Einführung von umweltschutzwirksamen Maßnahmen ein, z.B. Wiederaufbereitung von Entfallstoffen für den Produktionsprozeß, Nutzung von Abgasen zur Wärmegewinnung, Verwendung der Abfallstoffe als Brennmaterial, Reduzierung des Prozeßwasserbedarfs. Für ca. 17 Prozent der Befragten besteht die Möglichkeit, die Umweltschutzkosten zum Teil über den Preis weiterzugeben. Innovatives Verhalten im Umweltbereich (Produktvariation, -diversifikation, Verfahrensänderung etc.) führt in 14 Prozent der Unternehmen zu Pinoniergewinnen. In diesem Zusammenhang sind z.B. die Produktion von umweltfreundlichen Lacken in der

---

147) Vgl. Sprenger, R.-U. und G. Britschkat, a.a.O. S. 91.

Tab. 15: Anpassungsreaktionen zur Bewältigung von Umweltschutzkosten in den befragten Unternehmen (Mehrfachnennungen)

| Reaktionen | Minderung des Kostendrucks | | | |
| --- | --- | --- | --- | --- |
| | teilweise | | fast vollständig | |
| | Unternehmen | | Unternehmen | |
| | Zahl | % | Zahl | % |
| Kostenersparnisse infolge von Umweltschutzmaßnahmen | 39 | 34,8 | | |
| Inanspruchnahme staatlicher Finanzierungshilfen | 60 | 53,6 | 1 | 0,9 |
| betriebsinterne Subvention (Mischkalkulation) | 1 | 0,9 | 2 | 1,8 |
| partielle Überwälzung der Kosten auf die Produktpreise | 19 | 17,0 | | |
| vollständige Überwälzung der Kosten auf die Produktpreise | | | 22 | 19,6 |
| Pioniergewinne infolge innovativen Verhaltens | 16 | 14,3 | 1 | 0,9 |

% = Anteil der Unternehmen mit einer bestimmten Anpassungsreaktion an
der Gesamtzahl der befragten Unternehmen

Quelle: Eigene Befragung

Chemischen Industrie oder von speziellen Bindemitteln in der
Zementindustrie zu nennen:

a) Umweltfreundliche Lacke

Lösungsmitteldämpfe, die bei der Lackverarbeitung im Trock-
nungs- und Verhärtungsprozeß freigesetzt werden und in der
Industrie nachgeschaltete Filteranlagen erfordern, können
verringert bzw. vermieden werden durch geringeren Lösungsmittelgehalt, chemische Vernetzung der Lackbestandteile,

wasserlösliche Eigenschaften oder pulverisierte Form der Lacke. Statt Filter benötigt der Lackverbraucher bei wasserverdünnten Lacken - sie gelangen hauptsächlich in der Automobilindustrie zum Einsatz - rostfreie Transport- und Lagerungsbehälter. Über die Annahme dieser Produkte entscheidet einerseits der umweltschutzbewußt handelnde Verbraucher, andererseits der Gesetzgeber (vgl. TA Luft 3.3.5.1.1).[148]

b)    Spezielle Bindemittel

Ein baden-württembergisches Zementunternehmen, das standortbedingt zur betrieblichen Energieversorgung Ölschiefer verwendet, nutzt die hydraulischen Eigenschaften der abgebrannten Ölschiefer zur Herstellung spezieller Bindemittel. So wurde die Produktpalette um Bindemittel (z.B. für Kanalsysteme) erweitert, die absolut volumenfüllend wirken, bei Bedarf aber wieder abgebaut werden können, und um spezielle Deponiebinder für die Ablagerung von Klärschlämmen.[149]

Kaum eine Rolle spielt die betriebsinterne Subvention, bei der in Mehrproduktbetrieben durch eine Mischkalkulation die Kostenerhöhungen nicht den Gütern angelastet werden, für deren Produktion sie anfallen, sondern gut absetzbaren, umweltfreundlich erzeugten Produkten.[150]

Für branchenspezifische Anpassungsreaktionen gibt das vorliegende Datenmaterial keinen Anhaltspunkt.

Tab. 16 zeigt die Ergebnisse nach Größenklassen differenziert. Bei den Anpassungsreaktionen läßt sich zwar keine direkte Proportionalität erkennen zwischen der Häufigkeit, mit der sie an-

---

148) Angaben von Unternehmen und vom Verband der Lackindustrie. Vgl. Verband der Lackindustrie e.V.: Jahresbericht 1985, S. 5,6. Verband der Lackindustrie e.V.: Jahresbericht 1986, S. 2,3.

149) Angaben eines baden-württembergischen Zementherstellers.

150) Vgl. Sprenger, R.-U. u. G. Britschkat, a.a.O., S. 94.

Tab. 16: Anpassungsreaktionen zur Bewältigung von Umweltschutzkosten in den befragten Unternehmen nach Beschäftigtengrößenklassen (Mehrfachnennungen)

| Reaktionen | Beschäftigte | | | | | | | | | | | |
| --- | --- | --- | --- | --- | --- | --- | --- | --- | --- | --- | --- | --- |
| | bis 49 | | 50 - 99 | | 100 - 199 | | 200 - 499 | | 500 - 999 | | 1000 und mehr | |
| | Unternehmen | | Unternehmen | | Unternehmen | | Unternehmen | | Unternehmen | | Unternehmen | |
| | Zahl | % | Zahl | % | Zahl | % | Zahl | % | Zahl | % | Zahl | % |
| Kostenersparnisse infolge von Umweltschutzmaßnahmen | 6 | 30,0 | 7 | 36,8 | 5 | 31,3 | 6 | 28,6 | 7 | 43,8 | 8 | 40,0 |
| Inanspruchnahme staatlicher Finanzierungshilfen | 5 | 25,0 | 9 | 47,4 | 11 | 68,8 | 11 | 52,4 | 14 | 87,5 | 11 | 55,0 |
| betriebsinterne Subvention (Mischkalkulation) | 1 | 5,0 | | | | | 1 | 4,8 | | | 1 | 5,0 |
| partielle Überwälzung der Kosten auf die Produktpreise | 2 | 10,0 | 3 | 15,8 | 1 | 6,3 | 5 | 23,8 | 2 | 12,5 | 6 | 30,0 |
| vollständige Überwälzung der Kosten auf die Produktpreise | 3 | 15,0 | 2 | 10,5 | | | 7 | 33,3 | 3 | 18,8 | 7 | 35,0 |
| Pioniergewinne infolge innovativen Verhaltens | 1 | 5,0 | 2 | 10,5 | 1 | 6,3 | 5 | 23,8 | | | 8 | 40,0 |
| befragte Unternehmen | 20 | | 19 | | 16 | | 21 | | 16 | | 20 | |
| akkumulierte Werte | | 90,0 | | 121,0 | | 112,7 | | 166,7 | | 162,6 | | 205,0 |

Zahl: Unternehmen, in denen bestimmte Anpassungshandlungen durchgeführt werden

% : Anteil der Unternehmen mit einer bestimmten Anpassungsreaktion an der Gesamtzahl der befragten Unternehmen in einer Größenklasse

Quelle: Eigene Befragung

gewandt werden, und der Unternehmensgröße, jedoch zeichnet sich die Tendenz ab, daß sie in Unternehmenn mit über 200 Beschäftigten weitaus öfter praktiziert werden als in den Unternehmen der übrigen Größenkategorien. Besonders deutlich tritt diese Tendenz bei der "vollständigen Überwälzung der Kosten auf die Produktpreise" und den "Pioniergewinnen infolge innovativen Verhaltens" zutage.

Dank ihres großen Markteinflusses wird es den Großunternehmen verstärkt gelingen, die Umweltschutzkosten an den Preis weiterzugeben. Für die zahlreichen Pioniergewinne stellt die diversifizierte Produktionsstruktur, wie sie vor allem in Großunternehmen anzutreffen ist, eine wichtige Voraussetzung dar. Sie bietet mehr Ansatzpunkte für Innovationen als die häufig spezialisierte Produktionsrichtung in Kleinunternehmen.

Unternehmen bis 50 Beschäftigte nehmen staatliche Finanzierungsmittel auffallend seltener in Anspruch als Unternehmen der übrigen Größenklassen.

Mehrere Gründe können dafür in Frage kommen: In Kleinunternehmen überwiegen innerhalb der Umweltschutzkosten häufig Gebühren und Beiträge, für die keine öffentlichen Beihilfen vorgesehen sind. Auch wäre ein geringerer Informationsgrad bezüglich der möglichen Förderungsprogramme denkbar.

Aus den akkumulierten Werten geht zusätzlich hervor, daß Großunternehmen häufig mehrere Anpassungsreaktionen gleichzeitig durchführen. Insgesamt betrachtet, dürften sie also dem umweltschutzinduzierten Kostendruck effektiver begegnen als kleinere Unternehmen.

Zuweilen führen die Unternehmen ihre Umweltschutzmaßnahmen im Zusammenhang mit Rationalisierungen durch (vgl. Tab. 17), wodurch die Belastung durch den Umweltschutz geringer ausfällt. Fast die Hälfte (45,6 %) der befragten Unternehmen gibt an, bei der Einrichtung von Umweltschutzvorkehrungen auch Rationalisierungsziele zu verfolgen. Noch öfter (69,3 %) tritt der umgekehrte Fall ein, wo bei Rationalisierungsaktivitäten auch Vorhaben des Umweltschutzes eingeplant werden. Vor allem bei dieser Variante sind in Abhängigkeit von der

Tab. 17:  Rationalisierungen im Zusammenhang mit Umweltschutzmaßnahmen in den befragten Unternehmen nach Beschäftigtengrößenklassen (Mehrfachnennungen)

| | Beschäftigte | | | | | | | | | | | | |
| | bis 49 | | 50 - 99 | | 100 - 199 | | 200 - 499 | | 500 - 999 | | 1000 u. mehr | | Gesamt | |
| | Unternehmen | | Unternehmen | | Unternehmen | | Unternehmen | | Unternehmen | | Unternehmen | | Unternehmen | |
| | Zahl | % | Zahl | % | Zahl | % | Zahl | % | Zahl | % | Zahl | % | Zahl | % |
|---|---|---|---|---|---|---|---|---|---|---|---|---|---|---|
| a) gleichzeitige Rationalisierungen bei Umweltschutzmaßnahmen | 9 | 40,1 | 10 | 52,6 | 4 | 26,7 | 9 | 42,9 | 9 | 52,9 | 11 | 55,0 | 52 | 45,6 |
| b) gleichzeitige Umweltschutzmaßnahmen bei Rationalisierungen | 10 | 45,5 | 11 | 45,5 | 9 | 60,0 | 19 | 90,5 | 14 | 82,5 | 16 | 80,0 | 79 | 69,3 |
| a) und b) gleichzeitig | 7 | 33,3 | 9 | 47,4 | 2 | 13,3 | 11 | 52,4 | 8 | 47,1 | 10 | 50,0 | 39 | 34,2 |
| Unternehmen gesamt | 22 | | 19 | | 15 | | 21 | | 17 | | 20 | | 114 | |

% = Anteil der Unternehmen an der Gesamtzahl der Unternehmen in einer Größenklasse

Quelle: Eigene Befragung

Unternehmensgröße signifikante Unterschiede zu konstatieren: 80 bis 90 Prozent der Unternehmen mit mehr als 200 Beschäftigten nutzen Rationalisierungen, um gleichzeitig Umweltschutzmaßnahmen einzuleiten, während nur 45 bis 60 Prozent der kleineren Unternehmen dazu in der Lage sind.

Auch in dieser Hinsicht befinden sich also große Unternehmen gegenüber kleineren im Vorteil, vermutlich wiederum aufgrund ihrer Produktionsverhältnisse.

Die Kombination beider Varianten, die durchschnittlich in einem Drittel der befragten Unternehmen vorkommt, tritt ebenfalls in Unternehmen mit mehr als 200 Beschäftigten tendenziell häufiger auf als in kleinen und mittleren Produktionsstätten.

# Kapitel 5   Umweltschutzinvestitionen industrieller Betriebe in den Stadt- und Landkreisen von Baden-Württemberg von 1976 bis 1985

Die Umweltpolitik ist in der Bundesrepublik Deutschland, von Ausnahmen wie medialen Umweltfachplänen oder raumbezogenen Immissionsgrenzwerten (TA Luft; vgl. auch Kap. 6) abgesehen, weitgehend universell und nicht räumlich differenziert konzipiert. Dies trifft sowohl auf die anvisierten Ziele zu als auch für die Instrumente, die zu ihrer Durchsetzung angewandt werden. Wie in Kap. 4 aufgezeigt wird, bewirkt diese allgemeingültige Umweltpolitik industriegruppen- und betriebsgrößenbezogene Umweltschutzkosten und -belastungen. Regionale Aspekte der Umweltschutzinvestitionen[151] erklären sich deshalb hauptsächlich durch die räumliche Verteilung der Branchen und Betriebe.

## 5.1 Regionale Verbreitung der Betriebe mit Umweltschutzinvestitionen und regionale Umweltschutzinvestitionshäufigkeit

Die Analyse der räumlichen Verteilung von betrieblicher Umweltschutzinvestitionstätigkeit ergibt, daß zwischen 1976 und 1985 die Anzahl der Betriebe mit Umweltschutzinvestitionen in Baden-Württemberg in jenen Stadt- und Landkreisen am höchsten war, die ganz oder auch teilweise als Verdichtungsräume oder deren Randzonen ausgewiesen sind (vgl. Anhang, Tab. 44). So befindet sich der Standort sehr vieler Betriebsstätten mit umweltschutzinduzierten Investitionen in den industriellen Agglomerationen um Stuttgart (Stadtkreis Stuttgart, Landkreise Böblingen, Esslingen, Göppingen, Ludwigsburg, Teile der Kreise Rems-Murr und Reutlingen), Heilbronn (Stadtkreis und Teile des Landkreises), Mannheim (inkl. Rhein-Neckar-Kreis), Karlsruhe/Rastatt/Pforzheim sowie um Freiburg (inkl. Emmendingen) und Lörrach. Aber auch in den als verdichtet eingestuften Bereichen im ländlichen Raum um Ravensburg und Friedrichshafen

---

151) Eine regionale Betrachtung der laufenden Umweltschutzkosten kann aus Mangel an Datenmaterial nicht erfolgen (vgl. Kap. 4.6.1).

(Bodenseekreis), Balingen (Zollernalbkreis), Kehl und Offenburg (Ortenaukreis) sind zahlreiche Produktionsstätten mit Umweltschutzinvestitionen anzutreffen.[152] Im ländlichen Raum, z.B. in den Landkreisen Hohenlohe, Main-Tauber, Neckar-Odenwald und Sigmaringen nimmt ihre Anzahl deutlich ab.

Die Anhäufung der Betriebe mit Umweltschutzinvestitionen in den Verdichtungsräumen dürfte darauf zurückzuführen sein, daß dort aufgrund einer ausdifferenzierten Industriestruktur zahlreiche Betriebe aus umweltbelastenden Industriegruppen angesiedelt sind.[153] Ferner vereinigen die beschriebenen Ballungsräume etwa 87,5 Prozent der baden-württembergischen Betriebe mit mehr als 500 Beschäftigten,[154] die, wie in Kap. 4.1.2 dargelegt, die höchste Umweltschutzinvestitionshäufigkeit (Def.: Vgl. Kap. 4.1.1) aufweisen.
In den Universitätsstädten Heidelberg, Tübingen und Freiburg sowie im Kurort Baden-Baden investieren nur wenige Betriebe in den Umweltschutz.

Eine Zeitreihenbetrachtung der Umweltschutzinvestitionshäufigkeit in den Stadt- und Landkreisen spiegelt die in Kap. 4.1.1 dargestellte Entwicklung auf räumlicher Ebene wider (vgl. Anhang, Tab. 44). Demnach nahm die Umweltschutzinvestitionshäufigkeit in den Kreisen am Ende der 70er Jahre und zu Beginn der 80er Jahre ab und stieg zum Jahr 1985 hin wieder an. Lediglich in einigen Stadt- und Landkreisen, wie z.B.

---

152) Vgl. zur ordnungsräumlichen Untergliederung von Baden-Württemberg (Verdichtungsräume, Randzonen zu den Verdichtungsräumen, ländlicher Raum) hier und im folgenden: Innenministerium Baden-Württemberg (Hrsg.): Landesentwicklungsplan Baden-Württemberg vom 12. Dezember 1983, a.a.O., S. 50-55. Vgl. Anm. 40.
Eine Übersicht über die Stadt- und Landkreise von Baden-Württemberg zeigt Abb. 7.

153) Vgl. zur regionalen Industriestruktur von Baden-Württemberg hier und im folgenden: Statistisches Landesamt Baden-Württemberg (Hrsg.): Verarbeitendes Gewerbe 1986. In: Statistik von Baden-Württemberg, Bd. 375, Stuttgart 1987, S. 36-45.

154) Vgl. Statistisches Landesamt Baden-Württemberg (Hrsg.), Verarbeitendes Gewerbe 1986, a.a.O., S. 48.

Esslingen, Ludwigsburg oder Karlsruhe (Stadt) verblieb der Wert auf niederem Niveau. Dies könnte darauf beruhen, daß die ansässigen Betriebe durch frühere Umweltschutzaktivitäten Reinigungsleistungen erzielten, die auch noch Mitte der 80er Jahre den gültigen Anforderungen im Umweltschutz genügten, oder aber sie gehören Branchen an, die von den gesetzlichen Neuregelungen im Umweltschutz zu Beginn der 80er Jahre (z.B. Novellierung der TA Luft 1983) nicht oder nur teilweise betroffen waren.

Was allerdings die z.T. erheblichen Schwankungen der Umweltschutzinvestitionshäufigkeit zwischen den Kreisen betrifft, so lassen sie sich nicht allein durch eine unterschiedliche Industriestruktur (Zugehörigkeit der ansässigen Betriebe zu den einzelnen Branchen)[155] erklären.
Vom Grundstoff- und Produktionsgütersektor ist bekannt, daß er von allen Industriehauptgruppen die höchsten Häufigkeitswerte erzielt (vgl. Kap. 4.1.1). Es gibt jedoch eine Reihe von Kreisen (vgl. Anhang, Tab. 45), bei denen er überlandesdurchschnittlich stark vertreten ist und die trotzdem eine unterlandesdurchschnittliche Investitionshäufigkeit aufweisen (z.B. Baden-Baden, Calw, Emmendingen, Konstanz, Sigmaringen). Auch der umgekehrte Fall tritt auf (z.B. Heidenheim, Göppingen, Ludwigsburg, Rems-Murr-Kreis).
Die interregionale Streuung der Umweltschutzinvestitionshäufigkeit, die keine Gesetzmäßigkeiten erkennen läßt, geht sicherlich auf das Zusammenwirken verschiedener Faktoren zurück: Unterschiede zwischen den Kreisen in der Anzahl der ansässigen Betriebe, in der Zugehörigkeit der Betriebe zu den einzelnen Betriebsgrößenklassen und Branchen und innerhalb jeder Branche zu den verschiedenen Produktionsrichtungen.

---

155) Zur Charakterisierung der Industriestruktur wird in jedem Kreis für jede Industriehauptgruppe der Anteil der Betriebe an der Gesamtbetriebszahl des Verarbeitenden Gewerbes ermittelt.

## 5.2 Höhe der Umweltschutzinvestitionen in den Stadt- und Landkreisen

Die räumliche Verteilung der Umweltschutzinvestitionen, die das Verarbeitende Gewerbe von Baden-Württemberg von 1976 bis 1985 tätigte (insgesamt 2,9 Mrd. DM), ist durch eine ausgeprägte Konzentration auf wenige Stadt- und Landkreise charakterisiert (vgl. Abb. 8 und Anhang, Tab. 46). Auf nur sechs der 44 Kreise entfallen mehr als 55 Prozent der Umweltschutzinvestitionen. Unter diesen Kreisen, die entlang dem Rhein und im Großraum Stuttgart liegen, ragt die Landeshauptstadt mit 467,7 Mio. DM (16,0 %) hervor, gefolgt von Karlsruhe (Stadt) mit 350,7 Mio. DM (12,0 %). Weit über 200 Mio. DM betragen die Umweltschutzinvestitionen in Böblingen (9,3 %) und in Mannheim (7,7 %). Die 100 Mio.-Grenze überschreiten der Rhein-Neckar-Kreis (4,3 %) und Lörrach (5,8 %). Dementsprechend bleibt beinahe die Hälfte der Kreise unter 1 Prozent der gesamten Umweltschutzinvestitionen des Landes (der Landesdurchschnitt liegt bei 2,3 % ≙ ca. 66,2 Mio. DM).

Ausschlaggebend für diese regionale Verteilung der Umweltschutzinvestitionen ist die bereits erwähnte Häufung der Umweltschutzinvestitionen auf bestimmte Branchen (vgl. Kap. 4.2) sowie deren konzentriertes Auftreten in einzelnen Kreisen: Stuttgart und Böblingen stellen Zentren des bundesdeutschen Straßenfahrzeugbaus dar und verfügen über mehrere große Produktionsstätten für die Herstellung von Büromaschinen (Datenverarbeitungsgeräte). Karlsruhe ist der wichtigste südwestdeutsche Standort der Mineralölverarbeitung, daneben gewinnt dort seit Beginn der 80er Jahre auch die Zellstoffproduktion an Bedeutung. In Mannheim zählt die letztgenannte Branche neben der Chemischen Industrie und dem Straßenfahrzeugbau zu den wichtigsten Trägern von Umweltschutzinvestitionen. Auch der Rhein-Neckar-Kreis dient Betrieben der Chemischen Industrie als Standort, weiterhin ist dort die Gewinnung und Verarbeitung von Steinen und Erden (Zementherstellung) vertreten.
Für relativ hohe Umweltschutzinvestitionsbeiträge in Kreisen außerhalb dieser Ballungsräume sind z.B. in Rastatt die

110

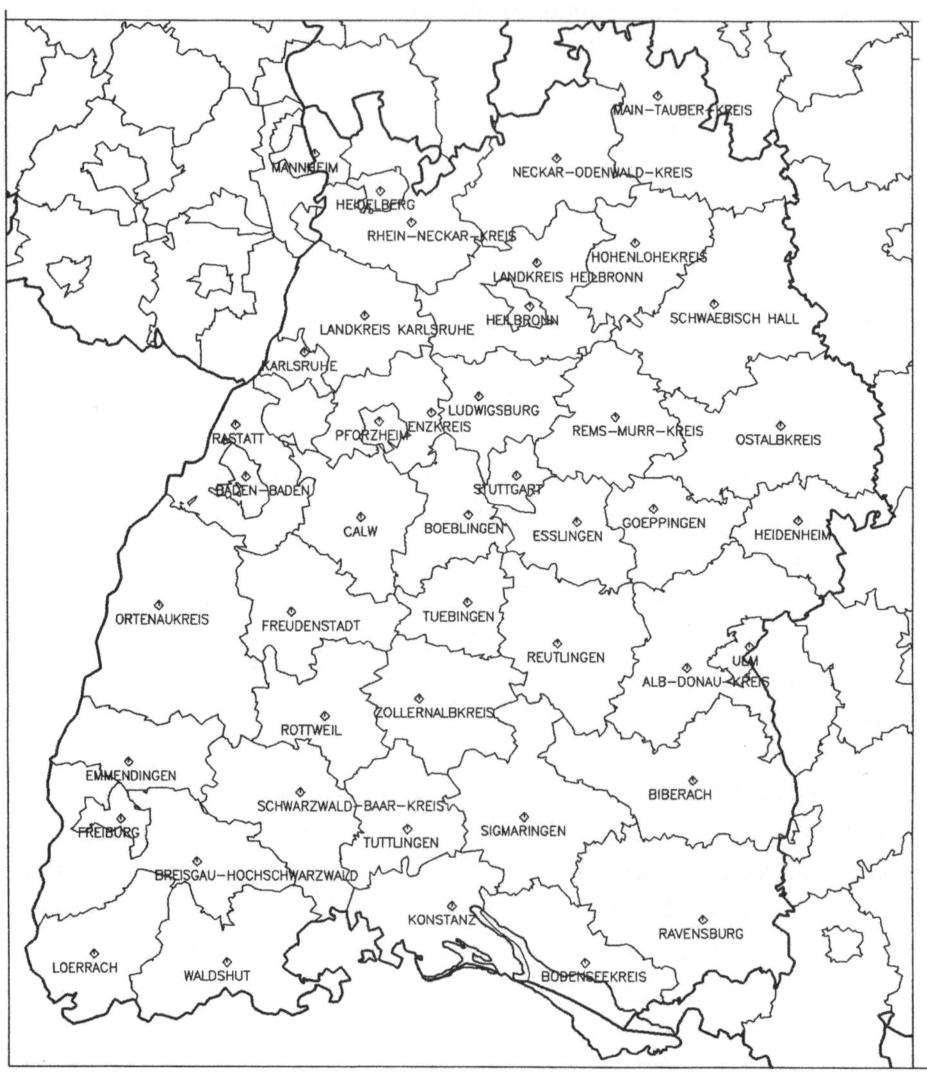


Maßstab 1:1500000

Abb. 7: Übersicht über die Stadt- und Landkreise in
Baden-Württemberg

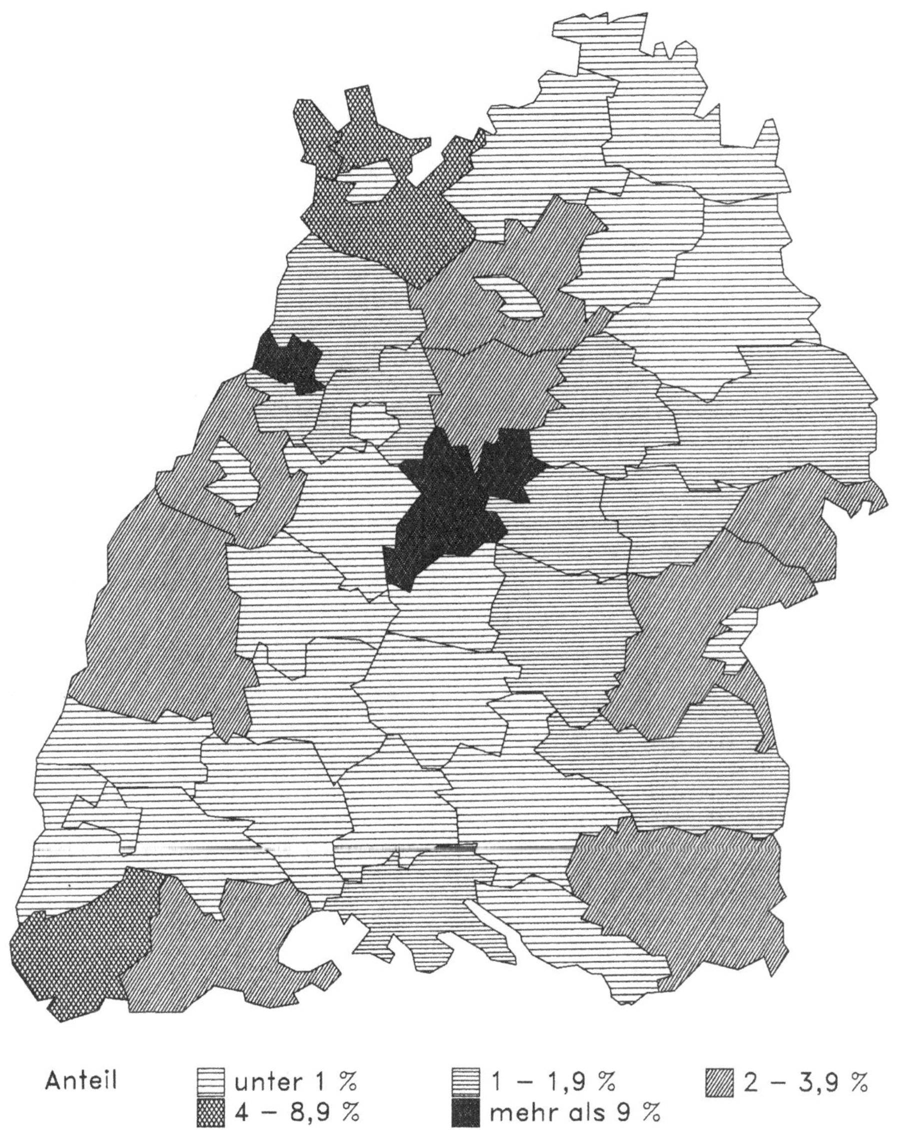



Entwurf:  J. Gernert, Zeichnung: M. Quick

Abb. 8:  Anteil der Umweltschutzinvestitionen des Verarbeitenden Gewerbes  in den  Stadt- und  Landkreisen an  den
gesamten Umweltschutzinvestitionen des Verarbeitenden
Gewerbes  in Baden-Württemberg im Zeitraum von 1976 bis
1985

Quelle: Statistisches Landesamt Baden-Wuerttemberg (Hrsg.):
Umweltschutzinvestitionen der Betriebe im Bergbau und Verarbeitenden Gewerbe 1975 bis 1983.
Kreisergebnisse. In: Statistische Berichte. Stuttgart 1985.
Datensonderaggregierung ueber die Verteilung der Umweltschutzinvestitionen in Baden-Wuerttemberg
nach Stadt- und Landkreisen 1976 bis 1985. Stuttgart 1987.

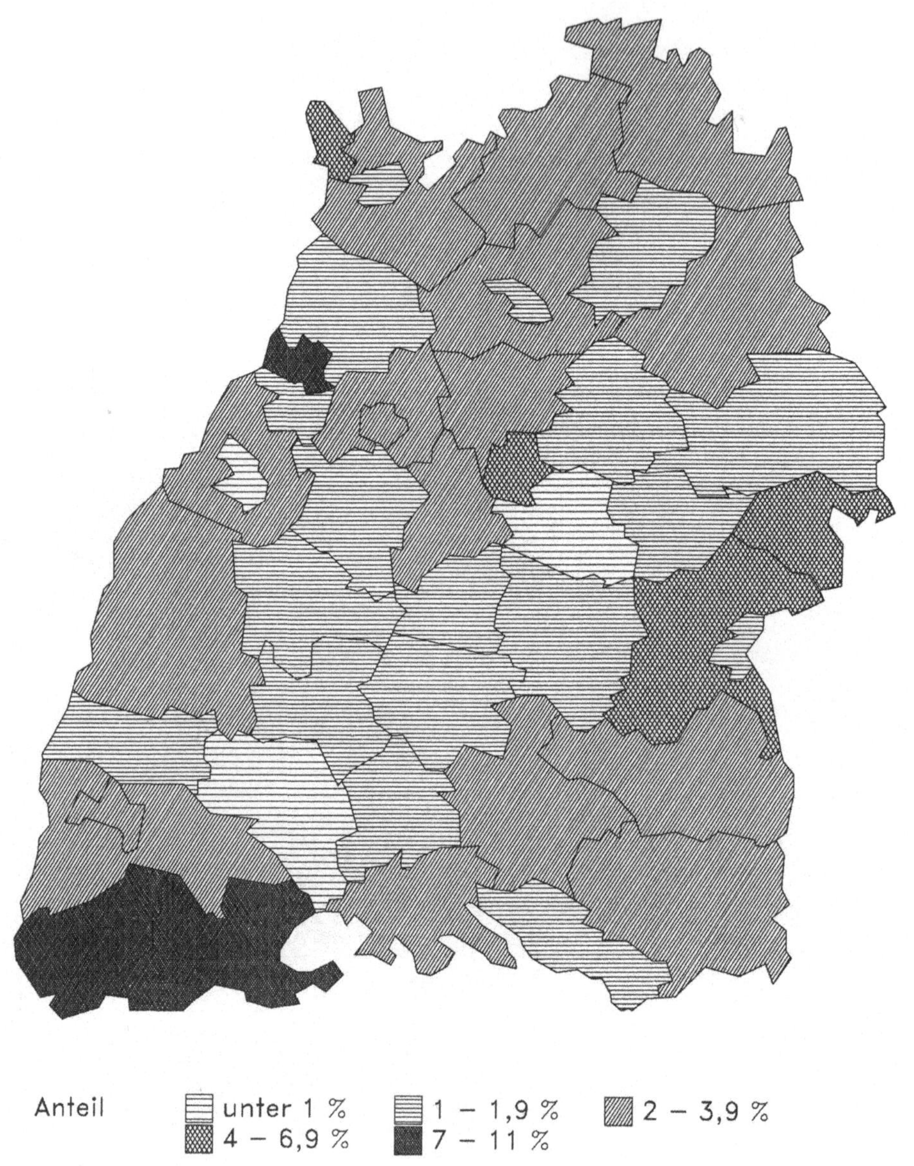



Entwurf:  J. Gernert, Zeichnung:  M. Quick

Abb. 9:   Anteil der Umweltschutzinvestitionen an den Gesamtinvestitionen des Verarbeitenden Gewerbes in den Stadt- und Landkreisen von Baden-Württemberg im Zeitraum von 1976 bis 1985

Quelle: Statistisches Landesamt Baden-Wuerttemberg (Hrsg.):
Umweltschutzinvestitionen der Betriebe im Bergbau und Verarbeitenden Gewerbe 1975 bis 1983.
Kreisergebnisse. In: Statistische Berichte. Datensonderaggregierung ueber die Verteilung der Umwelt-
schutzinvestitionen in Baden-Wuerttemberg nach Stadt- und Landkreisen 1976 bis 1985. Stuttgart 1987.

Chemische Industrie, die Papierherstellung und der Straßenfahrzeugbau verantwortlich, im Alb-Donau-Kreis die Zellstofferzeugung und die Gewinnung und Verarbeitung von Steinen und
Erden (Zementherstellung). Letztere führt auch im Landkreis
Heidenheim zu den hohen Umweltschutzinvestitionen.

In den Ballungsräumen konzentrieren sich nicht nur Branchen mit
hohen Umweltschutzinvestitionen, sondern auch Großbetriebe
(vgl. S. 109), die ebenfalls zu dem hohen umweltschutzinduzierten Investitionsvolumen beitragen (vgl. Kap. 4.2, Tab. 6).

In vielen Kreisen, deren Aufkommen an Umweltschutzinvestitionen
unter dem Landesdurchschnitt liegt, überwiegen Klein- und
Mittelbetriebe und Branchen, die nach Kap. 4.2 nicht zu den
Industrien mit sehr hohen Umweltschutzinvestitionen gehören, so
z.B. im Main-Tauber-Kreis die Holzverarbeitung und die
Glasherstellung und -verarbeitung oder in Freudenstadt die
Eisen-, Blech- und Metallwarenproduktion.[156]
Zudem zählen viele dieser Kreise vollständig oder mit einem
Großteil ihrer Fläche zu den nach dem Landesentwicklungsplan
als strukturschwach eingestuften Räumen, so z.B. der
Hohenlohekreis, der Main-Tauber-Kreis, Schwäbisch Hall, der
Ostalbkreis, der Landkreis Karlsruhe, der Neckar-Odenwald-
Kreis, Breisgau-Hochschwarzwald, Calw, der Schwarzwald-Baar-
Kreis, Emmendingen, Biberach und Sigmaringen.[157]

Die Bedeutung der Umweltschutzinvestitionen innerhalb der
Gesamtinvestitionen in den Stadt- und Landkreisen zeigt Abb. 9.
Die höchsten Anteile verzeichnen die Umweltschutzinvestitionen
mit 10,7 % in Karlsruhe (Stadt), 8,1 % in Lörrach und 7,2 % in

---

156) Vgl. Kap. 5.1. Statistisches Landesamt Baden-Württemberg (Hrsg.):
    Umweltschutzinvestitionen im Verarbeitenden Gewerbe 1975 bis 1982. In:
    Statistische Berichte, Stuttgart 1984, S. 4.6.

157) Vgl. Innenministerium Baden-Württemberg (Hrsg.), Landesentwicklungs-
    plan, a.a.O., S. 56-58.

Waldshut. Es folgen der Alb-Donau-Kreis (6,5 %), Mannheim (5,0 %), Heidenheim (4,7 %) und Stuttgart (4,4 %).

In den meisten Kreisen müssen im Zeitraum von 1976 bis 1985 zwischen ein und vier Prozent der Gesamtinvestitionen für Umweltschutzaktivitäten zur Verfügung gestellt werden. Im Landkreis Esslingen, Stadtkreis Baden-Baden und Schwarzwald-Baar-Kreis sind die Umweltschutzinvestitionen, bezogen auf das gesamte Investitionsvolumen, nicht erwähnenswert (vgl. Anhang, Tab. 46).[158]

## 5.3 Verteilung der Umweltschutzinvestitionen in den Stadt- und Landkreisen auf die verschiedenen Umweltschutzbereiche

Die regionale Verteilung der Umweltschutzinvestitionen der Industrie auf die Umweltschutzbereiche Abfallbeseitigung, Gewässerschutz, Lärmbekämpfung und Luftreinhaltung wird durch die räumliche Verbreitung der industriellen Branchen (vgl. Kap. 5.2) und ihre spezifischen Umweltschutzleistungen (vgl. Kap. 4.3) bestimmt. Generell liegen die Investitionsschwerpunkte im Gewässerschutz entlang des Rheins, in Lörrach, Karlsruhe und Mannheim sowie am Neckar in Stuttgart und Böblingen. Diese Kreise erbringen zusammen mit dem Rhein-Nekkar-Kreis und dem Landkreis Heidenheim auch die meisten Investitionen für Maßnahmen zur Luftreinhaltung. In Stuttgart und Böblingen (Straßenfahrzeugbau, Büromaschinenherstellung), Mannheim (Zellstoffproduktion und Chemische Industrie) und in Lörrach (Chemische Industrie) überwiegen die Investitionen zur Gewässerreinhaltung. In Karlsruhe (Mineralölverarbeitung), Heidenheim und dem Rhein-Neckar-Kreis (Zementherstellung) herrschen die Aufwendungen im Luftbereich vor. Finanzielle Mittel für die Abfallbeseitigung müssen vor allem in Stuttgart und Mannheim (Straßenfahrzeugbau, Zellstoffproduktion) bereitgestellt werden. Für die Lärmbekämpfung sind besonders in

---

158) In Rheinland-Pfalz und dem Saarland, wo Umweltschutzinvestitionen regional nicht für das Verarbeitende Gewerbe, sondern nur für das gesamte Produzierende Gewerbe statistisch ausgewiesen werden, konzentrieren sich diese auf die industriellen Zentren Ludwigshafen, Mainz sowie Saarbrücken/Völklingen.

Karlsruhe (Raffinerien) Investitionen notwendig (vgl. Anhang, Tab. 47).

Um herauszufinden, inwieweit neben der Industriestruktur regionale Umweltschutzsonderprogramme, soweit sie vorliegen (z.B. Sanierung der Donau und des Neckars), zu der unterschiedlichen Akzentuierung der Umweltschutzbereiche in den Kreisen beitragen können, müßte man Betriebe mit ähnlichen Produktionsverhältnissen und daher weitgehend übereinstimmenden Umweltschutzanforderungen vergleichen, also eine regionale Analyse innerhalb von Branchen bzw. Produktionsrichtungen durchführen. Dieser Aspekt muß jedoch in dieser Arbeit unberücksichtigt bleiben, da hierzu keine Statistiken verfügbar sind.

## 5.4 Umweltschutzinduzierte Kostenbelastung der Betriebe in den Stadt- und Landkreisen

Bei der Untersuchung der Kostenbelastung, die den Betrieben in den Kreisen aus ihrer Investitionstätigkeit im Umweltschutzbereich erwächst, kommt der Umweltschutzinvestitionsquote (Umweltschutzinvestitionen pro 1000 DM Umsatz in Betrieben mit Umweltschutzinvestitionen) besonderes Interesse zu, denn sie gibt an, wieviele Mittel des ökonomischen Potentials der Betriebe durch den Umweltschutz gebunden werden und somit anderen Verwendungszwecken der regionalen wirtschaftlichen Entwicklung nicht mehr zur Verfügung stehen.
Im Zeitraum von 1981 bis 1985 beträgt die Umweltschutzinvestitionsquote in den meisten Kreisen 1 bis 3 ‰ des Umsatzes (vgl. Anhang, Tab. 48). Um ein Mehrfaches höher liegen die Werte vor allem in Lörrach (7 ‰), im Alb-Donau-Kreis (8 ‰) und in Waldshut (5 ‰).

Eine Zeitreihenanalyse läßt erkennen, daß die Umweltschutzinvestitionsquote inter- und intraregional von Jahr zu Jahr variiert.
Die intraregional schwankenden Belastungen, insbesondere die Spitzenwerte einzelner Jahre, basieren im allgemeinen auf umfangreichen Umweltschutzanstrengungen einzelner Betriebe oder

Branchen. Beispielsweise führten die hohen Investitionen der Erdölraffinerien zum Zweck der Luftreinhaltung in Karlsruhe 1978 zu einer extrem hohen Quote.

Die Streuung zwischen den Kreisen wird durch die Industriestruktur bedingt (vgl. Anhang, Tab. 48). Durchweg hohe Umsatzanteile müssen in jenen Kreisen für den Umweltschutz reserviert werden, in denen das Erscheinungsbild der Industrie im wesentlichen durch stark belastete Branchen (vgl. Kap. 4.5.1 und Tab. 7) geprägt wird, in Lörrach z.B. durch die Grundstoffchemie oder im Alb-Donau-Kreis durch die Zellstoff- und Zementherstellung.
Die Erklärung der vergleichsweise niedrigen Belastungswerte in den anderen Kreisen muß für den ländlichen Raum und Ballungsgebiete gesondert erfolgen. Im ländlichen Raum herrschen Klein- und Mittelbetriebe vor, die nach Kap. 4.5.2 stärker belastet sind als Großbetriebe. Werden dort geringe Belastungen verzeichnet, so müssen sie darauf zurückzuführen sein, daß alle angesiedelten Betriebe wenig belasteten Industriegruppen angehören. Dieser Fall kann aufgrund der schwach ausgeprägten Industriestruktur und des geringen Industriebesatzes im ländlichen Raum häufig eintreten. In Ballungsgebieten mit ausdifferenzierter Industriestruktur kommt es dann zu niedrigen Quoten, wenn die Betriebe mehrheitlich zu den wenig belasteten Branchen zählen. Auch die Konzentration von Großbetrieben in Verdichtungsräumen trägt ihren Teil zu der geringen Belastung bei.

Bei der regionalen Betrachtung der Umweltschutzinvestitionsintensität (Umweltschutzinvestitionen je Beschäftigten) fällt auf, daß sie sehr häufig in jenen Kreisen hohe Werte einnimmt, die auch ein hohes Umweltschutzinvestitionsvolumen verzeichnen, so z.B. in Stuttgart, Lörrach, Karlsruhe, Waldshut, Alb-Donau-Kreis (vgl. Anhang, Tab. 46 und 48).

Auch wenn eine Quantifizierung der laufenden Kosten (Def.: Vgl. S. 52) in den Stadt- und Landkreisen mangels Datenmaterials nicht erfolgen kann (vgl. Kap. 4.6.1), so darf dennoch mit umfangreichen Betriebskosten in den Verdichtungsräumen gerechnet werden, denn dort konzentrieren sich Großbetriebe, die vorwiegend eigene Umweltschutzanlagen betreiben (vgl. Kap. 4.6.2 und 4.6.3). Betriebsextern entsorgen vor allem klein- und mittelständische Unternehmen, und so wird in ländlichen Regionen in erster Linie eine Kostenbelastung durch Gebühren und Beiträge für betriebsfremde Dienstleistungen im Umweltschutzbereich entstehen.

## 5.5 Unternehmerische Reaktionen auf den umweltschutzinduzierten Kostendruck in Verdichtungsräumen, Randzonen zu Verdichtungsräumen und im ländlichen Raum

Aus den amtlichen Statistiken lassen sich keine Informationen darüber gewinnen, mit welchen Maßnahmen die Betriebe in den Stadt- und Landkreisen der Kostenbelastung durch Umweltschutzmaßnahmen begegnen. Die Resultate der eigenständigen Unternehmensbefragung lassen erkennen, daß die unternehmerischen Anpassungsreaktionen nicht überall mit gleicher Intensität zur Anwendung gelangen (vgl. Tab. 18). Sie werden häufiger von Unternehmen genutzt, die in den verdichteten Räumen angesiedelt sind, als von Unternehmen mit ländlichem Standort. Die räumlichen Unterschiede manifestierten sich in so ausgeprägter Art und Weise, daß man quasi von einem Zentrum-Peripherie-Gefälle sprechen kann. Dieses tritt für die Reaktionsmöglichkeit Pioniergewinne infolge innovativen Verhaltens besonders augenfällig in Erscheinung.
Die Ursachen für diese Disparitäten liegen vornehmlich in der regional unterschiedlichen Betriebsgrößenstruktur. In Kap. 4.7 wird herausgestellt, daß größere Unternehmen aufgrund ihrer oft diversifizierten Produktionsstruktur und ihrer einflußreichen Stellung am Markt im Vergleich zu kleineren Betriebsstätten mit einer häufig speziell ausgerichteten Produktion verstärkt in der Lage sind, den Kostendruck infolge von Umweltschutzmaßnahmen durch die verschiedenen Anpassungsmöglichkeiten zu reduzieren, und größere Unternehmen haben, wie im bisherigen Untersuchungsverlauf wiederholt betont, ihren Standort vor allem in Verdichtungsräumen.

Abweichend von der Regel verhalten sich die öffentlichen
Finanzierungshilfen im Umweltschutz. Sie wurden in ländlichen
und verdichteten Gebieten nahezu gleichermaßen in Anspruch
genommen.

Tab. 18:  Anpassungsreaktionen zur Bewältigung der Umwelt-
          schutzkosten in den befragten Unternehmen, nach
          Ordnungsräumen (Mehrfachnennungen)

| Reaktionen | Unternehmen | |
|---|---|---|
| | im ländlichen Raum | in Verdichtungsräumen u. ihren Randzonen |
| | 33 | 79 |
| | davon in % | |
| Kostenersparnisse infolge von Umweltschutzmaßnahmen | 24,2 | 38,3 |
| Öffentliche Finanzierungs- hilfen | 54,1 | 53,1 |
| partielle Kostenüberwäl- zung auf die Produktpreise | 9,1 | 18,5 |
| vollständige Kostenüber- wälzung auf die Produkt- preise | 12,1 | 22,2 |
| Pioniergewinne infolge innovativen Verhaltens | 3,0 | 19,7 |

Quelle: Eigene Befragung

Neben der regionalen Verbreitung der Anpassungsreaktionen
interessiert natürlich auch das Ausmaß der durch sie hervorgerufenen Kostenminderung in den einzelnen Regionen.
Von den 22 befragten Unternehmen, die ihre Belastung durch den
Umweltschutz beinahe vollständig durch Kostenüberwälzung

kompensieren können, liegen fünf im ländlichen Raum. Auch diese Verteilung geht auf die besseren Möglichkeiten der Großunternehmen zurück, ihre Umweltschutzkosten an die Preise weiterzugeben (vgl. Tab. 16), sowie auf ihr gehäuftes Auftreten in Ballungsräumen.

Als Indikator für das Ausmaß der Kostenminderung durch öffentliche Finanzhilfen kann deren Anteil an den Umweltschutzinvestitionen herangezogen werden. In Baden-Württemberg erfolgt die Zuweisung von finanziellen Beihilfen der öffentlichen Hand u.a. durch die Landeskreditbank Baden-Württemberg (z.B. Zuwendungen zur Finanzierung von Umweltschutzmaßnahmen der gewerblichen Wirtschaft, Programm zur verstärkten Umsetzung der TA Luft 86 und der GfVO, vgl. Tab. 3), die diese Förderungsmittel auch statistisch ausweist, so daß sich ihr Anteil an den Umweltschutzinvestitionen berechnen läßt (vgl. Anhang, Tab. 49).
Es zeigt sich, daß die Anteile zwischen dem höchsten Wert in Pforzheim (78,3 %) und dem niedrigsten im Bodensee-Kreis (12,7 %) stark variieren.[159]

---

159) Zur genauen Bestimmung des Anteils öffentlicher Finanzhilfen an den Umweltschutzinvestitionen müßten alle Förderungsprogramme berücksichtigt werden. Da aber nicht für alle Förderungshilfen entsprechende Statistiken zur Verfügung stehen, können hier keine detaillierten Angaben gemacht werden.

# Kapitel 6   Umweltökonomische Auswirkungen auf die räumliche Ordnung der Industrie

Wie das vorhergehende Kapitel verdeutlicht, bestimmt die räumliche Struktur der Industrie, d.h. die regionale Verteilung der Industriegruppen und Betriebsgrößenklassen mit ihren spezifischen Umweltschutzerfordernissen, den Umfang der Umweltschutzkosten in den Stadt- und Landkreisen. Es stellt sich nun die Frage, inwieweit umweltpolitische Auflagen und die von ihnen hervorgerufenen umweltökonomischen Aktivitäten ihrerseits auf die Anordnung der Industriebetriebe im Raum Einfluß ausüben.

Die moderne industriegeographische Forschung berücksichtigt bei der Untersuchung der räumlichen Ordnung der Industrie nicht nur die in der Landschaft sichtbaren Folgen des industriellen Handelns, das Gefüge der Betriebsstandorte, sondern auch die sektoralen und distanziellen Wechselbeziehungen zwischen den ökonomisch Handelnden (backward and forward linkages), die nicht unmittelbar im Raum zu erkennen sind. Auf diese Weise wird die strukturelle und funktionale sowie - bei einer langfristigen Untersuchungsperspektive - die genetische Dimension der industriellen Tätigkeit im Raum analysiert.[160]

Um Hinweise auf die regionale bzw. räumliche Effizienz der Umweltökonomie zu gewinnen, müssen beide raumwirksamen Determinanten, also Betriebsstandort und betriebliche Interaktionen, im Zusammenhang mit umweltökonomischen Aktivitäten untersucht werden.

---

160) Vgl. Anm. 33. Anm. 39. Brücher, W., a.a.O., S. 10,11. Schamp, E. W., a.a.O., S. 40-42. Wagner, H. G.: Wirtschaftsgeographie. Braunschweig 1981, S. 16.

## 6.1      Betriebsstandort und Umweltschutz

### 6.1.1      Begriffliche Erläuterungen: Betriebsstandort und Standortfaktoren

Der Standort eines Betriebes markiert aus raumwissenschaftlicher Sicht einen räumlich abgrenzbaren Ort unternehmerischer bzw. industrieller Aktivitäten. An diesem Ort herrschen charakteristische physische, ökonomische, soziale, politische, kulturelle etc. Bedingungen. Derartige Wirkungsgrößen werden als Standortfaktoren bezeichnet.[161] Sie können einzeln oder gemeinsam die Entwicklung eines Betriebs an einem Ort positiv und/oder negativ beeinflussen. Bedingt durch physische, ökonomische, politische etc. Entwicklungsprozesse kann sich nicht nur der Bedeutungsgehalt von Standortfaktoren verändern, sondern es können neben bisher wirksamen Standortbedingungen auch neue Einflußgrößen auftreten. Letzteres trifft für die umweltpolitischen Anforderungen an die Industrie zu, deren Relevanz als Standortfaktor im folgenden untersucht werden soll.

### 6.1.2      Die Umwelt als Standortfaktor - früher und heute

In der vor- und frühindustriellen Epoche übten physische Gegebenheiten (z.B. Klima, Vorfluter- und Bodenverhältnisse) großen Einfluß auf den Standort von Produktionsstätten aus. Oftmals mußte die Verarbeitung der Rohstoffe mangels Transportgelegenheiten ortsgebunden bei den Ressourcenvorkommen erfolgen, wobei dann bei der Errichtung der Betriebe Faktoren wie Relief oder Bodenbeschaffenheit eine Rolle spielten.
Erst durch innovative Produktions- und Transportmethoden verloren physische Standortfaktoren an Gewicht. Allerdings dürfen sie heutzutage keinesfalls als gänzlich bedeutungslos

---

161) Vgl. Brücher, W., a.a.O., S. 36. Höweling, E.: Die betriebliche Standortverlagerung. Struktur und Prozeß. Zürich, Frankfurt, Thun 1976, S. 17-21. Mikus, W., Industriegeogrphie, a.a.O., S. 20. Mikus, W., Zeitliche und regionale Variabilität von Standortfaktoren, a.a.O., S. 69. Wagner, H. G., a.a.O., S. 22.

betrachtet werden. Bei Gewichtsverlustmaterialien, d.h. Materialien, die gewichtsmäßig nur partiell oder überhaupt nicht in das Endprodukt eingehen, wirken Rohstoffvorkommen nach wie vor als wichtige Standortdeterminanten, und in Industrien mit einem hohen Wasserbedarf, z.B. in der Chemischen Industrie und der Zellstoff- und Papierherstellung, stellt das Wasserangebot eines Standorts eine grundlegende Produktionsvoraussetzung dar, so daß die Betriebe häufig an Flußläufen angesiedelt sind.[162]

Während die physischen Gegebenheiten im allgemeinen an Einfluß einbüßten, gewann die Umwelt unter einem anderen Aspekt wieder an Bedeutung, nämlich in ihrer Eigenschaft als Aufnahmemedium für Schadstoffe.
Zu Beginn der 70er Jahre setzte die Umweltpolitik ein, und seitdem dürfen die einzelnen Medien, Luft, Wasser, Boden, nicht mehr ungestört mit Abfallstoffen aus Produktionsprozessen belastet werden. Gesetze regeln heute die Inanspruchnahme der Umwelt.

### 6.1.3 Standörtliche Restriktionen durch Umweltschutzgesetze am Beispiel der Luftreinhaltung

Industriebetriebe bedürfen, wenn sie gemäß § 4 BImSchG genehmigungspflichtig sind, einer behördlichen Betriebserlaubnis. Diese Genehmigung ist in der Regel verbunden mit Umweltschutzanforderungen an die Betriebe in Form von gesetzlich festgelegten Grenzwerten für die Emission von Luftschadstoffen. Die Einhaltung der Auflagen wird entweder wiederkehrend (alle drei Jahre) oder kontinuierlich überprüft (vgl. §§ 28-30 BImSchG). Falls ein Betreiber die vorgeschriebenen Umweltschutzerfordernisse nicht erfüllt, kann sein Betrieb stillgelegt werden (vgl. § 20 BImSchG).

Neben den zulässigen Emissionen regelt der Gesetzgeber im Bereich der Luftreinhaltung auch die Immissionsbelastung im

---

162) Vgl. Brücher, W., a.a.O., S. 41.

Einzugsbereich der Produktionsstätten. Hierzu unterscheidet die TA Luft für verschiedene Luftverunreinigungen einen Langzeit- und einen Kurzzeitimmissionswert (IW1 und IW2) (vgl. Tab. 19). Durch den Langzeitimmissionswert, der als arithmetisches Jahresmittel der Schadstoffwirkung definiert wird, soll sichergestellt werden, daß eine langandauernde Immission schädlicher Stoffe keine gravierenden Auswirkungen auf die Umwelt nach sich zieht. Mit Hilfe des Kurzzeitimmissionswertes[163] sollen Belastungsspitzen eingegrenzt werden.

Tab. 19: Lang- (IW1) und Kurzzeitimmissionswerte (IW2) der TA Luft 86

| Schadstoffe | IW1 | IW2 | Einheit |
|---|---|---|---|
| $SO_2$ | 0,14 | 0,40 | $mg/m^3$ |
| $NO_2$ | 0,08 | 0,20 | $mg/m^3$ |
| CO | 10,00 | 30,00 | $mg/m^3$ |
| Cl | 0,10 | 0,30 | $mg/m^3$ |
| HF | 1,00 | 3,00 | $\mu g/m^3$ |
| Schwebstaub | 0,15 | 0,30 | $mg/m^3$ |
| Pb im Schwebstaub | 2,00 | -- | $\mu g/m^3$ |
| Cd im Schwebstaub | 0,04 | -- | $\mu g/m^3$ |
| Staubniederschlag | 0,35 | 0,65 | $g/m^2d$ |
| Pb im Staubniederschlag | 0,25 | -- | $mg/m^2d$ |
| Cd im Staubniederschlag | 5,00 | -- | $\mu g/m^2d$ |
| Tl im Staubniederschlag | 10,00 | -- | $\mu g/m^2d$ |

Quelle: Bundesminister des Innern (Hrsg.): Gemeinsames Ministerialblatt. Ausgabe A, 1986, Nr. 7 (TA Luft vom 27.2.1986), S. 101.

---

163) Die Definition erfolgt schadstoffgebunden:
    bei Gasen: 98 %-Wert der Summenhäufigkeit eines Jahres
    bei Schwebstaub: 90 %-Wert der Summenhäufigkeit aller Tagesmittelwerte
            eines Jahres
    bei Staubniederschlag: Monatsmittelwert
    vgl. Kalmbach, S., a.a.O., S. 276.

Überschreitet die Belastung einen der beiden Immissionsgrenz-
werte, so ist nach allgemeiner Erfahrung mit schädlichen
Umweltfolgen zu rechnen. Werden hingegen beide Werte eingehalten, kann davon ausgegangen werden, daß der Schutz vor
schädlichen Einflüssen auf die Umwelt gewährleistet ist.
Ein Anlagenbetreiber hat den Nachweis zu erbringen, daß durch
seine Produktionstätigkeit die zulässigen Immissionswerte nicht
übertroffen werden. Hierzu müssen die Höchstwerte auf jeder
Beurteilungsfläche (allgemein ein Quadrat mit der Seitenlänge
von 1 km) des Beurteilungsgebietes, das eine Kreisfläche mit
einem Radius von der 30fachen Höhe des nach der TA Luft
berechneten Schornsteins (vgl. TA Luft 2.4.3) umfaßt, eingehalten werden.[164] Seit der Novellierung der TA Luft 1986
erfaßt diese Regelung nicht nur Neugründungen, sondern auch
Altanlagen. Für sie stehen allerdings mehrjährige Anpassungsfristen zur Verfügung.

Welche standörtlichen Konsequenzen resultieren nun aus diesen
Bestimmungen?
In Belastungsgebieten, z.B. Ballungsräumen, können die
Immissionshöchstwerte für bestimmte Schadstoffe überschritten
werden. Dort können dann weder genehmigungspflichtige Erweite-
rungsvorhaben bereits ansässiger Betriebe noch Neuansiedlungen
durchgeführt werden, selbst wenn sie die Emissionsrichtlinien
befolgen. Als Folge setzt eine negative Selektion der Betriebe
ein. Betriebe aus stagnierenden Branchen bleiben unbetroffen,
da sie keine Erweiterungsinvestitionen zu tätigen beabsichtigen. Expandierende Produktionsstätten mit Erweiterungs- und
Modernisierungsabsichten aber werden ebenso wie potentielle
Neuansiedler daran gehindert, in den Belastungsgebieten ihre
Standortwünsche zu realisieren. Betriebe aus Wachstumsbranchen
sehen sich gezwungen, diese Gebiete zu meiden bzw. zu verlas-
sen. Dort können sich industrielle Strukturschwächen einstellen, wodurch wiederum die Wirtschaftskraft des Gebietes

---

164) Die Bedingungen des hierzu nötigen Meßverfahrens regelt die TA Luft
     (2.6.2).

geschwächt werden könnte.[165] Um einer solchen Entwicklung vorzubeugen, nahm der Gesetzgeber eine Sanierungsregel in die TA Luft auf (vgl. TA Luft 2.2.1.1 b). Sie erlaubt ausnahmsweise eine Immissionsüberbelastung auf einer Bezugsfläche, wenn die Mehrbelastung nicht mehr als ein Prozent des zulässigen Langzeitimmissionswertes beträgt und spätestens binnen sechs Monaten nach Inbetriebnahme der neuen Anlage Sanierungsmaßnahmen (Stillegung, Beseitigung, Änderung) an bestehenden Produktionsstätten eines Antragstellers oder Drittbetreibers eingeleitet werden.

Die Sanierungsmaßnahmen müssen geeignet sein, trotz der zusätzlichen Belastung die Immissionen auf der Beurteilungsfläche insgesamt im Jahresmittel zu senken. Dadurch besteht für einen Betreiber mehrerer Anlagen die Möglichkeit, die vorgeschriebenen Emissionswerte jeweils so weit zu unterbieten, daß die dabei erzielte Immissionssenkung die Inbetriebnahme einer weiteren Anlage ermöglicht. Wird eine Sanierungsgemeinschaft mit einem Drittbetreiber angestrebt, so muß dieser auf dem Verhandlungswege veranlaßt werden, seinerseits die Emissionen so weit zu vermindern, daß der Betrieb einer zusätzlichen Anlage bewilligt werden kann.[166] Hierbei besitzt der Drittbewerber die Option, sich etwa aus Wettbewerbsgründen einer Sanierungsgemeinschaft zu verschließen.

Im südwestdeutschen Raum liegen katasterförmige Ausweisungen der Immissionsbelastungen auf der Basis von Bezugsflächen der Größe eines km² in Baden-Württemberg (für Stuttgart, Esslingen, Karlsruhe, Mannheim, Hochrhein und Lörrach) und in Rheinland-Pfalz (Ludwigshafen-Frankenthal und Mainz-Budenheim) vor. Während der Langzeitimmissionswert überall eingehalten wird, kommt es beim Kurzzeitimmissionswert zu einigen Überschreitungen. Vor allem in Stuttgart wird der $NO_2$-Immissionswert auf

---

165) Vgl. Bonus, H., Ein ökologischer Rahmen für die Soziale Marktwirtschaft, a.a.O., S. 144.

166) Vgl. Hartkopf, G. und E. Bohne, a.a.O., S. 195. Siebert, H.: TA Luft '85. Eine verfeinerte Politik des einzelnen Schornsteins. In: Wirtschaftsdienst 65, 1985, S. 455.

42 Bezugsflächen überschritten, so daß hier Standortbeeinträchtigungen nicht ausgeschlossen werden können (vgl. Tab. 20). Ansonsten treten Überbelastungen nur in geringem Umfang auf. In Karlsruhe, Esslingen, Lörrach und am Hochrhein werden überhaupt keine Verletzungen der Immissionsgrenzen konstatiert.

Ob neben den gesetzlichen Bestimmungen, die sich unmittelbar auf den Standort beziehen, die umweltpolitischen Anforderungen insgesamt bzw. die daraus resultierenden Kosten von den Unternehmern als standörtliche Einflußgröße begriffen werden, wird im anschließenden Kapitel analysiert.

Tab. 20: Immissionsbelastungen in baden-württembergischen und rheinland-pfälzischen Belastungsgebieten (Basis: 1 km x 1 km Rasterfläche)

| Belastungs- bzw. Meß-gebiet | Schwankungsbereiche[1] | | Bezugsflächen über IW2[2] |
|---|---|---|---|
| | IW1 | IW2 | |
| $SO_2$ in mg/m³ | | | |
| Stuttgart | 0,02-0,06 | 0,12-0,42 | 4 |
| Esslingen | 0,03-0,05 | 0,11-0,30 | - |
| Mannheim | 0,04-0,07 | 0,11-0,30 | - |
| Karlsruhe | 0,03-0,05 | 0,10-0,36 | - |
| Hochrhein | 0,03-0,09 | n.a. | - |
| Lörrach | 0,03-0,04 | n.a. | - |
| Ludwigshafen-Frankenthal | 0,05-0,10 | 0,13-0,40 | - |
| Mainz-Budenheim | 0,03-0,06 | 0,10-0,37 | - |
| $NO_2$ in mg/m³ | | | |
| Stuttgart | 0,04-0,10 | 0,08-0,29 | 42 |
| Esslingen | 0,03-0,05 | 0,08-0,15 | - |
| Mannheim | 0,03-0,06 | 0,08-0,23 | 2 |
| Karlsruhe | 0,03-0,05 | 0,08-0,16 | - |
| Hochrhein | 0,03-0,06 | n.a. | - |
| Lörrach | 0,03-0,05 | n.a. | - |
| Ludwigshafen-Frankenthal | 0,03-0,04 | 0,06-0,12 | - |
| Mainz-Budenheim | 0,03-0,05 | 0,06-0,14 | - |
| HF in µg/m³ | | | |
| Stuttgart | 0,10-0,20 | 0,40-1,20 | - |
| Esslingen | 0,10-0,20 | 0,30-1,00 | - |
| Mannheim | 0,20-0,40 | 0,40-2,90 | - |
| Karlsruhe | 0,01-0,04 | 0,05-0,27 | - |
| Ludwigshafen-Frankenthal | 0,09-0,20 | 0,40-3,90 | - |
| Mainz-Budenheim | 0,20-0,50 | 0,50-3,40 | - |

Fortsetzung Tab. 20

| Belastungs- bzw. Meß-gebiet | Schwankungsbereiche[1] | | Bezugsflächen |
| | IW1 | IW2 | über IW2[2] |
|---|---|---|---|
| | CO in mg/m³ | | |
| Stuttgart | 0,50-2,30 | 1,90-9,30 | - |
| Esslingen | 0,50-1,70 | 2,40-7,50 | - |
| Mannheim | 1,30-2,00 | 2,00-6,30 | - |
| Karlsruhe | 1,00-2,00 | 1,00-4,00 | - |
| Hochrhein | 0,60-1,60 | n.a. | - |
| Lörrach | 0,30-1,60 | n.a. | - |
| Ludwigshafen-Frankenthal | 0,90-2,00 | 0,40-3,90 | - |
| Mainz-Budenheim | 1,30-2,60 | 3,00-6,50 | - |
| | Staubniederschlag in g/m²d | | |
| Stuttgart | 0,04-0,15 | 0,10-0,39 | - |
| Esslingen | 0,06-0,12 | 0,10-0,29 | - |
| Mannheim | 0,05-0,19 | 0,08-0,47 | - |
| Karlsruhe | 0,05-0,25 | 0,07-0,60 | - |
| Ludwigshafen-Frankenthal | 0,08-0,30 | 0,11-0,60 | - |
| Mainz-Budenheim | 0,08-0,24 | 0,12-0,50 | - |

[1] Messungen für Stuttgart, Esslingen, Mannheim, Karlsruhe, Hochrhein und Lörrach im Jahr 1986;

Messungen für Ludwigshafen-Frankenthal: 1978/79

Messungen für Mainz-Budenheim: 1980/81

Die Messungen für Hochrhein und Lörrach konnten wegen der geographischen Bedingungen nur auf den jeweiligen Meßpunkt und nicht auf Bezugsflächen bezogen werden.

[2] Überschreitungen des IW1 liegen nicht vor.

Quelle: Umweltbericht 1987 Baden-Württemberg (Vorabexemplar), S. 85-87. Ministerium für Umwelt und Gesundheit Rheinland-Pfalz (Hrsg.), Umweltqualitätsbericht 1987, a.a.O., S. 93.

## 6.1.4 Umweltschutz als Standortfaktor im Urteil der befragten Unternehmen

Der Aufbau einer industriellen Unternehmung hängt wesentlich von einigen grundsätzlichen Entscheidungen ab, die festlegen,

1. welches Gut in welcher Qualität hergestellt werden soll;
2. wie das Gut produziert werden soll (Verfahren);
3. für wen das Gut erzeugt werden soll (Verwendungszweck).

Durch die Beantwortung dieser Fragen entsteht ein Anforderungsprofil hinsichtlich der Standortbedingungen bzw. -faktoren an den Betriebsort, das möglichst langfristig erfüllt sein sollte. Als Standortanforderungen lassen sich diejenigen Ansprüche bezeichnen, "die ein Industriebetrieb in der Zeit an den Standort ... stellt, um den Leistungsprozeß mengenmäßig durchführen zu können."[167]
Zu den wichtigsten Standortfaktoren, die das Eignungsprofil eines Ortes für einen Industriebetrieb im allgemeinen bestimmen, zählen folgende Einflußgrößen:[168]

- Verfügbarkeit von Industrieflächen
- Verkehrsbedingungen
- Absatzbedingungen
- Beschaffungsmöglichkeiten für Input-Materialien (Rohstoffe, Halbfabrikate, Energie etc.)
- Finanzierungshilfen des Staates
- Infrastruktur

---

167) Rüschenpöhler, H.: Der Standort der industriellen Unternehmung als betriebswirtschaftliches Problem. Berlin 1958, S. 64.

168) Eine Übersicht über wichtige Standortfaktoren, die durch verschiedene Betriebsbefragungen ermittelt wurden, gibt Spitschka, H., a.a.O., S. 17-23.

- Agglomerationsvorteile[169)]
- Fühlungsvorteile[170)]
- Qualität und Vorhandensein von Arbeitskräften
- Persönliche Präferenzen (z.B. des Unternehmers)

Um nun die Bedeutung der umweltpolitischen Anforderungen bzw. der durch sie ausgelösten Kosten als Standortfaktor ermitteln zu können, ist der Umweltschutz gemeinsam mit anderen Faktoren, die für die betriebliche Standortentscheidung Relevanz besitzen, zu untersuchen, denn erst der Vergleich mit anderen Standortfaktoren läßt das standörtliche Gewicht des Umweltschutzes erkennen.

Im Rahmen der eigenständigen Unternehmensbefragung wurde den Gesprächspartnern die Möglichkeit angeboten, sowohl die traditionell wichtigen Standortfaktoren als auch den Umweltschutz anhand einer vierstufigen Bewertungsskala[171)] für ihre aktuelle Standortsituation (Bezugsjahr: 1985) zu beurteilen. Die erzielten Daten wurden nach v. Ballestrem mit Hilfe folgender Berechnung gewichtet:[172)]

---

169) Unter Agglomerationsvorteilen werden industrielle Kostenersparnisse in Ballungsräumen für die Produktion und Vermarktung von Gütern verstanden. Ursache dieser Vorzüge sind z.B. eine überdurchschnittlich gute infrastrukturelle Ausstattung (günstige Verkehrs- und Transportbedingungen, erleichterter Zugang zu Kreditinstituten etc.), ein großer und differenzierter Absatz- und Arbeitsmarkt, Kooperationsmöglichkeiten mit den der eigenen Produktion vor- und nachgeschalteten Betrieben in einer arbeitsteilig und räumlich konzentriert arbeitenden Industrie (Nutzen gemeinsamer Anlagen, kooperative Inanspruchnahme von Dienstleistungen etc.).
Vgl. Brücher, W., a.a.O., S. 51,52. Spitschka, H., a.a.O., S. 16.

170) Mit dem Begriff Fühlungsvorteile werden Möglichkeiten zur leichten und raschen Kontaktaufnahme zu Zulieferbetrieben, Dienstleistungsunternehmen, Behörden, Kunden etc. sowie zu Betrieben der gleichen Branche bezeichnet. Sie sind vor allem in Agglomerationen ausgeprägt vorhanden.
Vgl. Brücher, W., a.a.O., S. 53,54.

171) Bewertungsstufen: 1 = von großer Bedeutung; 2 = von Bedeutung; 3 = von untergeordneter Bedeutung; 4 = unwichtig.

172) Vgl. Ballestrem, Graf F. v., a.a.O., S. 132. Ferner: Mikus, W., Zeitliche und regionale Variabilität industrieller Standortfaktoren von Mehrwerksunternehmen in Italien, a.a.O., S. 72,73.

$$G = \frac{\sum_{r=1}^{4} r\, P_r}{100}$$

G    =    Gewicht eines Standortfaktors

r    =    Rangplatz der vierstufigen Bewertungsskala

$P_r$ =    Prozentsatz der Betriebe, die einem Standort-
          faktor einen entsprechenden Rangplatz zuweisen.

Je niedriger der Quotient, desto mehr Relevanz wird dem betreffenden Standortfaktor attestiert.

Die gewichteten Ergebnisse von Tab. 21 lassen erkennen, daß die befragten Unternehmen den Umweltschutz als einen wichtigen Standortfaktor bewerten. Dies kann auf verschiedene Gründe zurückgeführt werden, wie z.B. zunehmendes gesellschaftliches Umweltbewußtsein, Imagepflege, Informations-, Planungs- und Installationsaufwand für Umweltschutzeinrichtungen, Umweltschutzkosten, steigende Umweltschutzanforderungen (TA Luft '86, AbfG 1986).

Setzt sich der Umweltschutz in der Rangfolge auch deutlich von Standortfaktoren wie Agglomerations- und Fühlungsvorteile, persönliche Präferenzen und staatliche Förderungsmaßnahmen ab, so kommt doch anderen Faktoren (z.B. Verkehrsbedingungen, Qualität und Verfügbarkeit von Arbeitskräften, infrastrukturelle Ausstattung und Existenz von Industrieflächen) eine ähnliche, einigen eine noch größere Bedeutung zu.

Der betriebliche Stellenwert dieser Faktoren zeigt sich deutlich, wenn man die Rangfolge der Standortfaktoren nach Industriegruppen betrachtet. So bewertet z.B. die Mineralölverarbeitung (vgl. Tab. 21) die Verkehrsbedingungen als wichtigsten Standortfaktor (1,00 = höchstmögliches Gewicht; Umweltschutz: 2,00). Die Bedeutung des Verkehrs beruht weniger auf der Beschaffung von Rohöl, das von den Erdölhäfen per Pipeline schnell und kostengünstig in die Verbraucherzentren transportiert werden kann, als vielmehr auf dem Absatz der

Tab. 21: Bewertung von Standortfaktoren durch die befragten Unternehmen nach Industriegruppen

| Standortfaktoren | 1 | 2 | 3 | 4 | 5 | 6 | 7 |
|---|---|---|---|---|---|---|---|
| Verkehrsbedingungen | 1,70 | 1,79 | 1,79 | 1,69 | 1,00 | 1,50 | 1,00 |
| Umweltschutzanforderungen | 1,79 | 1,77 | 1,97 | 1,44 | 2,00 | 2,00 | 1,33 |
| Qualität der Arbeitskräfte | 1,87 | 1,86 | 1,89 | 1,57 | 1,83 | 2,73 | 1,67 |
| Vorhandensein von Arbeitskräften | 1,98 | 1,94 | 2,18 | 1,82 | 1,60 | 2,33 | 1,67 |
| Infrastruktur | 2,03 | 2,05 | 2,19 | 1,63 | 2,40 | 2,33 | 1,67 |
| Vorhandensein von Industrieflächen | 2,04 | 1,87 | 2,33 | 2,00 | 2,33 | 2,00 | 1,00 |
| Beschaffung von Input-Materialien (inkl. Energie) | 2,21 | 2,21 | 2,25 | 1,94 | 2,33 | 1,00 | 1,33 |
| Absatzmöglichkeiten | 2,26 | 2,45 | 1,54 | 2,57 | 2,33 | 1,33 | 1,67 |
| Agglomerationsvorteile | 2,68 | 2,31 | 3,13 | 3,12 | 2,90 | 3,00 | 3,00 |
| Persönliche Präferenzen | 2,90 | 3,10 | 2,22 | 2,76 | 3,00 | 4,00 | 2,67 |
| Staatliche Förderungsmaßnahmen | 3,02 | 3,03 | 3,07 | 3,00 | 3,33 | 3,40 | 2,33 |
| Fühlungsvorteile | 3,25 | 3,92 | 3,27 | 3,57 | 3,67 | 3,40 | 2,67 |

1 = alle befragten Unternehmen, 2 = Chemische Industrie, 3 = Brauereien, 4 = Zellstoff- und Papiererzeugung, 5 = Mineralölverarbeitung, 6 = Zementherstellung, 7 = Eisen- und Stahlerzeugung

Quelle: Eigene Befragung

Mineralölprodukte. Die vielfältigen Verwendungszwecke von Rohölderivaten als Basisstoffe in der Petrochemie und der Massenbedarf an schwerem und leichtem Heizöl sowie an Autobenzin machen für die räumliche Verteilung der Produkte verkehrsgünstig gelegene Betriebsstandorte erforderlich.[173]

Die befragten Betriebe der Zementindustrie erkennen in den Beschaffungsmöglichkeiten für Input-Materialien (1,00) und in den Absatzbedingungen (1,33) die bedeutendsten Standortkriterien. Um eine Tonne Zement herstellen zu können, benötigen die Betriebe je nach angewandtem Produktionsverfahren zwischen 2,6 und 2,8 Tonnen Input-Materialien (vor allem Rohstoffe, aber auch Klinker, Gips, Kohle, Hüttensand etc.). Deshalb befinden sich die Standorte der Zementindustrie im allgemeinen in der Nähe von Rohstoffvorkommen.[174] Wegen des Gewichts und des Volumens der Zementprodukte ruft ihre Distribution im Vergleich zu den Produktionskosten sehr hohe Transportkosten hervor. Dementsprechend beschränkt sich der Absatzradius in der Regel auf ca. 250 km um die Produktionsstätte.[175]

Aus der ordnungsräumlichen Analyse (vgl. Tab. 22) geht hervor, daß der Umweltschutz in allen Raumkategorien zu den drei wichtigsten Standortfaktoren gehört. Im ländlichen Raum scheint ihm jedoch von den Betrieben ein etwas geringeres Gewicht beigemessen zu werden als in den Verdichtungsräumen und ihren Randzonen.

Zusammenfassend läßt sich feststellen, daß emissionsintensive industrielle Unternehmen neben anderen Faktoren den Umweltschutz zu den bedeutsamen standörtlichen Einlußgrößen zählen. Dieses Ergebnis darf aber nicht auf die gesamte Industrie übertragen werden, denn eine Vielzahl von Industriegruppen ist in einem geringeren Maße von Umweltschutzauflagen betroffen als die befragten Branchen (vgl. Kap. 4.1, 4.2, 4.5). Es darf

---

173) Vgl. Brücher, W., a.a.O., S. 91,93.

174) Vgl. Brücher, W., a.a.O., S. 470.

175) Angaben eines Unternehmens der Zementindustrie.

Tab. 22: Bewertung von Standortfaktoren durch die befragten Unternehmen nach Ordnungsräumen

| Standortfaktoren | ländlicher Raum | Randzonen zu Verdichtungsräumen | Verdichtungsräume |
|---|---|---|---|
| Verkehrsbedingungen | 1,91 | 1,68 | 1,63 |
| Umweltschutzanforderungen | 1,97 | 1,67 | 1,72 |
| Qualität der Arbeitskräfte | 1,82 | 1,82 | 1,86 |
| Vorhandensein von Arbeitskräften | 2,13 | 1,83 | 1,90 |
| Infrastruktur | 2,18 | 1,88 | 2,00 |
| Vorhandensein von Industrieflächen | 2,18 | 1,78 | 2,04 |
| Beschaffung von Input-Materialien (inkl. Energie) | 2,38 | 2,33 | 2,25 |
| Absatzmöglichkeiten | 2,12 | 2,39 | 2,28 |
| Agglomerationsvorteile | 3,38 | 2,78 | 2,58 |
| Persönliche Präferenzen | 2,65 | 2,56 | 3,15 |
| Staatliche Förderungsmaßnahmen | 2,97 | 2,90 | 3,02 |
| Fühlungsvorteile | 3,50 | 3,50 | 3,07 |

Quelle: Eigene Befragung

angenommen werden, daß in diesen Industrien der Umweltschutz als Standortfaktor von geringerer Bedeutung ist. Für die Industrie insgesamt dürfte der Umweltschutz eher eine durchschnittliche Relevanz besitzen. Diese Vermutung bestätigt eine Untersuchung industrieller Standortfaktoren im östlichen Ruhrgebiet, die dem Umweltschutz unter 25 Standortkriterien einen Mittelplatz zuwies.[176]

Über die Beurteilung des Standortfaktors Umweltschutz hinaus stellt sich die Frage, welche Rolle er bei betrieblichen Standortveränderungen spielt.

### 6.1.5 Umweltschutzbedingte Einflüsse auf Standortveränderungen in den befragten Unternehmen

Betriebliche Standortveränderungen können in Form von Stillegungen, Verkleinerungen, Erweiterungen, Verschiebungen zwischen bestehenden Produktionsstätten sowie Partial- und Totalverlagerungen von einem bestehenden zu einem neuen Standort durchgeführt werden.[177]

Von den 118 befragten Unternehmen nahmen 67 (56,8 %) seit 1970 insgesamt 122 Standortveränderungen vor. Wie aus Tab. 23 ersichtlich wird, spielte der Umweltschutz bei ungefähr zwei Drittel der Standortveränderungen nur eine untergeordnete oder überhaupt keine Rolle. Die Ursachen für diese Veränderungen müssen vorrangig in standörtlichen Einflüssen gesucht werden,

---

176) Vgl. Clemens, R. und H. Tengler: Der Ballungsraum als Industriestandort. Ergebnisse einer empirischen Erhebung im östlichen Ruhrgebiet. In: Raumforschung und Raumordnung 41, 1983, S. 200.

177) Vgl. zu den Arten der Standortveränderung: Höweling, E.: Die betriebliche Standortverlagerung, a.a.O., S. 38-83. Mikus, W., Industriegeographie, a.a.O., S. 81-93. Sülzer, B. E.: Standortdynamik: eine theoretische und empirische Analyse von Standortstrukturveränderungen unter besonderer Berücksichtigung verkehrswissenschaftlicher Konsequenzen. Frankfurt, Bern, New York 1985, S. 16-38. Spitschka, H., a.a.O., S. 11,12.
Alle Unternehmen, die sich an der Befragung beteiligten, wurden bereits vor dem Beginn einer eigenständigen Umweltpolitik (1971) gegründet. Deshalb unterbleibt eine Analyse des Einflusses von Umweltschutzbestimmungen bei der Standortorientierung von Neugründungen.

Tab. 23:  Bedeutung des Umweltschutzes bei 122 Standortverände-
          rungen in den befragten Unternehmen seit 1970  (Mehr-
          fachnennungen)

| Standortveränderung | 1 | 2 | 3 | 4 |
|---|---|---|---|---|
| | % der Standortveränderungen | | | |
| Stillegung | 3,3 | 7,4 | 5,7 | 9,8 |
| Erweiterung | 4,1 | 7,4 | 8,2 | 9,8 |
| Verkleinerung | 1,6 | 2,5 | 4,1 | 2,5 |
| Verschiebung: | | | | |
|   Nahbereich (bis 50 km) | 0,8 | 0,8 | 0,8 | 4,1 |
|   Fernbereich (über 50 km) | 0,8 | 0,8 | 2,5 | 2,5 |
| Totalverlagerung: | | | | |
|   Nahbereich | | 1,6 | 3,3 | 0,8 |
|   Fernbereich | | 0,8 | 0,8 | 3,3 |
| Partialverlagerung: | | | | |
|   Nahbereich | | 0,8 | 1,6 | 0,8 |
|   Fernbereich | | 0,8 | 4,1 | |
| GESAMT | 10,7 | 22,9 | 31,1 | 35,2 |

1 = ausschlaggebende Bedeutung, 2 = mitausschlaggebende Bedeutung,
3 = untergeordnete Bedeutung, 4 = unwichtig

Quelle: Eigene Befragung

die sich aus der allgemeinen ökonomischen Entwicklung heraus
ergaben, so z.B. technische Innovationen, Änderungen bei der
Nachfrage, Auftreten von Konkurrenzunternehmen (z.B. auf dem
EG-Markt), Zusammenschlüsse von Unternehmen, Substitution von
Energieträgern, Rohstoffen und Halbfabrikaten, Verfahrensum-
stellungen, Rationalisierungen, Diversifikation (Erweiterung
der Produktpalette), Spezialisierung (Verkleinerungen der
Produktpalette), Verbundsystem zwischen Industriebetrieben.

Bei fast 23 Prozent der standörtlichen Umgestaltungen war der Umweltschutz neben anderen Faktoren als mitausschlaggebende Kraft beteiligt. Sein Einfluß dabei läßt sich allerdings nicht exakt bestimmen. Denkbar wäre etwa, daß Umweltschutzauflagen den Ausschlag für eine Veränderung des Betriebsortes gaben, wenn diese ohnehin wegen anderer standörtlicher Erfordernisse oder Unzulänglichkeiten in Erwägung gezogen worden war,[178] bei einem der befragten Unternehmen z.B. wegen Raumnot, die durch eine Gemengelage (= Nebeneinander verschiedener Raumnutzungen, z.B. Wohnen, Freizeit, Versorgung, industrielle Produktionsstätten etc.) bedingt war. Durch eine Totalverlagerung im Nahbereich, aus dem städtischen Kerngebiet in eine Randlage, löste sich für das Unternehmen zugleich das Problem des Flächenbedarfs und das der Geruchsbelastung,[179] die durch das Betreiben der Produktionsanlagen im innerstädtischen Kernbereich entstanden war.

Ein anderes Unternehmen gab wegen Strukturwandels in seiner Branche (Rentabilitätsprobleme) ein Zweigwerk auf.[180] Die Stillegung war durch den Umweltschutz beschleunigt worden, denn die ungünstige wirtschaftliche Lage des Zweigwerkes hatte es nicht erlaubt, umfangreiche Investitionen zu tätigen, um die

---

178) In ähnlicher Weise kann der Umweltschutz auch bei Neugründungen als Standortfaktor mitentscheidend wirksam werden. Stehen mehrere Standortalternativen zu Verfügung, so mögen räumlich begrenzte Umweltfachplanungen (vgl. Kap. 3.3.5) oder regionale Überschreitungen von Immissionsgrenzwerten (vgl. Kap. 6.1.3) dazu führen, daß sich die Betriebe an Standorten ansiedeln, an denen keine umweltschutzbedingten Sonderkonditionen herrschen.

179) Vgl. zu Umweltproblemen von Betrieben in Gemengelagen allgemein: Fiebig, K.-H. und A. Hinzen: Lösungsansätze für Umweltprobleme kleiner und mittelständischer Betriebe in Gemengelagen. Altanlagensanierung im Rahmen der Stadterneuerung. Berlin 1985.

180) Als Zweigwerk wird jede neben dem Stammwerk bestehende Produktionsstätte bezeichnet. Vgl. Schliebe, K. und D. Hillesheim: Standortverhalten neuerrichteter Industriebetriebe im Zeitraum von 1970-1979. In: Informationen zur Raumentwicklung, 1980, S. 613. Die potentielle Aufgabe von Zweigwerken in ökonomischen Krisenphasen eines Mehrwerkunternehmens thematisiert Mikus, W.: Zur Bedeutung der Zweigwerksindustrialisierung. In: Dokumente und Informationen zur Schweizerischen Orts-, Regional- und Landesplanung 66, 1982, S. 30-34.

138

Umweltschutzanforderungen zu erfüllen. Die Produktion des aufgegebenen Betriebsortes übertrug das Unternehmen im Rahmen einer Fernverschiebung (über 50 km) auf das Stammwerk, wo entsprechende Erweiterungsmaßnahmen notwendig wurden. Das Unternehmen führte also drei standörtliche Umbildungen durch, wobei dem Umweltschutz ursprünglich eine einflußreiche Bedeutung zukam.

Lediglich acht Unternehmen veränderten insgesamt dreizehnmal (10,7 % der Standortveränderungen) ausschließlich aus Umweltschutzmotiven ihren Standort.[181]
Am häufigsten waren darunter Erweiterungen und Stillegungen vertreten. Sechs Unternehmen führten Erweiterungen für Umweltschutzanlagen durch. Dabei errichteten sie u.a. Auffangbecken und umweltgerechte Lagerbereiche für umweltschädliche Stoffe sowie Kläranlagen bzw. vergrößerten und modernisierten bestehende Anlagen. Die wenigen Erweiterungsmaßnahmen deuten darauf hin, daß die Unternehmen für Umweltschutzmaßnahmen nur selten neue Gebäude erstellten (vgl. Kap. 4.4). Mit Ausnahme von Kläranlagen gelang es den meisten Befragten, ihre Umweltschutzvorkehrungen in den vorhandenen baulichen Bestand zu integrieren, so daß sich ihr Flächenbedarf nicht wesentlich erhöhte. Nur in einem Unternehmen, dessen Areal aufgrund natürlicher Grenzen keine flächenhafte Expansion erlaubte, entstand durch den Bau einer Kläranlage ein Flächenengpaß. Großunternehmen, die eigene Kläranlagen betreiben, verfügen oft über sehr große Betriebsgelände, so daß die Gewässerschutzmaßnahmen kaum mehr als 1-3 Prozent der Fläche beanspruchen.

---

181) Da zu Beginn der Untersuchung nicht bekannt war, wieviele Standortveränderungen infolge von Umweltschutzauflagen stattfinden, wurden im Erhebungsbogen die Fragen 2 sowie 6 bis 7d aufgenommen (vgl. Fragebogen, Anhang), um bei zahlreichen solchen Veränderungen eventuell Erklärungshinweise zu finden, z.B. Zusammenhänge mit der Betriebsgröße, dem Ausmaß der Umweltschutzinvestitionen, der Umweltschutzkostenbelastung etc. Wegen der geringen Anzahl ausschließlich umweltschutzbedingter Standortveränderungen, die sich auch noch auf verschiedene Umgestaltungsarten (Erweiterung, Stillegung etc.) verteilen, lassen sich keine allgemeingültigen Erklärungszusammenhänge ableiten, so daß die Daten der genannten Fragenkomplexe in der Arbeit unberücksichtigt bleiben.

Selbst Deponien und Abfallverbrennungsanlagen verursachen ihnen keine flächenbedingten Standortprobleme.

In vier Unternehmen kam es aus Umweltschutzgründen zu Stillegungen. Hierbei handelt es sich ausschließlich um die Aufgabe einzelner Abteilungen. Alle übten für den gesamten Produktionsprozeß des Betriebs keine grundlegende Funktion aus, und ihre umweltschutzadäquate Umrüstung wäre mit so hohen Umweltschutzkosten verbunden gewesen, daß die Rentabilität dieser Betriebsteile nicht mehr gewährleistet war.

Verlagerungen ausschließlich aus Umweltschutzgründen fanden nicht statt. Innerhalb der Bundesrepublik wäre eine Verlagerung auch wenig sinnvoll, da nahezu überall dieselben Umweltschutz- konditionen anzutreffen sind. Inwieweit Verlagerungen ins Ausland für Industriebetriebe eine Alternative darstellen, wird im folgenden Kapitel untersucht.

### 6.1.6 Verlagerung ins Ausland - eine Alternative, um Belastungen durch den Umweltschutz zu umgehen?

Durch eine Standortverlagerung ins Ausland lassen sich produktbezogene Umweltschutzanforderungen nicht umgehen, wenn die Güter weiterhin auf dem bundesdeutschen Markt abgesetzt werden sollen, denn gesetzlich vorgeschriebene Produktstandards (z.B. bleifreies Benzin), die dafür sorgen, daß die Verwendung der Güter keine Umweltschäden hervorruft, müssen auch eingehalten werden, wenn die Erzeugnisse außerhalb des Landes hergestellt werden.[182] Die Verlagerung ins Ausland bietet sich daher vornehmlich Betrieben mit produktionsbezogenen Umwelt- schutzauflagen an.

Welche Länder kommen für sie in Frage?

---

182) Vgl. Knödgen, G., a.a.O., S. 13,14.

140

Umfragen belegen, daß auch die Bevölkerung in anderen EG-Staaten immer mehr Sensibilität für Umweltprobleme entwickelt.[183] So trat z.B. bei den diesjährigen Präsidentschaftswahlen in Frankreich zum ersten Mal ein Kandidat der französischen ökologischen Partei (Les Verts) an. Es ist also zu erwarten, daß in absehbarer Zeit auch in diesen Ländern der Umweltschutz verschärft wird. Durch eine Verlagerung dorthin könnten höchstens kurzfristig Umweltschutzkosten eingespart werden.

Entwicklungsländer dagegen erweisen sich als ein vielversprechendes Verlagerungsziel, denn in der Dritten Welt befindet sich die Umweltpolitik, wenn überhaupt, erst im Anfangsstadium, und auch weiterhin ist nicht mit einer tiefgreifenden Umweltschutzgesetzgebung zu rechnen. Zwischen der Bundesrepublik und den Entwicklungsländern bleibt also langfristig ein umweltschutzbedingtes Produktionskostengefälle bestehen.
Dieses müßte allerdings sehr hoch ausfallen, um die Nachteile zu überwiegen, die mit einer Verlagerung in die Dritte Welt verbunden sind: Zu den Aufwendungen für die Verlagerung selbst und dem Risiko der politischen Instabilität kommen fehlende Infrastruktur und Industrieflächen, unzureichende Verkehrsverbindungen, mangelnde Qualifikation der Arbeitskräfte[184] - alles Kriterien, die von den befragten umweltschutzintensiv produzierenden Unternehmen als wichtige Standortfaktoren genannt werden. Für sie stellen daher Verlagerungen in Entwicklungsländer wohl kaum eine Alternative dar.

Bestätigt wird diese Überlegung durch Untersuchungen, die der Frage nachgehen, aus welchen Motiven Unternehmen ihre Produktion in die Dritte Welt verlegen: Eine derartige Standortorientierung erfolgt vorrangig zum Zweck der Absatzsicherung durch Marktnähe, Umgehung von Importrestriktionen in den

---

183) Vgl. Kaase, M., a.a.O., S. 310.

184) Zu den industriellen Standortbedingungen in Entwicklungsländern vgl.
Gernert, J.: Standortbedingungen der Industrie in einem
Entwicklungsland - Das Beipiel Peru. In: Mikus, W. (Hrsg.): Struktur-
und Entwicklungsprobleme Perus. Heidelberger Dritte Welt Studien 20,
1985, S. 5-109.

Entwicklungsländern, Rohstofforientierung, Inanspruchnahme von Investitionsförderungen in Entwicklungsländern oder Nutzung des Angebots an billigen Arbeitskräften. Bei der Entscheidung bundesdeutscher Unternehmen, Produktionsstätten in Entwicklungsländern aufzubauen, kam den Umweltschutzauflagen nur eine geringfügige oder gar keine Bedeutung zu.[185]

Faßt man die Erkenntnisse aus den letzten beiden Abschnitten (6.1.5 und 6.1.6) zusammen, so bleibt festzuhalten, daß Standortveränderungen ausschließlich aus Umweltschutzgründen in den Unternehmen emissions- und dementsprechend auch umweltschutzkostenintensiver Industriegruppen nur in seltenen Fällen auftreten. Noch geringer dürfte der Umweltschutz Standortentscheidungen in Industriezweigen beeinflussen, die von den umweltpolitischen Regelungen weniger intensiv als die hier untersuchten Branchen betroffen sind. Von einem "Betriebssterben" oder einer "Industrieflucht" in die Dritte Welt, wie von Seiten der Industrie mehrfach gegen eine weiterführende Politik der Umweltvorsorge angeführt wurde,[186] kann also keine Rede sein.

Daß sie jedoch für die Zukunft von vornherein nicht ganz ausgeschlossen werden können, zeigt die Entwicklungsprognose für die Mineralölindustrie.[187] Innerhalb der Europäischen Gemeinschaft tragen die Mineralölverarbeiter der Bundesrepublik, wie Tab. 24 besagt, bereits heute die höchsten

---

185) Vgl. Baumann, H., u.a.: Außenhandel, Direktinvestitionen und Industriestruktur der deutschen Wirtschaft. Eine Untersuchung ihrer Entwicklung unter Berücksichtigung der Wechselkursänderungen. In: Volkswirtschaftliche Schriften 1977, H. 266, S. 136-143. Baumann, H.: Direktinvestitionen der Industrie im Ausland - Ausmaß, Anlageformen, Motive und Auswirkungen. In: Ifo-Schnelldienst 30, 3/1977, S. 5 ff. Knödgen, G., a.a.O., S. 153-171. Walter, I.: Environmentally Induced Industrial Relocation to Developing Countries. New York 1977, S. 42 ff.

186) Vgl. Knödgen, G., a.a.O., S. 9.

187) Vgl. Mobil Rundschau 2/1987: EG-Studie belegt: Wettbewerbsfähigkeit deutscher Raffinerien gefährdet. Mineralölwirtschaftverband: Jahresbericht 84, S. 16-18; 86, S. 19,20.

Umweltschutzkosten je Tonne Raffinerieproduktion. Bis 1993 wird sich die Diskrepanz zu den übrigen EG-Staaten weiter erhöhen.

Tab. 24: Umweltschutzkosten[*] der Mineralölverarbeitung durch die Einhaltung von Umweltvorschriften in der EG und in nationalen Bereichen 1985 und prognostiziert für 1993 am Beispiel einiger EG-Länder (in EC je Tonne Raffinerieproduktion)

| EG-Land | Umweltschutzkosten | |
|---|---|---|
| | 1985 | 1993 |
| Belgien | 1,01 | 8,57 |
| Frankreich | 1,05 | 4,54 |
| BR Deutschland | 3,38 | 19,28 |
| Italien | 0,34 | 2,52 |
| Niederlande | 1,01 | 17,07 |
| Spanien | 0,31 | 3,58 |
| United Kingdom | 0,28 | 7,01 |

[*] Die Kosten schließen keine Betriebskosten zuzüglich jährlicher Kapitalkosten in Höhe von 25 % der Investitionskosten ein.

Quelle: Kommission der Europäischen Gemeinschaft: Studie über die von der Mineralölindustrie der Mitgliedstaaten zur Einhaltung der gesetzlichen Umweltvorschriften zu tragenden Kosten. Brüssel 1987. S. II-21, II-23.

Die für das Jahr 1993 prognostizierten Kosten für Deutschland fallen deshalb so hoch aus, weil man damit rechnet, daß die Bundesregierung den gültigen EG-Richtwert für den Schwefelgehalt in Mitteldestillaten per Gesetz noch unterbieten wird. Außerdem hat die Novellierung der TA Luft von 1986 die im Vergleich zu den EG-üblichen Auflagen bereits hohen Anforderungen zur Luftreinhaltung noch weiter heraufgesetzt.
So wurde der zulässige Schwefelemissionsgrad für Anlagen zur Herstellung von Schwefel - bei der Verarbeitung von Rohöl bildet sich Schwefelwasserstoff, der in sog. Clausanlagen in

Schwefel und Wasser umgesetzt wird - nicht nur für Neuanlagen, sondern auch für Altanlagen weiter reduziert.[188] Der Emissionsgrad darf zukünftig nicht mehr wie bisher je nach Kapazität der Anlage 2 bis 3 Prozent betragen, sondern muß bei Altanlagen mit einer Kapazität von 50 Tonnen Schwefel pro Tag bis 1996 auf 0,5 Prozent vermindert werden.
Um eine derartige Erhöhung des Wirkungsgrades von Clausanlagen zu erreichen, müssen in den Raffinerien umfangreiche Umweltschutzinvestitionen (vgl. Tab. 25) vorgenommen werden.

Tab. 25: Emissionsminderungsgrade und entsprechende Baupreise bei Clausanlagen

| Wirkungsgrad | $SO_2$-Emission kg/h | Baupreis |
|---|---|---|
| 95 % | 9,6 | 100 % |
| 96 % | 7,5 | 120 % |
| 98,5 % (TA Luft 83) | 2,8 | 200 % |
| 99,5 % (TA Luft 86) | 0,96 | 300 % |

Quelle: Mineralölwirtschaftsverband, a.a.O. S. 44.

Eine Clausanlage in herkömmlicher Bauweise (mit zwei Reaktoren) erreicht eine Umwandlung des Schwefelgehalts von 95 Prozent. Ein dritter Reaktor steigert den Wirkungsgrad auf 96 Prozent, die Baukosten nehmen um 20 Prozent zu. Durch eine Nachreaktion läßt sich ein Wirkungsgrad von 98,5 Prozent erzielen (TA Luft '83); die Baukosten für die Anlage verdoppeln sich. Eine Nachreinigung bessert den Leistungsgrad um 1 Prozent auf 99,5 Prozent (TA Luft '86), erhöht aber die Baukosten gegenüber einer herkömmlichen Clausanlage um das Dreifache.
Durch die steigende Kostenbelastung erwarten die Mineralölverarbeiter für sich schwerwiegende Wettbewerbsnachteile auf dem europäischen Markt und können Raffinerieverlagerungen in ihrem

---

188) Vgl. TA Luft '83, 3.17d.3.3.3, TA Luft '86, 3.3.4.1d.2.1.

betriebswirtschaftlichen Kalkül nicht mehr ausschließen. Als Standortalternativen zur Bundesrepublik bieten sich z.B. die Mittelmeerländer an, wo die Mineralölverarbeitung auch in den nächsten Jahren durch Umweltschutzkosten geringer belastet sein dürfte. Durch eine Abwanderung von mineralölverarbeitenden Betrieben würde sich aber die ökologische Situation in der Bundesrepublik kaum verbessern, denn zur Zeit bestehen in unseren Nachbarländern keine Grenzwerte für Schwefelemissionen, und Luftverschmutzungen kümmern sich bekanntlich nicht um Staatsgrenzen.

Umweltpolitischer Weitblick ist also gefordert. Solange die Schwefel-Emissionswerte nicht EG-weit harmonisiert sind,[189] darf die Wettbewerbsfähigkeit der bundesdeutschen Mineralölindustrie auf dem europäischen Markt nicht zu schwerwiegend durch Umweltschutzauflagen geschwächt werden. Ein 98,5 %iger Wirkungsgrad einer Clausanlage in der Bundesrepublik wäre dem Wald sicherlich weniger abträglich als eine unbegrenzt emittierende Raffinerie links des Rheins.

### 6.1.7 Umweltschutzbedingte Beschäftigungseffekte am Betriebsstandort

### 6.1.7.1 Arbeitsplatzbezogene Folgen der umweltschutzbedingten Standortveränderungen

Für die Beschäftigten der befragten Unternehmen, die Standorte ausschließlich aus Gründen des Umweltschutzes modifizierten, wirkten sich die Veränderungen verschieden aus:

- Bei zwei Erweiterungen und einer im Nahbereich durchgeführten Verschiebung ergaben sich für das Betriebspersonal keine Konsequenzen.

---

189) Zum Problem der Harmonisierung vgl. Knödgen, G. und R.-U. Sprenger: Umweltschutz und internationaler Wettbewerb. In: Ifo-Schnelldienst 34, 1-2/1981, S. 38-46.

- Im Falle von drei Erweiterungen, einer Abteilungsstillegung und einer Fernverschiebung kam es zu Umsetzungen von Belegschaftsmitgliedern zwischen Unternehmensteilen.

- Lediglich die drei restlichen Stillegungen und die beiden Verkleinerungen führten zu Arbeitsplatzverlusten. Bei einer der Stillegungen fanden zusätzlich innerbetriebliche Umsetzungen statt.

Bei keiner nur durch den Umweltschutz hervorgerufenen Standortveränderung nahm die Beschäftigtenzahl in den Unternehmen zu.

## 6.1.7.2 Auswirkungen der Umweltschutzauflagen auf die Beschäftigungssituation in den befragten Unternehmen

Nur in zwei der befragten Unternehmen ergaben sich durch das Einhalten von Umweltschutzauflagen negative Beschäftigungseffekte: In einem Fall kam es neben vorübergehender Kurzarbeit zu Entlassungen, im anderen wurden ausscheidende Arbeitnehmer (z.B. aus Altersgründen) nicht mehr ersetzt.

Daneben zog der Umweltschutz in den Unternehmen auch positive Beschäftigungswirkungen nach sich. Arbeitskräfte erforderten im wesentlichen folgende Aufgabenbereiche:[190]

1. Betrieb, Instandhaltung und Reparatur von Entsorgungsanlagen;
2. Messung und Überwachung des Schadstoffeintrags in die Umwelt;
3. Entwicklung und Erprobung innerbetrieblicher Umweltschutzmaßnahmen;
4. Verwaltungsarbeiten.

---

190) Vgl. Sprenger, R.-U., und G. Britschkat, a.a.O., S. 67,68.

146

Um diese Aufgaben zu bewältigen, unterhält ungefähr ein Fünftel
der befragten Unternehmen eigenständige Umweltabteilungen.
Während sie in den unteren Größenklassen eher Seltenheitswert
besitzen, kommen sie in Unternehmen mit über 500 Beschäftigten
gehäuft vor (85 % aller festgestellten Umweltabteilungen
- vgl. Tab. 26).

In der Größenkategorie "1000 Beschäftigte und mehr" verfügen
70 Prozent der insgesamt 20 befragten Unternehmen über
Umweltabteilungen.
Nicht alle Abteilungen wurden infolge der einsetzenden
Umweltpolitik gegründet. Etwa 28 Prozent bestanden bereits vor
1971, die übrigen wurden in den nachfolgenden Jahren bis
einschließlich 1987 ins Leben gerufen.
Sieht man einmal von den zwei Großunternehmen der Chemischen
Industrie ab, so liegt der Personalbestand in den Umweltabtei-
lungen nur in seltenen Fällen über zehn Beschäftigten (vgl.
Tab. 27). Dementsprechend gering fielen die Neueinstellungen
aus, die bei der Errichtung von Umweltabteilungen nötig wurden.
In 18 Unternehmen wurden insgesamt 96 neue Arbeitsplätze
geschaffen.

Nicht selten kommt es vor, daß neben den Angestellten der
Umweltabteilung auch noch Mitarbeiter aus anderen Abteilungen
partiell mit Umweltschutzangelegenheiten betraut werden. Auf
diese Weise praktizieren alle Unternehmen ohne Umweltabteilungen (ca. 80 % aller befragten Unternehmen) ihren ganzen
Umweltschutz. Wie Tab. 28 belegt, sind es in der Regel in
allen Unternehmen weniger als zehn, oft sogar weniger als fünf
Beschäftigte, die sich neben anderen Aufgaben noch dem
Umweltschutz widmen. Für den vermehrten Arbeitsaufwand, der
auf diese Weise bewältigt wird, richteten 24 Unternehmen
insgesamt 134 neue Arbeitsplätze ein. Ca. 70 Prozent der
Befragten konnten die Umweltschutzanforderungen erfüllen, ohne
neue Stellen zu schaffen. Hierunter fallen alle Brauereien und
zahlreiche Betriebe der Chemischen Industrie. Mehr als das
Zehnfache der bisher festgestellten positiven Beschäftigungseffekte erzielen allein zwei multinationale Großunternehmen der
Chemischen Industrie. Ihre Umweltabteilungen umfassen 600 bzw.

Tab. 26:  Umweltabteilungen in den befragten Unternehmen nach
Beschäftigtengrößenklassen

| Industriegruppe | Beschäftigtengrößenklasse[1] | | | |
|---|---|---|---|---|
| | 50-99 | 200-499 | 500-999 | 1000 u.mehr |
| | Anzahl der Unternehmen | | | |
| Chemische Industrie | 1 | 2 | 6 | 10 |
| Zellstoff- und Papier-erzeugung | | | 1 | 1 |
| Eisen- und Stahlerzeugung | | | | 2 |
| Zementherstellung | | | | 1 |
| Mineralölverarbeitung | 1[2] | | | |

[1] Es werden nur die Kategorien aufgeführt, in denen auch Umweltabteilungen ermittelt wurden.

[2] Unternehmen der Mineralölverarbeitung gehören selten einer
höheren Beschäftigtengrößenklasse an.

Quelle: Eigene Befragung

700 Arbeitsplätze, die  seit den  Abteilungsgründungen am  Ende
der 60er Jahre neu geschaffen  wurden. Ferner sind ungefähr  je
500 bis 1000 Beschäftigte aus anderen Abteilungen teilweise  in
den betrieblichen Umweltschutz involviert.[191] Auch sie  wurden
größtenteils neu eingestellt.

Insgesamt zeigt sich  also, daß der  Umweltschutz am  Betriebsstandort nur  im begrenzten Umfang  sowohl negative  als  auch
positive Beschäftigungseffekte auslöst.  Dieses Ergebnis  steht
in Einklang mit anderen Studien, die die  Beschäftigungswirkungen des Umweltschutzes bundesweit analysieren:

---

191) Angaben zweier Großunternehmen der Chemischen Industrie.

Tab. 27:  Beschäftigte in den Umweltabteilungen der befragten Unternehmen

| Industriegruppe | Unterneh. gesamt | Beschäftigte | | | | | A | B |
| | | 1 - 5 | 6 - 10 | 11 - 20 | 21 - 40 | >40 | | |
| | | Anzahl der Unternehmen | | | | | | |
|---|---|---|---|---|---|---|---|---|
| Chemische Industrie | 17[2] | 8 | 6 | 1 | 1 | | 14 | 78 |
| Brauereien | - | | | | | | | |
| Zellstoff- und Papier-erzeugung | 2 | 2 | | | | | 2 | 7 |
| Eisen- und Stahler-zeugung | 2 | | 1 | 1 | | | 1 | 7 |
| Zementherstellung | 1 | | | | 1 | | 1 | 4 |
| Mineralölverarbeitung | 1 | 1 | | | | | | |

1 ohne zwei chem. Großunternehmen

2 ein Unternehmen ohne Angaben über die Beschäftigten-zahl in der Umweltabteilung

A = Anzahl der Unternehmen mit Neueinstellungen

B = Neueinstellungen insgesamt

Quelle: Eigene Befragung

Tab. 28: Partiell mit Umweltschutzaufgaben betraute Beschäftigte in den befragten Unternehmen

| Industriegruppe | Unternehmen gesamt | Beschäftigte | | | | | A | B |
|---|---|---|---|---|---|---|---|---|
| | | 1 - 5 | 6 - 10 | 11 - 20 | 21 - 40 | >40 | | |
| | | Anzahl der Unternehmen | | | | | | |
| Chemische Industrie[1] | 54 | 45 | 6 | 1 | 1 | 1 | 10 | 58 |
| Brauereien | 28 | 23 | 1 | 1 | | | - | - |
| Zellstoff- und Papier-erzeugung | 16 | 8 | 5 | 2 | 1 | | 10 | 46 |
| Eisen- und Stahler-zeugung | 3 | | | | 1 | 2 | 2 | 25 |
| Zementherstellung | 6 | 3 | 1 | 1 | 1 | | 1 | 4 |
| Mineralölverarbeitung | 6 | 3 | 1 | 1 | 1 | | 1 | 1 |

[1] ohne zwei chem. Großunternehmen

A = Anzahl der Unternehmen mit Neueinstellungen
B = Neueinstellungen insgesamt

Quelle: Eigene Befragung

1. Knödgen verweist darauf, daß Arbeitsplatzeinbußen in der Bundesrepublik Deutschland durch umweltschutzinduzierte Auslandsverlagerungen von Industriebetrieben nicht quantifizierbar und von marginaler Bedeutung sind.[192]

2. Sprenger und Britschkat ermitteln in ihrer Untersuchung, die als "die methodisch ausgefeilteste"[193] gilt, nur etwa 2800 Arbeitsplätze, die von 1971 bis 1979 im Zusammenhang mit dem Umweltschutz jährlich aus produktionstechnischen und wirtschaftlichen Veränderungen verloren gingen.

   Sie betonen jedoch, daß darüber hinaus auch die Arbeitsplätze, die durch innerbetriebliche Umsetzungen frei und nicht wieder besetzt werden, zu den negativen Beschäftigungseffekten zu zählen sind. Des weiteren erwähnen sie in diesem Zusammenhang Investitionsstaus, d.h. Investitionen, die wegen des Umweltschutzes verhindert oder verzögert werden. Als Folge können Arbeitsplätze auf Dauer oder zumindest temporär unbesetzt bleiben.
   Allerdings läßt sich nicht präzise ermitteln, ob Investitionsbehinderungen nur infolge von Umweltschutzmaßnahmen auftreten oder ob dafür auch noch andere Gründe verantwortlich sind, wie z.B. partielle Kapazitätsauslastung der Betriebe, rückläufige Wachstumsraten, sonstige konjunkturelle Einflüsse und administrative Vollzugsschwierigkeiten (z.B. fehlerhaft gestellte Anträge der Betriebe, fehlerhafte Genehmigungsverfahren der Behörden). Wicke, L., E. Schulz und W. Schulz sprechen von "wenigen

---

192) Knödgen, G., a.a.O., S. 175,176.

193) Malinsky, A. H.: Umweltpolitik und Beschäftigung. Ansätze zu einer regionalen Differenzierung. In: Dokumente und Informationen zur Schweizerischen Orts-, Regional- und Landesplanung 21, 1985, S. 25. Vgl. Sprenger, R.-U. und G. Britschkat, a.a.O., S. 104, 105-119.

zehntausend Arbeitsplätzen in der Bundesrepublik
Deutschland..., die durch Verzögerung oder Behinde-
rung von Investitionen temporär nicht besetzt
sind".[194]

3. Sprenger und Britschkat beziffern die Zahl der
   Arbeitsplätze, die in der Bundesrepublik zu Beginn
   der 80er Jahre hauptamtlich oder partiell dem
   Umweltschutz gewidmet sind, auf rund 21.500. Nach
   Meinung der Autoren dürfte damit der personelle
   Nachholbedarf im industriellen Umweltschutz gedeckt
   sein, so daß in den kommenden Jahren nicht mit einem
   nennenswerten umweltschutzbedingten Beschäftigungs-
   anstieg zu rechnen sei. Zusätzliche Umweltschutzaufgaben würden vom vorhandenen Personalbestand für
   Umweltfragen erledigt.[195]

## 6.2    Umweltschutzbedingte industrielle Verflechtungen

Der Betrieb einer industriellen Anlage ist mit vielfältigen
Dienstleistungen anderer Unternehmen verbunden. So erwerben die
Industriebetriebe Produktionsaggregate und die dafür anfallen-
den Service- und Reparaturleistungen etc., d.h. operative
Dienstleistungen, und Rechtsberatung, Information etc., d.h.

---

194) Wicke, L., E. Schulz und W. Schulz: Entlastung des Arbeitsmarktes
durch Umweltschutz? In: Mitteilungen aus der Arbeitsmarkt- und
Berufsforschung 20, 1987, S. 92.
In einer älteren Untersuchung rechnen Meißner und Hödl mit 70.000 Arbeitsplätzen, die infolge eines umweltschutzinduzierten Investitionsstaus überhaupt nicht besetzt werden, vorübergehend frei bleiben oder
nicht voll ausgelastet sind. Vgl. Meißner, W. und E. Hödl: Auswirkungen der Umweltpolitik auf den Arbeitsmarkt. Bonn 1978, S. 91 ff. Diese
hohe Anzahl bezeichnet Hödl später als "eine wissenschaftlich kaum
vertretbare Abgrenzung". Hödl, E.: Umweltschutz und Beschäftigung
- Positive und negative Beschäftigungswirkungen durch Umweltschutzmaßnahmen. In: Umweltschutz der achtziger Jahre - Eine Standortbestimmung
ökologischer und ökonomischer Anforderungen. Hrsg. v. Institut für
Umweltschutz der Universität Dortmund. Berlin 1981, S. 154.

195) Vgl. Sprenger, R.-U. und G. Britschkat, a.a.O., S. 69.

dispositive Dienstleistungen, oft über externe Verflechtungen.[196)]

In den folgenden Kapiteln sollen nun die durch den Umweltschutz
hervorgerufenen betrieblichen Verflechtungen untersucht werden.

### 6.2.1 Gesetzlich geregelte Verflechtungen der Betriebe bei der Durchführung von Umweltschutzmaßnahmen (am Beispiel der Luftreinhaltung)

Die Novellierung der TA Luft von 1986 bezieht erstmals auch
Altanlagen[197)] in die Luftreinhaltung mit ein.[198)] Je nach
Emissionsgrad müssen Altanlagen bis 1989, 1991 oder 1994 auf
den Stand der Technik gebracht werden. Um die Umgestaltung für
die Betriebe, deren Sanierungsfristen bereits 1989 und 1991
ablaufen, ökonomisch und ökologisch effizient zu gestalten,

---

196) Vgl. Schickhoff, I.: Dienstleistungen für Industrieunternehmen:
Einflüsse von Unternehmens- und Standortgemeinschaften auf die
Reichweite ausgewählter industrieller Dienstleistungsverflechtungen.
In: Erdkunde 39, 1985, S. 77-82.

197) Altanlagen sind nach der TA Luft 86 (4.2.1)

    1.    Anlagen, für die am 1. März 1986
        a)   die Genehmigung zur Errichtung und zum Betrieb erteilt ist
            oder
        b)   in einem Vorbescheid oder einer Teilgenehmigung Anforderun-
            gen nach § 5 Abs. 1 Nr. 2 BImSchG festgelegt sind,
    2.    Anlagen, die nach § 67 Abs. 2 BImSchG anzuzeigen sind oder vor
        Inkrafttreten des BImSchG nach § 16 Abs. 4 der Gewerbeordnung
        anzuzeigen waren.

198) Vor dieser Regelung bildeten Altanlagen ein kaum kontrollierbares
Emissionspotential. Obwohl für sie nachträglich
Emissionsverminderungen verordnet werden konnten (§ 17 BImSchG),
gelang es den Betreibern häufig unter dem Verweis auf die technische
Unmöglichkeit oder wirtschaftliche Unvertretbarkeit der Anforderungen,
die entsprechenden Sanierungsentscheidungen der Behörden zu verzögern
oder vollständig zu blockieren. Damit bestand aber ein Anreiz,
Altanlagen möglichst lange zu betreiben, statt neue, teure
Technologien nicht nur zu Produktions-, sondern auch zu
Umweltschutzzwecken einzusetzen.
Vgl. Bonus, H., Ein ökologischer Rahmen für die Soziale Marktwirtschaft, a.a.O., S. 144. Bonus, H., Marktwirtschaftliche Indstrumente
im Umweltschutz, a.a.O., S. 170. Siebert, H., TA Luft '85. Eine
verfeinerte Politik des einzelnen Schornsteins, a.a.O., S. 453.
Wicke, L., Umweltökonomie, a.a.O., S. 107.

schuf der Gesetzgeber in Anlehnung an die amerikanische "bubble policy"[199] das Instrument der Kompensation von Umweltschutzmaßnahmen zwischen zwei oder mehreren Anlagen. Der Grundgedanke der Kompensationsregelung läßt sich sehr anschaulich als "Emissionsglocke" beschreiben (vgl. Abb. 10). Über mehrere Anlagen eines oder mehrerer Betreiber wird eine imaginäre Glocke gestülpt und die darunter zusammengefaßten Anlagen als eine einzige Emissionseinheit verstanden. Ein derartiger Zusammenschluß ist nur für dieselben oder in der Wirkung auf die Umwelt gleichen Schadstoffe möglich. Ausgenommen sind krebserzeugende Stoffe. Auch ist eine Kompensationsregelung nur dann statthaft, wenn dabei die Immissionswerte nicht überschritten werden.[200]

Nach Ablauf der Sanierungsfrist kann innerhalb einer Emissionsgemeinschaft aus Kostengründen bei einer oder mehreren Anlagen eine geringere Schadstoffreduzierung vorgenommen werden, als dies für die Einzelanlage vorgeschrieben ist, wenn dafür bei den anderen der Schadstoffausstoß stärker vermindert wird.

Mit der Kompensationsregelung sind allerdings einige Bedingungen verknüpft (vgl. TA Luft 4.2.10):

1. Die Betriebe müssen in enger räumlicher Beziehung zueinander stehen (mindestens eine Beurteilungsfläche der Betriebe muß sich überlappen).

2. Nur Altanlagen dürfen eine Emissionsgemeinschaft eingehen (eine Kompensation zwischen Alt- und Neuanlagen ist nicht zulässig).

3. Stillegungen können in die Kompensation nicht miteinbezogen werden.

---

199) Vgl. Wicke, L., Umweltökonomie, a.a.O., S. 114-117.

200) Vgl. Kap. 6.1.3.

4. Die Geltungsdauer der Regelung beschränkt sich auf maximal acht Jahre (von 1986 an gerechnet).

5. Die Emissionsreduzierung durch die Gemeinschaft muß die Summe der vorgeschriebenen Minderungen für die Einzelanlagen übersteigen.

6. Ein Sanierungsplan muß bis Februar 1987 erstellt werden.

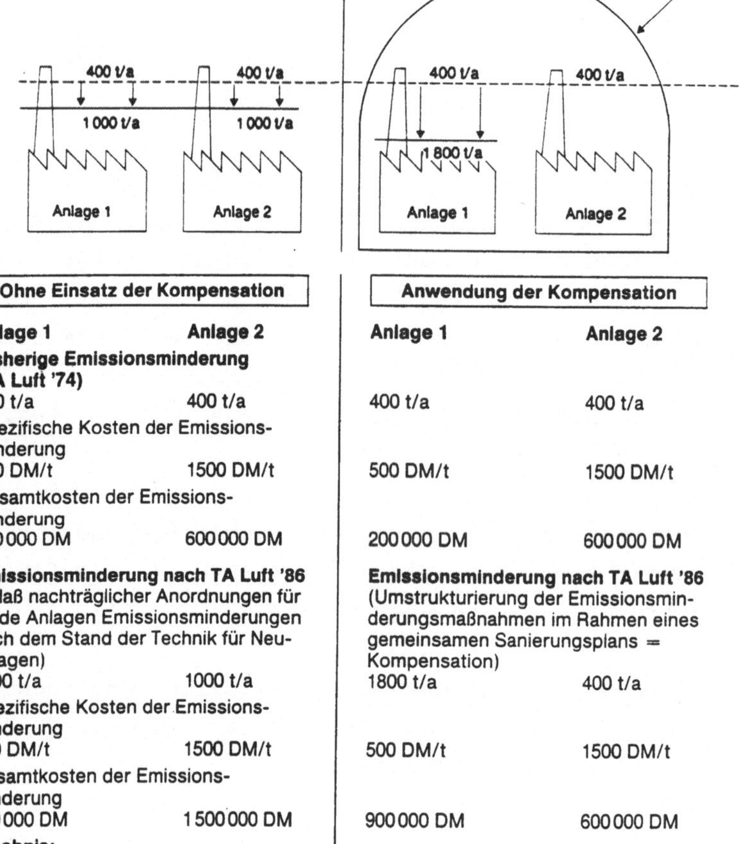


| Ohne Einsatz der Kompensation | | Anwendung der Kompensation | |
|---|---|---|---|
| **Anlage 1** | **Anlage 2** | **Anlage 1** | **Anlage 2** |
| **Bisherige Emissionsminderung (TA Luft '74)** | | | |
| 400 t/a | 400 t/a | 400 t/a | 400 t/a |
| Spezifische Kosten der Emissionsminderung | | | |
| 500 DM/t | 1500 DM/t | 500 DM/t | 1500 DM/t |
| Gesamtkosten der Emissionsminderung | | | |
| 200 000 DM | 600 000 DM | 200 000 DM | 600 000 DM |
| **Emissionsminderung nach TA Luft '86** (Erlaß nachträglicher Anordnungen für beide Anlagen Emissionsminderungen nach dem Stand der Technik für Neuanlagen) | | **Emissionsminderung nach TA Luft '86** (Umstrukturierung der Emissionsminderungsmaßnahmen im Rahmen eines gemeinsamen Sanierungsplans = Kompensation) | |
| 1000 t/a | 1000 t/a | 1800 t/a | 400 t/a |
| Spezifische Kosten der Emissionsminderung | | | |
| 500 DM/t | 1500 DM/t | 500 DM/t | 1500 DM/t |
| Gesamtkosten der Emissionsminderung | | | |
| 500 000 DM | 1 500 000 DM | 900 000 DM | 600 000 DM |
| **Ergebnis:** | | | |
| Emissionsminderung | 2000 t/a | 2200 t/a | |
| Gesamtkosten | 2 Mio DM | 1,5 Mio DM | |

Abb. 10    Ökonomische und ökologische Vorteile der Kompensationslösung


Quelle:   Schaffhausen, F.: Funktionsweise der Kompensationslösung in der Luftreinhaltung. In: Umwelt und Energie, a.a.O., Gruppe 5, 1987, S. 4.

Diese Voraussetzungen besitzen einen so restriktiven Charakter, daß in der Praxis keine Emissionsgemeinschaften zwischen Industriebetrieben aufgetreten sind.[201] Die Berichte über die Prüfung der Funktionstüchtigkeit des Instruments in Modellversuchen, wie z.B. im Kannenbäckerland in Rheinland-Pfalz, stehen noch aus.

Die geringe Attraktivität dieses Instruments erklärt sich durch die kurze Zeitspanne, die den Unternehmen für die Planerstellung zugebilligt wurde und andererseits durch den Ausschluß der Neuanlagen und die kurze Geltungsdauer.
Würde man Neuanlagen miteinbeziehen und die Geltungsdauer verlängern, so wäre die Rentabilität der eingesetzten Mittel besser gewährleistet oder würde sich sogar erhöhen. Damit ginge allerdings der Übergangscharakter dieser Regelung verloren, und die Kompensation würde zu einem dauerhaften Instrument der Luftreinhaltungspolitik. Die Beteiligung der Neuanlagen würden den ökologischen Effekt des Instruments nicht beeinträchtigen, brächte aber den Vorteil mit sich, daß der technische Fortschritt in der Entsorgung stimuliert würde.[202]
Möchte man diese Anreize noch verstärken, so könnte man in Erwägung ziehen, auf die Forderung nach einer weitergehenden Emissionsminderung in der Gemeinschaft (vgl. S. 154, Punkt 5) zu verzichten. Es ließen sich die gleichen ökologischen Wirkungen erzielen wie bei Einzelmaßnahmen, jedoch für die beteiligten Betriebe möglicherweise kostengünstiger.
Unverändert sollte dagegen der enge räumliche Bezug zwischen den Kompensationsteilnehmern bleiben. Er verhindert, daß Produktionsstätten mit lokal verschiedenen Emissions- und Immissionsbedingungen zu einer Einheit zusammengeschlossen werden, was sich zuungunsten der Regionen mit besserer Umwelt-

---

201) Angaben des Bundesverbandes Junger Unternehmer der Arbeitsgemeinschaft Selbständiger Unternehmer e.V., des Ministeriums für Umwelt Baden-Württemberg und des Ministeriums für Umwelt, Raumordnung und Bauwesen des Saarlandes.

202) Siebert, H., TA Luft '85: Eine verfeinerte Politik des einzelnen Schornsteins, a.a.O., S. 455.

156

qualität auswirkt.[203] So darf z.B. der Schadstoffausstoß nicht
ausschließlich in industriellen Zentren reduziert werden, während Betriebe in den ländlich peripheren Räumen unvermindert
weiteremittieren.

6.2.2     **Entsorgungsverflechtungen in den befragten**
          **Unternehmen**

Aus Tab. 29 geht hervor, daß beinahe alle befragten Unternehmen
mit Lärmbekämpfungs- und Luftreinhaltungsmaßnahmen betriebsinterne Lösungswege in diesen Umweltschutzbereichen verfolgen. Im
Gewässerschutz und besonders in der Abfallbeseitigung liegt
eine stärkere Außenorientierung vor. Eine Kombination von
betriebsexternen und -internen Maßnahmen kommt vor allem in der
Abfallbeseitigung zur Anwendung.
Die Gründe für die unterschiedliche Akzentuierung von internen
und externen Problemlösungen in den einzelnen Umweltschutzbereichen wurden in Kap. 4.3 dargelegt.

Untergliedert man die Ergebnisse für die nach außen orientierten Bereiche nach Unternehmensgrößen (vgl. Tab. 30), so zeigt
sich, daß in allen Größenklassen bis 500 Beschäftigte mindestens 60 Prozent der Unternehmen ihre Abfälle größtenteils über
betriebsfremde Einrichtungen entsorgen. In den höheren
Beschäftigungskategorien schwächt sich diese Fremdausrichtung
spürbar ab. Die kombinierte inner- und außerbetriebliche
Abfallbeseitigung nimmt dafür an Bedeutung zu.

Für den Gewässerschutz führen in den Größenklassen bis
1000 Beschäftigte etwa zwei Drittel der Unternehmen interne
Maßnahmen durch. Das verbleibende Drittel entsorgt überwiegend
extern. Die Kombination von eigenen und fremden Maßnahmen
spielt im Gewässerschutz eine geringere Rolle als in der
Abfallbeseitigung.

---

203) Angaben des Bundesministeriums für Umwelt, Naturschutz und
     Reaktorsicherheit.

In der Betriebsgrößenklasse von 1000 Beschäftigten und mehr regeln 90 Prozent der Unternehmen ihren Gewässerschutz innerbetrieblich.[204]

Tab. 29: Betriebsinterne und -externe Aktivitäten zur Einhaltung von Umweltschutzauflagen in den befragten Unternehmen nach Umweltschutzbereichen

| Aktivitäten | Abfallbe-seitigung | Gewässer-schutz | Lärmbe-kämpfung | Luftrein-haltung |
|---|---|---|---|---|
| Unternehmen | | | | |
| | 115 | 112 | 98 | 102 |
| davon in % | | | | |
| größtenteils betriebsintern | 29,6 | 73,2 | 96,9 | 94,2 |
| größtenteil betriebsextern | 54,8 | 21,4 | 1,0 | 2,9 |
| teils betriebs-intern - teils betriebsextern | 15,6 | 5,3 | 2,1 | 2,9 |

Quelle: Eigene Befragung

Auch die Ordnungsräume unterscheiden sich hinsichtlich der Problemlösungen im Gewässerschutz und der Abfallbeseitigung (vgl. Tab. 31). Bezogen auf die Gesamtzahl der befragten Unternehmen eines Raumes lassen in den Verdichtungsgebieten weniger Unternehmen ihre Produktionsabfälle extern beseitigen als im ländlichen Raum und den Randzonen von

---

204) Vgl. zur betriebsinternen Regelung des Gewässerschutzes in Großbetrieben Kap. 4.3, 4.5.2, 4.6.

**Tab. 30:** Betriebsinterne und -externe Aktivitäten zur Einhaltung von Umweltschutzauflagen in den befragten Unternehmen bei der Abfallbeseitigung und dem Gewässerschutz nach Beschäftigten-größenklassen

| Beschäftigte | Unternehmen gesamt (100 %) | größtenteils betriebsintern | größtenteils betriebsextern | teils betriebsintern/ teils betriebsextern |
|---|---|---|---|---|
| | | % der Unternehmen | | |
| | | **Abfallbeseitigung** | | |
| bis 49 | 22 | 22,3 | 59,1 | 13,6 |
| 50 - 99 | 18 | 38,9 | 61,1 | - |
| 100 - 199 | 16 | 12,5 | 81,2 | 6,3 |
| 200 - 499 | 22 | 22,3 | 59,1 | 13,6 |
| 500 - 999 | 17 | 35,3 | 29,4 | 35,3 |
| 1000 u. mehr | 20 | 35,0 | 40,0 | 25,0 |
| | | **Gewässerschutz** | | |
| bis 49 | 19 | 78,9 | 15,8 | 5,3 |
| 50 - 99 | 19 | 68,4 | 31,6 | - |
| 100 - 199 | 15 | 60,0 | 33,3 | 6,7 |
| 200 - 499 | 22 | 61,2 | 22,7 | 9,1 |
| 500 - 999 | 17 | 70,6 | 17,6 | 11,8 |
| 1000 u. mehr | 20 | 90,0 | 10,0 | - |

Quelle: Eigene Befragung

Tab. 31: Betriebsinterne und -externe Aktivitäten zur Einhaltung von Umweltschutzauflagen in den befragten Unternehmen bei der Abfallbeseitigung und dem Gewässerschutz nach Ordnungsräumen

| Ordnungsräume | Unternehmen gesamt (100 %) | größtenteils betriebsintern | größtenteils betriebsextern | teils betriebsintern/ teils betriebsextern |
|---|---|---|---|---|
| | | % der Unternehmen | | |
| **Abfallbeseitigung** | | | | |
| ländlicher Raum | 33 | 24,2 | 66,7 | 9,1 |
| Randzone z.d.V. | 17 | 23,5 | 64,7 | 11,8 |
| Verdichtungsräume | 65 | 33,8 | 46,2 | 20,0 |
| **Gewässerschutz** | | | | |
| ländlicher Raum | 34 | 55,8 | 35,3 | 5,9 |
| Randzone z.d.V. | 16 | 81,2 | 18,8 | - |
| Verdichtungsräume | 62 | 79,0 | 14,5 | 6,5 |

Quelle: Eigene Befragung

Verdichtungsräumen. Dies kann auf der regionalen Verteilung der Großunternehmen beruhen, die in der Abfallbeseitigung weniger fremdorientiert sind als kleine und mittlere Betriebe. Erstere sind, wie bereits mehrfach erwähnt, verstärkt in den Ballungszentren anzutreffen.

In den Verdichtungsgebieten und ihren Randzonen führen ungefähr 80 Prozent der Unternehmen den Gewässerschutz in eigener Regie durch, im ländlichen Raum nur etwas mehr als die Hälfte. Dies mag ein Hinweis darauf sein, daß in ländlichen Regionen weniger schadstoffhaltige Abwässer als in den industriellen Zonen anfallen, für die die Kapazität der öffentlichen Kläranlagen ausreicht.

Durch betriebsexterne Entsorgung kommt es zu verschiedenartigen Verflechtungen:

1. Betriebliche Abfälle und Abwässer werden über Entsorgungseinrichtungen der öffentlichen Hand gebührenpflichtig beseitigt. Dies stellt die am häufigsten betriebsfremde Entsorgung dar.

2. Die Beseitigung erfolgt durch Kooperation, d.h. die Umweltschutzeinrichtungen werden von mehreren Verschmutzern gemeinschaftlich errichtet, betrieben und benutzt.[205] Kooperationslösungen wurden bei der Befragung vor allem im Gewässerschutz festgestellt. Etwa ein Sechstel der befragten Unternehmen reinigt so seine Abwässer. Kooperationen können zustande kommen zwischen Industrieunternehmen untereinander oder zwischen Industrieunternehmen und der öffentlichen Hand. In vier Fällen nutzen jeweils zwei Unternehmen der gleichen Industriegruppe gemeinsam eine Kläranlage. Die Kooperationspartner sind organisatorisch miteinander verflochten und liegen in unmittelbarer Nähe zueinander.

---

205) Vgl. Sprenger, R.-U., Umweltschutz und unternehmerisches Wettbewerbsverhalten. In: Umwelt und Energie, a.a.O., Gruppe 12, 1986, S. 32,33.

Die übrigen Fälle beziehen sich alle auf Verflechtungen zwischen Unternehmen und Kommunen. In der Gemeinde ist z.B. ein überaus großer Abwasserproduzent angesiedelt, der auch die kommunalen Abwässer in seiner eigenen Anlage klärt. Bekanntestes Beispiel hierfür ist die Großkläranlage der BASF AG, die auch die Abwässer der Städte Ludwigshafen und Frankenthal sowie die der Gemeinde Bobenheim-Roxheim aufnimmt.[206]
Umgekehrt beteiligen sich auch Industrieunternehmen an Investitionen für eine kommunale Kläranlage und erwerben sich so die benötigten Nutzungsrechte. Diesen Nutzungsanteilen entsprechend tragen sie auch Teile der Betriebskosten.[207]

3. Bei der Abfallbeseitigung können bestimmte Abfallstoffe der Weiterverwendung bzw. -verarbeitung zugeführt werden. Industrieunternehmen vereinbaren nicht selten mit Zulieferern, daß diese Abfälle, die bei der Verarbeitung der bezogenen Materialien entstehen, zurücknehmen (vgl. Abb. 11).

Der Vorlieferbetrieb bezieht diese Stoffe entweder in seinen Produktionsprozeß wieder mit ein, leitet sie zum Entsorgungsunternehmen weiter oder führt sie Betrieben zu, die sie weiterverarbeiten bzw. wiederaufbereiten.

Entsorgungsverflechtungen entstehen in der Industrie auch, wenn bestimmte Abfälle in den Produktionsprozessen einiger Branchen eingesetzt werden können.[208]

---

206) Vgl. Suter, H., a.a.O., Engelhardt, H. u.a., a.a.O., S. 941 ff.

207) Angaben befragter Unternehmen.

208) Ein Unternehmen der Eisen- und Stahlerzeugung führt den Saarbrücker Stadtwerken Abwärme zur Herstellung von Fernwärme zu.

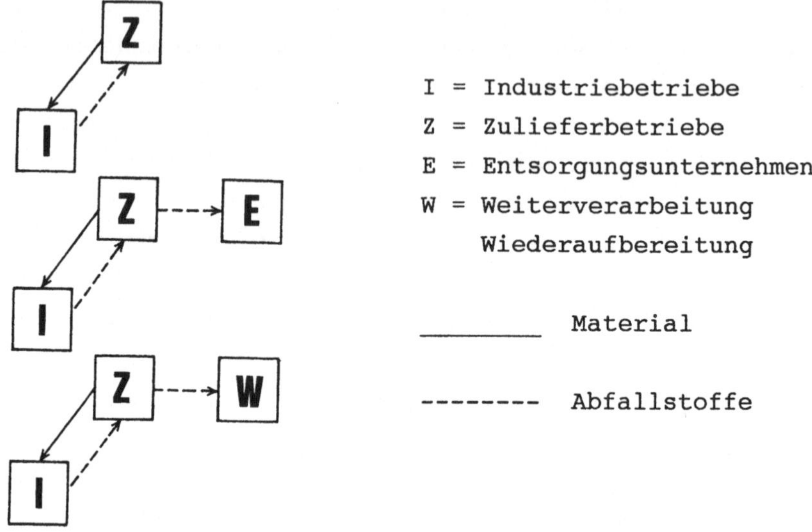



Abb. 11:  Typen industriebetrieblicher Abfallentsorgung über
vorgelagerte Betriebe

Quelle:  Abgeändert nach Mikus, W. und J. Gernert: Influences in environmental Protection on Industrial Labour  Markets - Examples of the
FR of Germany. Heidelberg 1987 (Unveröffentlichtes Manuskript).

Beispielsweise übt die Zementindustrie für mehrere Abfallstoffe
aus verschiedenen  Wirtschaftsbereichen eine  wichtige  Entsor-
gungsfunktion aus (vgl. Abb. 12):
Der Befeuerung der Brennöfen können Altreifen,  Gummischnitzel,
Shredder, Textil- und  Holzrückstände sowie Bleicherde[209]  aus
der Mineralölverarbeitung als Energiestoffe beigegeben  werden.
Daneben entsorgen die bundesdeutschen Zementhersteller zur Zeit
rund  drei  Mio.  Tonnen  granulierte  oder  langsam  erkaltete
Hochofenschlacke (Hüttensand) aus der Eisen- und Stahlerzeugung

---

209) Bleicherde ist Filtermaterial, durch das bei der Mineralölverarbeitung
das Öl  nach der  Schwefelsäurewäsche geleitet  wird.  Die verbrauchte
Bleicherde  kann  noch  Ölanteile  und  damit  Heizenergie  enthalten.
Vgl. Mineralölwirtschaftsverband e.V., a.a.O., S. 36.

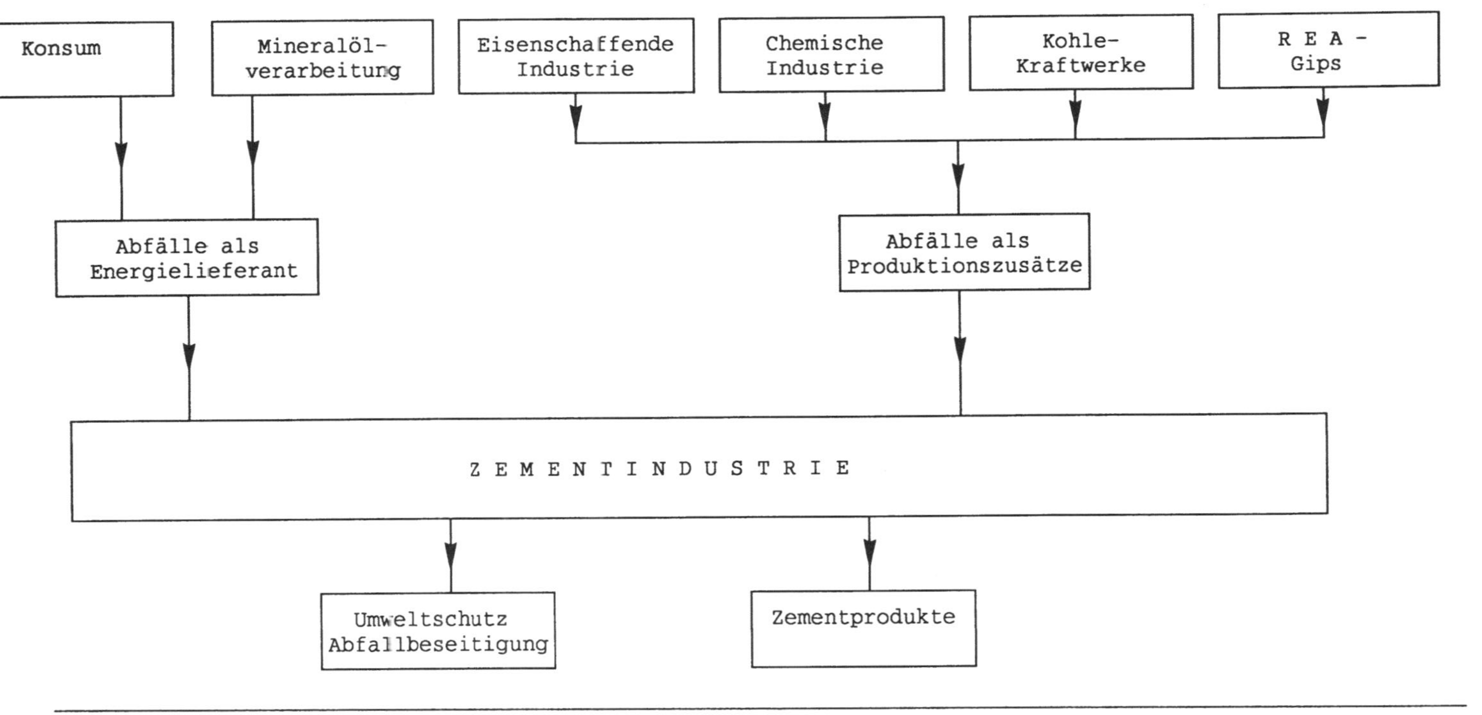



Entwurf:     J. Gernert, Zeichnung: B. Gernert

Abb. 12:     Entsorgungsverflechtungen verschiedener Wirtschaftsbereiche mit der Zementindustrie

Quelle:     Angaben befragter Zementhersteller. Vgl. Anm. 209-211.

und verarbeiten diese bei der Produktion von Hochofen- und Eisenportlandzement. Da sich aus Umweltschutzgründen der Anfall von Hochofensand in den folgenden Jahren noch erhöhen wird und sich andere Absatzmärkte für die Schlacke als nicht mehr aufnahmefähig erweisen, will die Zementindustrie ihre Anstrengungen intensivieren, um auch künftig die Abfallbeseitigung der Eisen- und Stahlerzeugung zu unterstützen.

Abfallgipse, die in der Chemischen Industrie u.a. bei der Produktion von Phosphorsäure und Volldünger oder bei der Neutralisation schwefelhaltiger Lösungen anfallen sowie bei der nach der Großfeuerungsanlagenverordnung nötigen Rauchgasentschwefelung von Kohle- und Ölkraftwerken[210] entstehen, werden dem Zement zur Regelung der Erstarrungseigenschaften beigemengt.

Flugasche, ein Kuppelprodukt der Energieerzeugung in Kraftwerken, läßt sich, wenn sie bestimmte chemisch-physikalische Eigenschaften erfüllt, zusammen mit Klinker zu Flugaschezement vermahlen. Dieser Zement gelangt im Straßenbau (zementgebundene Flugaschetragschichten) zum Einsatz.

Um die praktizierten Entsorgungsleistungen noch zu ergänzen, überprüft derzeit die Zementindustrie, welche Möglichkeiten bestehen, Müllverbrennungsaschen und Klärschlämme zu verfestigen und anschließend, z.B. im Straßenbau, zu verwenden.

Leider schränken steigende Zementimporte aus Ländern des Ostblocks und die dadurch erzwungene Verminderung der westdeutschen Produktion auch die Entsorgung von Abfällen aus anderen Wirtschaftsbereichen ein. Mit jeder zu Dumping-Preisen eingeführten Tonne Zement können bis zu 400 kg Abfallstoffe nicht mehr verarbeitet werden.[211] Entsprechend kann es bei den

---

210) Durch die Rauchgasentschwefelung steigt der Gipsanfall der Kraftwerke nach einschlägigen Schätzungen von 0,4 Mio. Tonnen im Jahre 1985 bis 1989 auf 3,9 Mio. Tonnen an. Vgl. Bundesverband der Deutschen Zementindustrie: Zement Jahresbericht 86-87, S. 19,20.

211) Vgl. Bundesverband der Deutschen Zementindustrie: Zement. Jahresbericht 81-82, S. 24; Zement. Jahresbericht 84-85, S. 20; Zement. Jahresbericht 85-86, S. 15,16; Zement. Jahresbericht 86-87, S. 19,20. Kroboth, K. und H. Xeller, a.a.O., S. 12,13.

Abfallieferanten zu Beseitigungs-, d.h. vor allem Deponiepro-
blemen kommen.

### 6.2.3 Distanzielle Reichweite der Nachfrage nach umwelt-
schutzrelevanten Diensten

Für ihre inner- und außerbetrieblichen Umweltschutzaktivitäten
nehmen fast alle befragten Unternehmen in irgendeiner Form
Dienstleistungen in Anspruch.
Aus Tab. 32 geht hervor, daß bei mehr als der Hälfte der Unternehmen die umweltschutzbedingten Verflechtungen den Umkreis von
50 km überschreiten. Nur ein Drittel kann seinen Bedarf an
Umweltschutzdienstleistungen in der unmittelbaren Umgebung vom
Standort (bis 10 km) und im engeren Nahbereich (bis 30 km)
decken. Die starke Fernorientierung der Unternehmen berechtigt
zu der Annahme, daß im Nahbereich der Standorte das Angebot des
Umweltschutzgütersektors[212] nicht ausreicht, und es stellt
sich damit die Frage nach der räumlichen Verteilung der
Anbieter auf dem Umweltschutzmarkt.

---

212) Der Umweltschutzmarkt umfaßt folgendes Güter- und Leistungsangebot:
1. Erzeugnisse und Dienstleistungen zur Verhinderung bzw. Verminderung von schädlichen oder lästigen Emissionen;
2. Erzeugnisse und Dienstleistungen zum Schutz vor schädlichen
   und/oder lästigen Immissionen;
3. Erzeugnisse und Dienstleistungen zur Erhöhung der
   Assimilationskapazität der natürlichen Systeme für anthropogene
   Umwelteinwirkungen;
4. Erzeugnisse und Dienstleistungen zur Messung und Analyse von
   Emissionen und Immissionen;
5. Erzeugnisse und Dienstleistungen zum Transport und zur Beseitigung von Abfallstoffen;
6. Erzeugnisse und Dienstleistungen zur Einsparung knapper Ressourcen durch Wieder- und Weiterverwendung (Recycling) von
   Abfallstoffen bzw. durch substitutiven Einsatz abundanter
   regenerierbarer Ressourcen;
7. Erzeugnisse und Dienstleistungen als Beratungsleistung zur Lösung
   der obengenannten Umweltprobleme von Unternehmen und Kommunen;
8. Erzeugnisse und Dienstleistungen, die unmittelbar mit dem
   Umweltschutz verbunden sind, wie Zubehör oder Ergänzungsprodukte.
Vgl. Ullmann, A. A. und K. Zimmermann: Umweltpolitik und Umweltschutzindustrie in der Bundesrepublik Deutschland. Eine Analyse ihrer
ökonomischen Wirkungen. In: Berichte des Umweltbundesamtes 6/1981,
S. 134.

**Tab. 32:** Räumliche Dimension der umweltschutzinduzierten Dienstleistungsverflechtungen in den befragten Unternehmen

| Ordnungsräume | Unterneh. gesamt ( 100 %) | bis 10 km | 11 - 30 km | 31 - 50 km | > 50 km |
|---|---|---|---|---|---|
| | | | % der Unternehmen | | |
| | | dispositive Dienste | | | |
| ländlicher Raum | 32 | 3,1 | 6,3 | 15,6 | 75,0 |
| Randzonen der Verdichtungsräume | 18 | 11,1 | 33,3 | 22,2 | 33,3 |
| Verdichtungsräume | 56 | 28,6 | 14,3 | 3,6 | 53,6 |
| Gesamt | 106 | 17,9 | 15,1 | 10,4 | 56,6 |
| | | operative Dienste | | | |
| ländlicher Raum | 34 | 8,8 | 8,8 | 20,6 | 61,8 |
| Randzonen der Verdichtungsräume | 16 | - | 31,3 | 31,3 | 37,5 |
| Verdichtungsräume | 62 | 25,8 | 14,5 | 4,8 | 54,8 |
| Gesamt | 112 | 17,0 | 15,2 | 13,4 | 54,5 |

Quelle: Eigene Befragung

Der Umweltschutzgütersektor, der in der Bundesrepublik Deutschland zwischen 900[213] und 1100[214] Betriebe umfaßt, ist schwerpunktmäßig in wenigen Bundesländern angesiedelt:[215]

| | | |
|---|---|---|
| Nordrhein-Westfalen: | 30,3 % | der Betriebe |
| Baden-Württemberg: | 17,5 % | " |
| Hessen: | 16,7 % | " |
| Bayern: | 11,0 % | " |
| Niedersachsen: | 8,9 % | " |
| Hamburg: | 4,9 % | " |
| Rheinland-Pfalz: | 4,3 % | " |
| Berlin: | 3,3 % | " |
| Schleswig-Holstein: | 1,6 % | " |
| Bremen: | 0,9 % | " |
| Saarland: | 0,6 % | " |

Zwei Drittel der Betriebe befinden sich in Verdichtungsräumen.[216] Um diese räumliche Verteilung verstehen zu können, ist es notwendig, die Struktur der Betriebe näher zu betrachten. Ein Blick auf die sektorale Zugehörigkeit der Anbieter auf dem Umweltschutzmarkt läßt erkennen, daß ein Umweltschutzgütersektor im Sinne einer eindeutig abgrenzbaren Branche nicht existiert. Über die Hälfte der Betriebe gehört den Investitionsgüter erzeugenden Industriegruppen Maschinenbau (39,4 %) und Elektrotechnik (15,4 %) an. Es folgen die Chemische Industrie (6,9 %), der Stahlbau (4,5 %) und die Eisen- und

---


213) Vgl. Sprenger, R.-U. u.a.: Struktur und Entwicklung der Umweltschutzindustrie in der Bundesrepublik Deutschland. In: Berichte des Umweltbundesamtes 9/1983, S. 107.

214) Vgl. Ullmann, A. A. und K. Zimmermann, a.a.O., S. 136.

215) Vgl. Ullmann, A. A. und K. Zimmermann, a.a.O., S. 215.

216) Vgl. Benkert, W.: Standortfaktoren und Standortwahl der Umweltschutzindustrie. Theoretische Überlegungen und empirische Evidenz. In: Raumforschung und Raumordnung 45, 1987, S. 239,240. Kahnert, R., K. R. Kunzmann und B. Lossin: Entwicklungsbedingungen und regionale Verteilung der Umweltwirtschaft in Rheinland-Pfalz. Ergebnisse einer empirischen Untersuchung. In: Zeitschrift für Umweltpolitik und Umweltrecht 9, 1986, S. 257. Ullmann, A. A. und K. Zimmermann, a.a.O., S. 217.

Blechwarenherstellung (4,5 %)[217]. Vom Bedarf an Umweltschutzleistungen profitieren also auch Industriegruppen, die zum Teil
selbst beachtliche Umweltschutzinvestitionen erbringen (vgl.
Kap. 4.2).

Sprenger und andere belegen, daß nur 21,7 Prozent der Betriebe
ausschließlich für den Umweltschutzmarkt produzieren.[218] Der
Großteil der Betriebe nutzt die Nachfrage nach Umweltschutzleistungen dazu, das Angebot zu erweitern und/oder zu
diversifizieren.

In 47 Prozent der Betriebe beträgt der Anteil des Umwelt-
schutzbereiches am Gesamtumsatz weniger als 25 Prozent, in
13,7 Prozent der Betriebe zwischen 25 und 49 Prozent, in
10,9 Prozent der Betriebe zwischen 50 und 74 Prozent und in
6,7 Prozent zwischen 75 und 99 Prozent des Gesamtumsatzes.

Die gemischte Produktionsstruktur berechtigt zu der Annahme,
daß die Standortbedingungen dieser Betriebe nicht ausschließlich durch den Umweltschutzzweig bestimmt werden, sondern auch
von den anderen Produktionssegmenten, je nach ihrer Bedeutung.[219]

Ullmann und Zimmermann dagegen sehen in den speziellen
Anforderungen für die Herstellung von Umweltschutzgütern (Nähe
zu Umweltproblemen, Nähe zu Abnehmern) die entscheidende
Ursache für die Konzentration dieser Betriebe in den Agglome-
rationszentren.[220]

Für eine geringe Einflußnahme der Erzeugung von Umweltschutzgütern auf den Standort spricht jedoch auch die Tatsache, daß
die Betriebe größtenteils erst lange nach der Betriebsgründung
ein umweltschutzbezogenes Leistungsangebot aufbauten. 80 Prozent der Betriebe bestanden bereits vor 1970, also vor dem
Beginn der Umweltpolitik.

---

217) Vgl. Sprenger, R.-U., u.a., a.a.O., S. 109.

218) Vgl. Sprenger, R.-u., a.a.O., S. 111.

219) Vgl. Benkert, W., a.a.O., S. 240.

220) Vgl. Ullmann, A. A. und K. Zimmermann, a.a.O., S. 217-219.
     Zimmermann, K.: Umweltschutzindustrie in sektoraler und regionaler
     Verflechtung. In: Raumforschung und Raumordnung 39, 1981, S. 97.

Für die Angebotserweiterung und -diversifizierung nennen die Betriebe folgende Gründe:[221]

1. Verwendbarkeit der Produkte auch für Umweltschutz-maßnahmen;
2. konkrete Produktanforderungen von Kunden;
3. Vermarktungschancen eigener Problemlösungen im Umweltschutz;
4. Erschließung eines neuen Marktes.

Das Engagement auf dem Umweltschutzmarkt wird nach Kahnert, Kunzmann und Lossin besonders begünstigt, wenn das Umwelt-schutzangebot in den Betrieben ohne große Entwicklungsanstren-gungen aus dem bestehenden Produktionsablauf und Leistungssor-timent hervorgehen, also am angestammten Produktionsort erstellt werden kann. Standortverlagerungen aus Gründen der Umweltschutzgüterproduktion wurden bisher weder durchgeführt noch sind welche geplant.[222]

Die Ausrichtung der Anbieter auf dem Umweltschutzmarkt auf die Ballungsräume bedingt nahezu zwangsläufig, daß der Großteil der im ländlichen Raum ansässigen Unternehmen seinen Bedarf an Umweltschutzdienstleistungen im Fernbereich abdeckt (vgl. Tab. 32). Aufgrund der begrenzten Anzahl von Betrieben auf dem Umweltschutzmarkt können wohl auch über die Hälfte der Unternehmen in den Verdichtungsräumen ihre Nachfrage nicht vor Ort befriedigen und müssen sich ebenfalls im Fernbereich orientieren.
Demgegenüber tendieren Unternehmen in Randzonen zu Verdich-tungsräumen bei der Inanspruchnahme von umweltschutzrelevanten Diensten vergleichsweise weniger in den Fernbereich. Dies mag zunächst durch die geringe Anzahl von befragten Unternehmen in den Randzonen verursacht werden, denkbar wäre aber auch, daß einige Standorte in Randzonen von mehreren Agglomerationen

---

221) Vgl. Kahnert, R., K. R. Kunzmann und B. Lossin, a.a.O., S. 265.

222) Vgl. Kahnert, R., K. R. Kunzmann und B. Lossin, a.a.O., S. 265.

liegen (z.B. Ludwigshafen, Mannheim, Karlsruhe oder Stuttgart, Heilbronn), wodurch sie möglicherweise ein größeres Angebot im Nahbereich vorfinden.

### 6.2.4 Umweltschutzrelevante Informationsbeziehungen im Urteil der befragten Unternehmen

Die im letzten Kapitel festgestellte ungleichmäßige Verteilung der Anbieter auf dem Umweltschutzmarkt im Raum wirkt sich auch auf die Informationslage der Unternehmen in bezug auf Umwelt- schutzleistungen, -rechtsfragen und Entsorgungsmöglichkeiten aus.

Tab. 33 weist für einen nicht kleinen Teil der Unternehmen ein Informationsdefizit aus. Knapp zwei Drittel der befragten Unternehmen finden einen leichten Zugang zu den benötigten Informationen über Umweltschutzanlagen und -gesetze. Schwie- riger ist es dagegen für sie, sich im Bereich Entsorgung sachkundig zu machen. Hierzu gibt immerhin die Hälfte der Unternehmen an, daß die Informationsbeschaffung schwierig oder gar problematisch ist.

Differenziert nach Größenklassen (vgl. Tab. 33) zeigt sich, daß kleinere Unternehmen unter 200 Beschäftigte die Informations- lage für Umweltschutzanlagen und -gesetze wesentlich ungün- stiger beurteilen als die größeren Unternehmen. Was Gesetzge- bung und technischen Anlagen betrifft, so kann sich gerade die Hälfte der kleineren Unternehmen leicht informieren. Für 15 bis 20 Prozent der Unternehmen in den unteren Größenklassen erweist es sich sogar als problematisch, Kenntnisse über Umweltschutz- techniken und -gesetze zu gewinnen.

Anders sieht es bei den größeren Unternehmen aus. Sie können sich offensichtlich meistens leicht Informationen über Anlagen und Gesetze beschaffen. So gaben alle befragten Unternehmen mit 1000 und mehr Beschäftigten an, mühelos Kenntnisse über Umweltschutzgesetze einholen zu können.

Tab. 33: Bewertung der Informationsmöglichkeiten im Umweltschutz durch die befragten Unternehmen nach Beschäftigtengrößenklassen

| Beschäftigte | | Informationsbeschaffung | | |
| --- | --- | --- | --- | --- |
| | Unternehmen | leicht | schwierig | problematisch |
| | | technische Anlagen | | |
| bis 49 | 23 | 52,2 | 30,4 | 17,4 |
| 50 - 99 | 19 | 57,9 | 26,3 | 15,8 |
| 100 - 199 | 15 | 46,7 | 40,0 | 13,3 |
| 200 - 499 | 23 | 87,0 | 8,7 | 4,3 |
| 500 - 999 | 17 | 76,5 | 23,5 | - |
| 1000 u. mehr | 20 | 75,0 | 25,0 | - |
| Gesamt | 117 | 65,8 | 24,8 | 14,5 |
| | | Umweltschutzgesetze | | |
| bis 49 | 23 | 52,2 | 30,4 | 17,4 |
| 50 - 99 | 19 | 47,4 | 36,8 | 15,8 |
| 100 - 199 | 15 | 40,0 | 40,0 | 20,0 |
| 200 - 499 | 23 | 69,6 | 21,7 | 8,7 |
| 500 - 999 | 17 | 70,6 | 29,4 | 5,9 |
| 1000 u. mehr | 20 | 100,0 | - | - |
| Gesamt | 117 | 60,7 | 24,8 | 14,5 |
| | | Entsorgung | | |
| bis 49 | 23 | 60,9 | 30,4 | 8,7 |
| 50   99 | 19 | 63,2 | 26,3 | 10,5 |
| 100 - 199 | 15 | 46,7 | 33,3 | 20,0 |
| 200 - 499 | 23 | 60,9 | 21,7 | 17,4 |
| 500 - 999 | 17 | 17,6 | 52,9 | 29,4 |
| 1000 u. mehr | 20 | 35,0 | 35,0 | 30,0 |
| Gesamt | 117 | 49,6 | 31,6 | 14,8 |

Quelle: Eigene Befragung

Die größenspezifischen Unterschiede erklären sich dadurch, daß die Informationssuch- und -verarbeitungskapazität in größeren Unternehmen allgemein höher ist als in kleineren,[223] da sie oft über leistungsfähige Abteilungen für Rechts-, Technologie- etc. -fragen verfügen oder gar, wie in Kap. 6.1.7 aufgezeigt, eigenständige Umweltschutzabteilungen unterhalten.

Ein umgekehrtes Bild ergibt sich für die Informationsbeschaffung in bezug auf Entsorgungsmöglichkeiten. Hier sind es vor allem die größeren Unternehmen, welche die Informationslage als schwierig und problematisch einstufen. Dies trifft für mehr als zwei Drittel der Unternehmen mit 500 und mehr Beschäftigten zu. Diese unzureichende Bewertung beruht wahrscheinlich auf dem erhöhten Informationsbedarf der größeren Unternehmen infolge des bei ihnen oft umfangreich anfallenden Abfalls, Sondermülls und Abwassers.

Auch können fehlende Entsorgungsmöglichkeiten oder zu geringe Kapazitäten von Entsorgungsanlagen zu diesem Urteil beigetragen haben. In Baden-Württemberg fehlt z.B. eine thermische Sonder- müllverbrennungsanlage. In solchen Fällen ist es auch für Großunternehmen trotz ihres organisatorischen Apparats schwer, die nötigen Kenntnisse über Entsorgungsmöglichkeiten zu erzielen. Da größere Unternehmen vor allem in den großstäd- tischen Zentren lokalisiert sind, erklärt sich auch, daß Verdichtungsräume und ihre Randzonen bei der Entsorgung ein größeres Informationsdefizit verspüren als der ländliche Raum. Weitere räumlich bedingte Unterschiede lassen sich nicht ablesen. In den jeweiligen Raumkategorien beurteilen größenordnungsmäßig 30 bis 40 Prozent der ansässigen Unterneh- men die Informationsbeschaffung für Umweltschutzanlagen und -gesetze als schwierig bis problematisch (vgl. Tab. 34).

---

223) Vgl. Fürst, D. und K. Zimmermann: Standortwahl industrieller Unternehmen. Ergebnisse einer Unternehmensbefragung. In: Schriftenreihe der Gesellschaft für Regionale Strukturentwicklung 1, 1973, S. 25-28, 140. Kirsch, W.: Entscheidungsprozesse. Wiesbaden 1970, Bd. 2, S. 24-32. Heinen, E.: Das Zielsystem der Unternehmung. Grundlagen betriebswirtschaftlicher Entscheidungen. Wiesbaden 1966, S. 75. Schamp, E. W., a.a.O., S. 44. Pinter, J.: Umweltpolitische Probleme und Lösungsmöglichkeiten bei Klein- und Mittelbetrieben der Industrie und des Handwerks. In: Berichte des Umweltbundesamtes 1/1984, S. 53-60.

Tab. 34: Bewertung der Informationsmöglichkeiten im Umweltschutzbereich durch die befragten Unternehmen nach
Ordnungsräumen

| Umweltschutz-relevante Sachbereiche | Informationsbeschaffung | | |
| --- | --- | --- | --- |
| | leicht | schwierig | problematisch |
| | | % der Unternehmen | |
| **ländlicher Raum (34 Unternehmen)** | | | |
| technische Anlagen | 67,6 | 17,6 | 14,7 |
| Entsorgungsbe-triebe, -möglich-keiten | 58,8 | 29,4 | 11,8 |
| Umweltschutzge-setze | 58,8 | 23,5 | 17,6 |
| **Randzone zu Verdichtungsräumen (18 Unternehmen)** | | | |
| technische Anlagen | 61,1 | 27,8 | 11,1 |
| Entsorgung | 44,4 | 38,9 | 16,7 |
| Umweltschutzge-setze | 55,6 | 27,8 | 16,6 |
| **Verdichtungsräume (65 Unternehmen)** | | | |
| technische Anlagen | 65,1 | 27,7 | 6,2 |
| Entsorgung | 46.2 | 30.8 | 23.1 |
| Umweltschutzge-setze | 63,1 | 24,6 | 12,3 |

Quelle: Eigene Befragung

Das Informationsdefizit der Unternehmen kann dazu beitragen,
daß der Umweltschutz sowohl ökonomisch als auch ökologisch
nicht so effizient wie tatsächlich möglich durchgeführt wird.
Eine erfolgreiche Implementation der Umweltpolitik hängt aber
nicht nur von einer ausreichenden Informationslage der

Betroffenen, sondern auch von einer effizienten Zusammenarbeit der Unternehmen mit den Vollzugsbehörden im Umweltschutz ab.

**6.2.5    Die Zusammenarbeit der Betriebe mit den Vollzugsbehörden im Umweltschutz im Urteil der befragten Unternehmen**

Die Kontakte zu den Behörden, die für den Vollzug der Umweltschutzpolitik zuständig sind, gestalten sich, wie aus Tab. 35 hervorgeht, nur für knapp die Hälfte der befragten Unternehmen gut. Daraus muß geschlossen werden, daß die übrigen Unternehmen ihre Zusammenarbeit mit den Behörden nicht problemlos sehen. Doch scheinen die Schwierigkeiten für ein Drittel der Befragten nicht so gravierend zu sein, als daß sie ihre Beziehungen zu den Vollzugsinstanzen nicht als zufriedenstellend einstufen könnten. Für immerhin ein Fünftel der Unternehmen erweist sich die Zusammenarbeit als wenig fruchtbar. Sie halten das Zusammenwirken mit den Behörden für verbesserungsbedürftig.
Als Gründe für die mehr oder weniger unzureichend eingestufte Zusammenarbeit lassen sich nach Mayntz u.a. auf Seiten der Vollzugsbehörden folgende Defizite anführen:[224]

1. quantitativ unzureichendes Behördenpersonal;
2. qualitative Mängel in bezug auf den Sachverstand des Behördenpersonals (z.B. durch Integration des Umweltschutzes in andere Verwaltungsbereiche, das Fehlen von Verfahrenstechnikern und Weiterbildungsmöglichkeiten);
3. ungenügende Informationslage über die technischen Standards;
4. organisatorische Trennung von rechtlicher Entscheidungskompetenz und technischem Sachverstand;
5. unzulängliche vollzugsrelevante Kooperationsbeziehungen zu anderen Verwaltungsämtern (z.B. kommunale Bau- und Planungsbehörden);

---

224) Vgl. Mayntz, R. u.a., a.a.O., S. 45-53; 71-79.

6. Koordinationsschwierigkeiten zwischen den unteren
   Vollzugsinstanzen und den vorgesetzten Behörden;
7. technische Probleme bei der Erstellung exakter
   Meßergebnisse.

Diese Mängel müssen in den ländlich peripheren Regionen
besonders stark ausgeprägt sein. Nur ungefähr 30 Prozent der
dort ansässigen Unternehmen stellen eine gute Zusammenarbeit
mit den Behörden fest (vgl.Tab. 35) Zu den Zentren hin fällt
die Bewertung immer günstiger aus. In den Verdichtungsräumen
bewerten doppelt so viele der ansässigen Unternehmen wie im
ländlichen Raum ihre behördlichen Kontakte mit gut.

Tab. 35: Die Zusammenarbeit von Unternehmen und Umweltschutz-
         vollzugsbehörden im Urteil der befragten Unternehmen
         nach Ordnungsräumen

| Ordnungsräume | Unternehm. | Bewertung der Zusammenarbeit | | |
| --- | --- | --- | --- | --- |
| | | gut | zufrieden-stellend | verbesserungs-bedürftig |
| | | | % der Unternehmen | |
| Gesamt | 118 | 48,3 | 33,1 | 18,6 |
| ländlicher Raum | 34 | 29,4 | 47,1 | 23,5 |
| Randzonen der Verdichtungs-räume | 18 | 50,0 | 27,8 | 22,2 |
| Verdichtungs-räume | 66 | 57,6 | 27,3 | 15,1 |

Quelle: Eigene Befragung

Sicherlich sind nicht nur die Behörden für die Schwierigkeiten bei der Zusammenarbeit verantwortlich zu machen. In Tab. 36 fällt auf, daß die Mehrzahl der Unternehmen mit 200 und mehr Beschäftigten eine gute Zusammenarbeit bekundet, bei den kleineren Größenklassen trifft dies nur noch für 30 bis 45 Prozent der Unternehmen zu. Hier wird auch der Wunsch nach Verbesserungen in der Zusammenarbeit mehr als doppelt so oft wie in den größeren Kategorien geäußert. Nun sind es aber gerade die kleinen Unternehmen, die nur schwierig Informationen über Umweltschutzanlagen und -gesetze erhalten (vgl. Kap. 6.2.4). Mangelnder Sachverstand seitens der Betriebe kann ebenfalls die Zusammenarbeit mit den Behörden beeinträchtigen. Zwangsläufig muß sie leiden, wenn Defizite von beiden Seiten aufeinandertreffen, was im ländlichen Raum durchaus möglich sein kann.

Tab. 36:  Die Zusammenarbeit von Unternehmen und Umweltschutzvollzugsbehörden im Urteil der befragten Unternehmen
nach Beschäftigtengrößenklassen

| Beschäftigte | Unterneh. | Bewertung der Zusammenarbeit | | |
| --- | --- | --- | --- | --- |
| | | gut | zufrieden-stellend | verbesserungs-bedürftig |
| | | | % der Unternehmen | |
| bis 49 | 22 | 31,8 | 40,9 | 27,3 |
| 50 - 99 | 20 | 45,0 | 25,0 | 30,0 |
| 100 - 199 | 16 | 31,6 | 31,6 | 36,8 |
| 200 - 499 | 23 | 60,9 | 34,8 | 4,3 |
| 500 - 999 | 17 | 52,9 | 35,3 | 11,8 |
| 1000 u. mehr | 20 | 60,0 | 25,0 | 15,0 |

Quelle: Eigene Befragung

Vgl. Brücher, W., a.a.O., S.41.

6.2.6    Arbeitsmarkteffekte der umweltschutzbedingten Ver-
         flechtungen auf dem  Markt für Umweltschutzgüter  und
         bei der öffentlichen Hand

Um die arbeitsmarktpolitischen Konsequenzen der umweltschutzbedingten Nachfrage nach Gütern und Diensten bei den Anbietern
von Umweltschutzleistungen und bei der öffentlichen Hand
möglichst vollständig zu eruieren, genügt es nicht, sich nur
auf die industriell induzierten Effekte zu beschränken.
Vielmehr gehen auch von den anderen Sektoren des Produzierenden
Gewerbes und den Gebietskörperschaften diesbezüglich
beschäftigungswirksame Impulse aus.

In den Betrieben des Umweltschutzmarktes und in den ihnen
vorgelagerten Produktionsstätten führt die Nachfrage des
Produzierenden Gewerbes zu ungefähr 41.000 und die der
Gebietskörperschaften zu 58.600 ausgelasteten oder neu
geschaffenen Arbeitsplätzen. Durch die Einrichtung von
Umweltschutzanlagen durch das Produzierende Gewerbe werden im
Bausektor etwa 8000 Arbeitsplätze beansprucht. Durch umweltschutzbedingte Baumaßnahmen der öffentlichen Hand kommen
weitere 71.800 dazu.
Bisher hat der Umweltschutz bei den Anbietern von Umweltschutzleistungen etwa 180.000 Arbeitsplätze gesichert oder neu
geschaffen.[225] Diese Beschäftigungseffekte dürften entsprechend der räumlichen Konzentration der Betriebe des Umweltschutzmarktes (vgl.Kap. 6.2.3) vornehmlich in den großstädti-
schen Zentren zu spüren sein.

In den Einrichtungen der öffentlichen Hand rechnen Sprenger und
Britschkat mit ungefähr 28.800 Beschäftigten, die durch die
Verwaltung und den Vollzug der Umweltpolitik ausgelastet sind
oder neu eingestellt wurden. Weitere 39.000 voll ausgelastete
oder neu geschaffene Arbeitsplätze sehen sie in der

---

225) Vgl. Sprenger, R.-U. u.a., a.a.O., S. 92.

öffentlichen Abfall- und Abwasserbeseitigung (inkl. der Haushalte etc.).[226]

Berücksichtigt man noch die 21.500 Arbeitsplätze zur Bewältigung der betrieblichen Umweltschutzaufgaben (vgl. Kap. 6.1.7), so kann man bundesweit von 250.000 ausgelasteten bzw. neuen Arbeitsplätzen ausgehen. Eine Saldierung der negativen (vgl. Kap. 6.1.7) und der positiven Beschäftigungseffekte, die durch den Umweltschutz hervorgerufen werden, ergibt summa summarum ein deutliches Überwiegen der positiven Auswirkungen. Für die gesamte Volkswirtschaft gesehen, erweist sich der Umweltschutz also nicht als "Jobkiller"[227]. Andererseits gehen vom Umweltschutz auch keine so starken Beschäftigungseffekte aus, als daß man ihn als wirkungsvolle Strategie zur Bekämpfung der Massenarbeitslosigkeit einsetzen könnte.[228] Insgesamt muß seine Wirkung auf den Arbeitsmarkt als stabilisierend beschrieben werden.

---

226) Vgl. Sprenger, R.-U. und G. Britschkat, a.a.O., S. 74,77.

227) Wicke, L., Umweltökonomie, a.a.O., S. 292.

228) Vgl. Köhler, A.: Arbeitslose für den Umweltschutz? In: Zeitschrift für Umweltpolitik und Umweltrecht 8, 1985, S. 29-44.

# Kapitel 7   Ergebnisse – Überblick, Zusammenfassung, umweltpolitische Konsequenzen

Ziel dieser Arbeit war es, regionale bzw. räumliche Auswirkungen der Umweltökonomie aufzuzeigen. Dazu wurde eingangs die Frage nach der Struktur von umweltschutzinduzierten Aufwendungen gestellt, nach deren regionaler Verteilung und nach Einflüssen der Umweltökonomie auf die räumliche Organisation der Industrie und den Arbeitsmarkt. Folgende Ergebnisse wurden bei der Untersuchung dieser Bereiche erzielt:

a)   Resultate der Strukturanalyse von Umweltschutzkosten

1.   Die Industriegruppen werden in Abhängigkeit von ihrer Produktionsrichtung und ihrem -umfang mit unterschiedlicher Intensität von den umweltpolitischen Anforderungen tangiert.

2.   In den Branchen des Grundstoff- und Produktionsgütersektors treten höhere Umweltschutzinvestitionsraten und umfangreichere Umweltschutzinvestitionen auf als in Industriegruppen anderer Sektoren (Ausnahme: Straßenfahrzeugbau).

3.   Niedere Betriebsgrößenklassen weisen eine geringere Umweltschutzinvestitionshäufigkeit und deutlich weniger Umweltschutzinvestitionen als höhere Betriebsgrößenklassen auf.

4.   Die Umweltschutzinvestitionen der Industrie fließen schwerpunktmäßig in die Umweltschutzbereiche Gewässerschutz und Luftreinhaltung.

5.   Die Umweltschutzinvestitionen werden in der Regel zu 75 bis 100 Prozent für den Erwerb von ausschließlich dem Umweltschutz dienenden Sachanlagen und kaum für verfahrensbezogenen Umweltschutz verwendet.

6. Die Kostenbelastung der Industrie durch Umweltschutzmaßnahmen liegt in Südwestdeutschland im Durchschnitt bei
   weniger als einem Prozent des Umsatzes.

7. Die Kostenbelastung weist sektorale Streuungen auf und
   fällt in einigen Branchen des Grundstoff- und Produktionsgütersektors (Gewinnung von Steinen und Erden,
   Holzschliff-, Zellstoff-, Papier- und Pappeerzeugung,
   Eisen- und Stahlerzeugung) häufig um ein Vielfaches höher
   als im landesüblichen Durchschnitt aus. Darüber hinaus
   sind im allgemeinen kleinere Unternehmen stärker belastet
   als größere.

8. Die laufenden Umweltschutzkosten liegen in zwei Dritteln
   der befragten Unternehmen genauso hoch oder um ein
   Mehrfaches höher als die Umweltschutzinvestitionen, d.h.
   sie besitzen ein stärkeres ökonomisches Gewicht.

9. Bei den laufenden Umweltschutzkosten überwiegen in den
   Großunternehmen die Betriebskosten für eigene Umweltschutzanlagen, in kleineren Unternehmen Gebühren, Beiträge
   und Entgelte für die Inanspruchnahme betriebsfremder
   Einrichtungen.

10. Nur ein Fünftel der Unternehmen sieht sich in der Lage,
    Umweltschutzkosten vollständig auf die Produktpreise
    abzuwälzen.

11. Die Unternehmen können mittels verschiedener Maßnahmen den
    umweltschutzinduzierten Kostendruck partiell vermindern.
    Mehr als 50 Prozent der befragten Unternehmen nehmen
    öffentliche Finanzierungshilfen in Anspruch.

b) Ergebnisse aus der Untersuchung über die regionale
   Verteilung der Aufwendungen für den Umweltschutz am
   Beispiel Baden-Württembergs

1. Die Anzahl der Betriebe mit Umweltschutzinvestitionen ist
   in den Kreisen, die zu den Verdichtungsräumen zählen, am
   höchsten.

2. Die Umweltschutzinvestitionen konzentrieren sich auf
   Verdichtungsgebiete und dort auf jene Kreise, in denen
   sich bedeutende Standorte von Industrie mit hohen Umweltschutzinvestitionen befinden.

3. Die Kostenbelastung der Betriebe liegt in den meisten
   Kreisen im mehrjährigen Mittel zwischen 1 und 4 Promille
   des Umsatzes. Die Ein-Prozent-Grenze wird nie überschritten.

4. Die regional unterschiedliche Kostenbelastung wird von der
   jeweiligen Industriestruktur (Industriegruppenzugehörigkeit und Größe der ansässigen Betriebe) hervorgerufen.

5. Abgesehen von den Finanzierungshilfen gelangen Anpassungsreaktionen zur Bewältigung von Umweltschutzkosten in
   verdichteten Räumen und ihren Randzonen viel häufiger zur
   Anwendung als im ländlichen Raum.

c) Umweltökonomische Auswirkungen auf die räumliche Organisation der Industrie

1. Die befragten, von Umweltschutzauflagen besonders
   betroffenen Unternehmen erkennen zur Zeit im Umweltschutz
   eine wichtige standörtliche Einflußgröße.

2. In den befragten Unternehmen sind jedoch nur wenige
   Standortveränderungen (10 %) ausschließlich aus Umweltschutzgründen durchgeführt worden. In 24 Prozent der Fälle

war der Umweltschutz neben anderen Faktoren mitausschlaggebend für die standörtliche Umgestaltung. In zwei Dritteln der Modifikationen spielte er eine untergeordnete Rolle oder erwies sich als vollkommen bedeutungslos.

3.  Eine umweltschutzkostenmotivierte Verlagerungswelle der Unternehmen ins Ausland, wie sie von der Industrie oft prophezeit wird, kann nicht festgestellt werden.

4.  Der Umweltschutz als raumwirksamer Faktor macht sich vor allem bei den betrieblichen Verflechtungen bemerkbar.

5.  Die Beseitigung von Abwässern, vor allem aber von Abfällen erfolgt in vielen Unternehmen (22 bzw. 70 % der befragten Unternehmen) über betriebsexterne Einrichtungen, wobei neben der gebührenpflichtigen Entsorgung über öffentliche Anlagen im Gewässerschutz auch Kooperationslösungen zwischen mehreren Industrieunternehmen bzw. zwischen Industrieunternehmen und der öffentlichen Hand verfolgt werden (bei etwa einem Sechstel der befragten Unternehmen) und in der Abfallbeseitigung Verflechtungen vor allem zum Zweck der Weiterverwendung der Abstoffe, z.B. durch die Zementindustrie, bestehen.

6.  Die Nachfrage nach umweltschutzbezogenen Leistungen kann von der Mehrzahl der befragten Unternehmen (55%) nicht im Nahbereich, sondern erst im Fernbereich gedeckt werden, da die Anbieter des Umweltschutzmarktes bundesweit verstreut und hauptsächlich in den Ballungsräumen lokalisiert sind.

7.  In Umweltschutzfragen besteht ein betriebliches Informationsdefizit, das bei Großunternehmen stärker in bezug auf die Entsorgung und bei kleineren Unternehmen stärker im Hinblick auf Umweltschutzanlagen und -gesetze ausgeprägt ist.
In den Verdichtungsräumen stellt die Entsorgung ein größeres Problem dar als im ländlichen Raum. Lediglich die Hälfte der befragten Unternehmen in Ballungszentren bewertet die Informationsmöglichkeiten auf diesem Gebiet

mit gut. Was Umweltschutzanlagen und -gesetze betrifft, so beurteilen in allen Raumkategorien 30 bis 40 Prozent der Unternehmen die Informationsbeschaffung als schwierig bis problematisch.

10. Per saldo zieht der Umweltschutz mehr positive als negative Beschäftigungseffekte nach sich. Seine stabilisierende Wirkung auf den Arbeitsmarkt wird vor allem in den städtischen Zentren, den favorisierten Standorten der Anbieter von Umweltschutzleistungen, spürbar.


In den Antworten auf die Leitfragen dieser Arbeit zeigt sich, daß die Umweltökonomie eine raumwirksame Größe darstellt. Dies manifestiert sich besonders im Ausmaß der Umweltschutzkosten, das regional stark variiert. Die umweltschutzinduzierten Aufwendungen konzentrieren sich hauptsächlich auf die Verdichtungsräume.

Als Grund für dieses Verteilungsmuster kann die Umweltpolitik nicht in Frage kommen, da sie - wie gezeigt - von ganz wenigen Ausnahmen abgesehen, räumlich nicht differenziert, sondern allgemeingültig konzipiert ist. Die Ursache dafür muß also im Raum selbst gesucht werden.

Aus der industriestrukturellen Analyse der Umweltschutzkosten - und hier erweist sie sich als unabdingbare Voraussetzung für eine derartige Untersuchung - wird ersichtlich, daß der Umfang der Umweltschutzkosten im wesentlichen von zwei Faktoren, Produktionsrichtung (Industriegruppenzugehörigkeit) und Betriebsgröße, abhängt. In den Verdichtungsräumen befinden sich nicht nur die meisten industriellen Betriebsstätten, sondern auch schwerpunktmäßig jene Industriegruppen, die sich durch sehr hohe Umweltschutzkosten auszeichnen (Chemische Industrie, Mineralölverarbeitung, Straßenfahrzeugbau, Eisen- und Stahlerzeugung, Zellstoffherstellung). Gleichzeitig vereinigen diese Räume drei Viertel aller Großunternehmen auf sich. Folglich beruht die räumliche Schwerpunktbildung der Umweltschutzkosten auf der regional unterschiedlichen Industriestruktur.

Die Ordnungsräume unterscheiden sich weiterhin im Hinblick auf die Häufigkeit, mit der Anpassungsreaktionen durchgeführt werden. Auch dieser Unterschied wird durch die Industriestruktur hervorgerufen. Den Großunternehmen, die das Bild der Verdichtungsräume prägen, fällt es dank ihrer diversifizierten Produktionsstruktur und ihrer einflußreichen Stellung am Markt leichter, den Kostendruck, der durch Umweltschutzmaßnahmen entsteht, mit Hilfe der verschiedensten Anpassungsreaktionen zu reduzieren. Kleinunternehmen, welche in der Industriestruktur der ländlichen Gebiete dominieren, befinden sich ihnen gegenüber im Nachteil. Sie greifen hauptsächlich auf staatliche Finanzierungshilfen zurück.


In der regional unterschiedlichen Verteilung der Größenklassen von Unternehmen und damit wiederum in der Industriestruktur liegt auch der Grund dafür, daß in den verdichteten Gebieten verglichen mit dem ländlichen Raum ein größeres Informationsdefizit in bezug auf die Entsorgung besteht. Bedingt durch das hohe Produktionsvolumen der Großunternehmen fällt vermehrt Abfall, Sondermüll und Abwasser an, wodurch sich der Bedarf an Information erhöht und ihre Beschaffung erschwert.
Anders als bei der Entsorgung stoßen alle Ordnungsräume auf gleich große Probleme, wenn sie sich hinsichtlich Umweltschutzanlagen und -gesetze sachkundig machen wollen. 30 bis 40 Prozent der Unternehmen beurteilen die Informationsbeschaffung auf diesen Gebieten als schwierig bis problematisch. Es handelt sich hierbei ganz offensichtlich um ein raumübergreifendes bzw. raumunabhängiges Phänomen.


Raumbedingt hingegen erweist sich wieder die Zusammenarbeit mit den Vollzugsbehörden des Umweltschutzes. Während in den Ballungszentren und ihren Randzonen die Hälfte der Unternehmen oder sogar noch mehr die Zusammenarbeit für gut erachten, gelangen im ländlichen Raum etwa 60 Prozent zu einem schlechteren Urteil.
Hierfür kann nicht allein die Industriestruktur verantwortlich gemacht werden. Sicherlich mag es z.T. daran liegen, daß die vorherrschenden kleineren Unternehmen über einen geringeren

Sachverstand verfügen als Großunternehmen und die Zusammenarbeit dadurch beeinträchtigt wird. Defizite treten aber auch seitens der Behörden auf, und wahrscheinlich fallen sie im ländlichen Raum noch stärker aus als in den städtischen Zentren. Die räumlich differenzierte Bewertung der Zusammenarbeit mit den Behörden dürfte also sowohl auf industriestrukturelle als auch auf regionalpolitische Einflüsse zurückgehen.

Im Hinblick auf die räumliche Ordnung der Industrie scheint sich die Umweltökonomie, wie die weiträumigen Verflechtungen beweisen, stärker im Interaktionsbereich bemerkbar zu machen als bei den Standortentscheidungen. Obwohl in allen Ordnungsräumen Branchen, die vom Umweltschutz besonders betroffen sind, Umweltschutzanforderungen zu den derzeit wichtigsten Standortfaktoren zählen, kam es nur in seltenen Fällen zu negativen standörtlichen Veränderungen, wie Stillegungen und Verkleinerungen. Solche Effekte sind aber bei jeder wirtschaftlichen Strukturveränderung in einzelnen Grenzertragsbetrieben bzw. -betriebsteilen zu verzeichnen.

Welche Schlußfolgerungen lassen sich nun für die Umweltpolitik ziehen?

Durch die wenigen Standortmodifikationen, die allein durch den Umweltschutz verursacht wurden, und die insgesamt positive und stabilisierende Wirkung des Umweltschutzes auf den Arbeitsmarkt wird evident, daß die Umweltpolitik ökonomisch tragbar ist. Der nur ansatzweise verwirklichte verfahrensbezogene Umweltschutz, die nicht unerheblichen Informationsdefizite und die zum Teil unbefriedigende Bewertung der Zusammenarbeit mit den Behörden deuten jedoch darauf hin, daß die Umweltqualitätsanforderungen nicht auf die ökonomisch und ökologisch günstigste Weise durchgesetzt werden.
Eine Verbesserung der umweltpolitischen Effizienz scheint aber angesichts immer neuer Meldungen über schwerwiegende Umweltschädigungen dringend geboten. Denn langfristig kann nur eine intakte Umwelt die Rahmenbedingungen für den wirtschaftenden

Menschen sicherstellen, wie es auch die Industrie in zunehmendem Maße erkennt.[229]

Aus volkswirtschaftlicher Sicht soll ein vermehrter Umweltschutz möglichst geringe Kosten hervorrufen. Um dies zu erreichen, plädieren Umweltökonomen vielfach dafür, das bestehende umweltpolitische Instrumentarium, das bis auf das Abwasserabgabegesetz und die Naturschutzabgabe ordnungsrechtlich ausgerichtet ist, vor allem durch marktkonforme Mittel zu erweitern. Insbesondere soll für die bei Ge- und Verboten am Ende noch zulässigen Restemissionen eine Abgabe erhoben werden. Dem Schadensverursacher bleibt es dann seinem wirtschaftlichen Eigeninteresse entsprechend überlassen, entweder die Abgabe für die beanspruchte Menge des knappen Gutes Umwelt zu entrichten oder durch den Einsatz von Reinhaltungs- und Entsorgungstechnologien die Abgabenzahlungen zu senken. Letzterer Aspekt stellt einen wesentlichen finanziellen Anreiz für die Wirtschaftssubjekte dar, umwelttechnische Neuerungen zu entwickeln und anzuwenden. Auf diese Weise ließe sich die innovationshemmende Wirkung von Ge- und Verboten, die mit dem Stand der Technik gekoppelt sind, überwinden (vgl. Kap. 3.3.1).[230]

Abgabenlösungen sind aufgrund spezifischer Gegebenheiten der Umweltmedien Wasser, Luft und Boden nicht in allen Umweltschutzbereichen gleichermaßen anwendbar. Die bereits vorliegende Abwasserabgabe ließe sich aus wirtschaftswissenschaftlicher Sicht effizienter gestalten, wenn die Abgabenbeträge räumlich differenziert würden, denn bedingt durch unter-

---

229) Vgl. Amerongen, O. W. von: Umweltschutz als Unternehmeraufgabe. In: Vortragsreihe des Instituts der deutschen Wirtschaft. Bd. 34, 1984, S. 1-4. Bundesverband Junger Unternehmer der Arbeitsgemeinschaft selbständiger Unternehmer e.V.: BJU-Ökologie-Umfrage, Sommer 1984, S. 24, 26, 27, 30 (Manuskript). Veröffentlicht wurden die Ergebnisse dieser Umfrage in O. V.: Mißtrauen und Hoffnung. Unternehmer und Umweltschutz (I). In: Wirtschaftswoche 38, 1984, S. 62-62, 68, 70, 74, 76, 78, 83, 86, 88, 91.

230) Vgl. Faber, M., G. Stephan u. P. Michaelis: Umdenken in der Abfallwirtschaft. Vermeiden, Verwerten, Beseitigen. Heidelberg 1988, S. 52-58.

schiedliche natürliche Ausstattung und bereits vorhandene Belastungen kann das ökologische Selbstreinigungsvermögen regional erheblich variieren. Dadurch könnte die Allokation des Produktionsfaktors "Wasser" volkswirtschaftlich optimiert werden.[231] Dabei ist allerdings zu prüfen, inwieweit gestaffelte Abgabenbeträge Standortveränderungen, die mit negativen Verteilungseffekten gekoppelt sind, nach sich ziehen. So können bei hohen Abgaben Betriebsstillegungen bzw. -verlagerungen und damit eine Veränderung der regionalen Wirtschaftsstruktur a priori nicht ausgeschlossen werden.[232] Werden davon industriell monostrukturierte Regionen betroffen, droht die Gefahr von Arbeitsplatzverlusten und damit verbundenen Einkommenseinbußen. In einem solchen Fall würde die Forderung nach einer hohen Umweltqualität mit anderen gesellschaftlichen Zielen kollidieren.

Im Luftbereich wird die Einführung einer Abgabe dadurch erschwert, daß mehr Stoffe für die Beurteilung der Luft berücksichtigt werden müßten, als es beim Wasser der Fall ist. Dadurch wird es zu schwierig, die einzelnen Schadstoffe bei der Bemessung der Abgabe zu gewichten. Eine Abgabe für einzelne Schadstoffe ist aber denkbar.[233]

Dagegen erscheint die Einführung einer Abgabe in der Abfallbeseitigung möglich. In diesem Umweltbereich werden durch überwiegend nachgeschaltete Maßnahmen falsche Preissignale gesetzt. Bei den Gebühren für die Deponierung wurden bisher nur die Kosten für den Betrieb der Deponieanlagen berücksichtigt.

---

231) Vgl. Faber, M.: Umweltschutz und Umweltschutzkosten. In: Irrgang, Klawitter, Seif (Hrsg.): Wege aus der Umweltkrise. Frankfurt, München 1987, S. 83.

232) In den Fallstudien über Ludwigshafen und Baden-Württemberg wurde allerdings kein entscheidender Einfluß der vorliegenden Abwasserabgabe auf den regionalen Strukturwandel festgestellt. Vgl. Faber, M., H. Niemes u. G. Stephan: Umweltschutz und Input-Output-Analyse. Mit zwei Fallstudien aus der Wassergütewirtschaft. Tübingen 1983, S. 56 ff., 178 ff.

233) Vgl. Faber, M., Umweltschutz und Umweltschutzkosten, a.a.O., S. 87 ff.

Die gesamtwirtschaftlichen Kosten, die die Verknappung des Deponieraumes und die Kosten für die Inanspruchnahme der Umwelt enthalten, wurden nicht erfaßt. Durch eine Abfallabgabe soll den Wirtschaftssubjekten angezeigt werden, daß die Deponiekapazität knapp ist und sich technische Neuerungen zur Abfallvermeidung und -verwertung langfristig als rentabel erweisen. Jedoch kann eine bundesweite Abfallabgabe zu kurz- und mittelfristigen Wettbewerbsnachteilen gegenüber dem Ausland führen, wo eine derartige Kostenbelastung möglicherweise erst sehr viel später auf die Unternehmen zukommt.[234]

Neue Produktionsmethoden mit geringem Inputbedarf, verfahrensintegrierte Umweltschutzmaßnahmen oder Stoffkreisläufe mögen zwar in den einzelnen Betrieben dazu beitragen, das Abfallaufkommen zu vermindern, aber ein Großteil der Abfälle wird sich dennoch nicht betriebsintern verwenden lassen. Die Abfallstoffe können dann nur einer externen Entsorgung (Deponie, Energieerzeugung, Recycling) zugeführt werden. Wenn die Beseitigung über Deponien erfolgt, entstehen nicht nur hohe Abgabenzahlungen für die Schadensverursacher, sondern auch ökologische Nachteile durch den fortschreitenden Landschaftsverbrauch. Sowohl ökonomisch als auch ökologisch effektiver erscheint es hingegen, über zwischenbetriebliche bzw. intersektorale Verflechungen zu entsorgen, wie sie etwa zwischen der Zementindustrie und anderen Wirtschaftszweigen bestehen. Durch eine derartig veränderte Entsorgungsstruktur kann einerseits Deponieraum eingespart, andererseits auf Unternehmerseite die Anpassung an die Kostenbelastung der Abgabe erleichtert werden. Voraussetzung für die Entsorgungsverflechtungen in der Abfallwirtschaft im speziellen und für die Umsetzung weiterführender umweltpolitischer Konzepte im allgemeinen sind ausreichende Kenntnisse über die umweltschutzrelevanten Technologien bei den am Vollzug des Umweltschutzes beteiligten Gruppen. Um solche Kenntnisse

---

234) Vgl. Faber, M., G. Stephan u. P. Miachelis, a.a.O. Faber, M.: Umdenken in der Abfallwirtschaft. Vermeiden statt Deponieren. In: Rheinischer Merkur / Christ und Welt Nr. 19, 1989, S. 14.

verbreiten zu können, müssen aber die festgestellten Defizite der Umweltpolitik (Informationsmangel, unbefriedigende Zusammenarbeit der Beteiligten) beseitigt werden. Somit leitet sich für eine erfolgreiche Implementation umweltpolitischer Konzepte die Forderung nach umfassender Information ab. Die Industrieunternehmen bzw. die Schadensverursacher können nur in Kenntnis aller ökonomischer und ökologischer Effekte die für die jeweilige Inanspruchnahme der Umwelt geeignetste technische Lösung und Entsorgungsstrategie auswählen und sich damit in effizienter Weise an die Umweltschutzanforderungen anpassen. Hierzu sollten Beratungsstellen für Umweltschutzfragen eingerichtet werden. Dort könnten sich dann nicht nur Betriebe sachkundig machen, sondern auch das Personal der Vollzugsbehörden, was sich indirekt wieder positiv auf ihre Zusammenarbeit mit den Unternehmen auswirken würde.

Zusätzlich wäre in Erwägung zu ziehen, über diese Einrichtungen die regionalen Umweltqualitätsverhältnisse zu erfassen. Dadurch entstünde ein umfassendes Bild der ökologischen Gegebenheiten und der notwendigen Verbesserungsmaßnahmen im Umweltschutz.

Das Personal dieser Stellen müßte sich, um allen genannten Aufgaben gerecht zu werden, aus Fachkräften zusammensetzen, die sich aus den Bereichen Wirtschaftswissenschaft, Jurisprudenz, Verfahrenstechnik, Chemie, Biologie und Geowissenschaften rekrutieren.

Damit die Zielgruppen dieser Beratungsstellen einen möglichst leichten Zugang zu den benötigten Informationen finden und die Dienstleistungen rasch erbracht werden können, sollte die Umweltschutzberatung nicht zentral organisiert, sondern regional institutionalisiert werden.[235]

Die räumliche Verteilung und personelle Ausstattung dieser Institutionen müßte sich am Bedarf orientieren, der von der regionalen Verbreitung der Industrieunternehmen her bestimmt

---

[235] Vgl. hierzu auch Zimmermann, K. und P. Nijkamp: Umweltschutz und regionale Entwicklungspolitik. Konzepte, Inkonsistenzen und Integrative Ansätze. In: Fürst, D., P. Nijkamp und K. Zimmermann: Umwelt, Raum, Politik. Ansätze zu einer Integration von Umweltschutz, Raumplanung und regionaler Entwicklungspolitik. Berlin 1986, S. 75-81.

wird. In Südwestdeutschland können beispielsweise folgende Informationsstandorte ausgewählt werden, die sowohl ihren unmittelbaren Einzugsbereich als auch ihr weiteres Umland versorgen würden: Saarbrücken/Homburg, Trier, Koblenz, Mainz, Mannheim/Ludwigshafen, Karlsruhe, Stuttgart, Friedrichshafen, Ulm, Heidenheim.
Diese Informations- und Beratungsstellen könnten aus mehreren Quellen finanziert werden:

1. Einsparungen bei der öffentlichen Hand und der Industrie, die dadurch entstehen, daß durch die offerierten Dienstleistungen der neuen Institutionen eigene Recherchen überflüssig werden,

2. partielle Berücksichtigung öffentlicher Einnahmen durch Umweltabgaben, eventuell durch den Verkauf von Lizenzen etc.,

3. Finanzierungshilfen durch die Industrie,

4. Beratungsgebühren,

5. sonstige Mittel der öffentlichen Hand.

# Anhang

GEOGRAPHISCHES INSTITUT DER UNIVERSITÄT HEIDELBERG

Prof. Dr. Werner Mikus
Im Neuenheimer Feld 348
6900 Heidelberg
Tel. 06221/564574

Jürgen Gernert
Am Bächenbuckel 20
6900 Heidelberg
Tel. 06221/809207

## FRAGEBOGEN ZUR REGIONALEN EFFIZIENZ DER UMWELTÖKONOMIE

1. Welcher Wirtschaftsgruppe gehört Ihr Unternehmen an?

   .....................................

2. Sind Sie ein  a) multinationales Unternehmen ☐
                  b) nationales Mehrwerksunternehmen ☐
                  c) Hauptwerk ☐
                  d) Zweigwerk ☐
                  e) Einzelbetriebsunternehmen ☐

3. Der Standort liegt  a) in einem Verdichtungsraum ☐
                       b) in der Randzone eines
                          Verdichtungsraumes ☐
                       c) im ländlichen Raum ☐

4. Seit wann besteht das Unternehmen?  .........

5. Wieviele Beschäftigte hat das Unternehmen?

                        a) bis 49 ☐
                        b) 50 - 99 ☐
                        c) 100 - 199 ☐
                        d) 200 - 499 ☐
                        e) 500 - 999 ☐
                        f) 1000 und mehr ☐

6. Wie hoch waren 1985 der Umsatz und die Gesamtinvestitionen?

| Umsatz | | Gesamtinvestitionen | |
|---|---|---|---|
| bis 25 Mio. | ☐ | bis 5 Mio. | ☐ |
| 25 - 50 Mio. | ☐ | 5 - 20 Mio. | ☐ |
| 50 - 100 Mio. | ☐ | 20 - 50 Mio. | ☐ |
| 100 Mio. - 1 Mrd. | ☐ | 50 - 100 Mio. | ☐ |
| 1 - 10 Mrd. | ☐ | mehr als 100 Mio. | ☐ |
| mehr als 10 Mrd. | ☐ | | |

194

7a) Wie hoch waren 1985 die Umweltschutzinvestitionen je 1000 DM Umsatz?

           1 - 3 DM           ☐
           3 - 6 DM           ☐
           6 - 9 DM           ☐
           9 - 12 DM          ☐
           12 - 15 DM         ☐
           15 - 18 DM         ☐
           mehr als 18 DM     ☐

7b) Wieviel Prozent der Gesamtinvestitionen mußten 1985 für Umweltschutzmaßnahmen erbracht werden?

           1 - 3 %           ☐
           3 - 6 %           ☐
           6 - 9 %           ☐
           9 - 12 %          ☐
           12 - 15 %         ☐
           mehr als 15 %     ☐

7c) Wie hoch waren 1985 die Umweltschutzinvestitionen in DM pro
Beschäftigten?

           ca. .......... DM

7d) Wie verteilten sich 1985 die Umweltschutzinvestitionen auf die
verschiedenen Umweltschutzbereiche?

Abfallbeseitigung        ...... % der Umweltschutzinvestitionen
Gewässerschutz           ...... % der Umweltschutzinvestitionen
Lärmbekämpfung           ...... % der Umweltschutzinvestitionen
Luftreinhaltung          ...... % der Umweltschutzinvestitionen

7e) Wieviel Prozent der Betriebsfläche beanspruchen Umweltschutzmaßnahmen

Unternehmens-/Betriebsfläche insgesamt:    ca. ........ ha
davon für
Abfallbeseitigung       ..... %          Lärmbekämpfung       ..... %
Gewässerschutz          ..... %          Luftreinhaltung      ..... %

Erhöht(e) sich durch diese Maßnahmen der Flächenbedarf des Betriebes
wesentlich?          ja ☐            nein ☐

7f) Wurden mit den erforderlichen Umweltschutzmaßnahmen gleichzeitig
Rationalisierungsziele angestrebt?

         ja ☐            nein ☐

Wurden im Rahmen ohnehin geplanter Rationalisierungsmaßnahmen
gleichzeitig produktionsspezifische Umweltbelastungen abgebaut?

         ja ☐            nein ☐

7g) Wie hoch waren 1985 die Betriebskosten für Ihre Umweltschutz-
anlagen und in welcher Höhe hatten Sie Gebühren, Beiträge und
Entgelte an Dritte zu entrichten? (z.B. Abwassergebühren,
Transportkosten für Entsorgungsleistungen)

1. Betriebskosten insgesamt ..................... DM

a) davon entfielen auf die     b) davon im Bereich
   Kostenarten

| | | | | |
|---|---|---|---|---|
| Abschreibungen | ...... % | | Abfallbeseitigung | ...... % |
| Personalkosten | ...... % | | Gewässerschutz | ...... % |
| Materialkosten | ...... % | | Lärmbekämpfung | ...... % |
| Energiekosten | ...... % | | Luftreinhaltung | ...... % |
| Sonstige Kosten | ...... % | | | |
| (Wartung, Reparatur etc.) | | | | |

2. Gebühren, Beiträge, Entgelte insgesamt    ................... DM

   davon im Bereich

| | |
|---|---|
| Abfallbeseitigung | ...... % |
| Gewässerschutz | ...... % |
| Lärmbekämpfung | ...... % |
| Luftreinhaltung | ...... % |

7h) In welchem Verhältnis standen 1985 die Umweltschutzinvestitionen
zu den laufenden Kosten für Umweltschutzmaßnahmen (Betriebskosten,
Gebühren, Beiträge, Entgelte an Dritte)?

Umweltschutzinvest. : laufende Kosten für Umweltschutzmaß. = 1 : ...

8. Konnten/Können Investitionen und laufende Kosten für den Umweltschutz
reduziert werden durch?

| | teilweise | fast vollständig | nein |
|---|---|---|---|
| a) Kostenersparnisse infolge der Umweltschutzmaßnahmen | ☐ | ☐ | ☐ |
| b) öffentliche Finanzierungshilfen | ☐ | ☐ | ☐ |
| c) betriebsinterne Subvention der durch Umweltschutz belasteten Produkte/Abteilungen | ☐ | ☐ | ☐ |
| d) partielle Kostenüberwälzung auf die Endpreise | ☐ | ☐ | ☐ |
| e) vollständige Kostenüberwälzung auf die Endpreise | ☐ | ☐ | ☐ |
| f) Pioniergewinne infolge innovativen Verhaltens | ☐ | ☐ | ☐ |

9. Ordnen Sie bitte folgende Standortfaktoren in einer Rangfolge nach
   der Bedeutung für Ihr Unternehmen (1=von großer Bedeutung, 2=von
   Bedeutung, 3=von geringer Bedeutung, 4=unwichtig)

Vorhandensein von Industrie-          Infrastruktur                    ...
flächen                         ...   Agglomerationsvorteile           ...
Verkehr                         ...   Fühlungsvorteile                 ...
Absatz                          ...   Qualität der Arbeitskräfte       ...
Beschaffung (Rohstoffe,               Vorhandensein von Arbeits-
Energie etc.)                   ...   kräften                          ...
Umweltschutzauflagen            ...   Persönliche Präferenzen          ...
öffentliche Förderung           ...

10. Führte das Unternehmen seit 1970 Standortveränderungen durch?

    a) nein  ☐
    b) Stillegung (auch einer Abteilung)  ☐
    c) Erweiterung  ☐
    d) Verkleinerung  ☐
    e) Verschiebung (zwischen schon
       bestehenden Produktionsstätten)  ☐
    f) Verlagerung ( von einem Standort
       zu einem neuen Standort)
          Totalverlagerung  ☐
          Partialverlagerung  ☐

  War die Standortverschiebung/-verlagerung

    a) Nahverschiebung/-verlagerung
       (bis 50km)  ☐
    b) Fernverschiebung/-verlagerung  ☐

11. Folgen der Standortveränderung für die betroffene Belegschaft?

    a) keine  ☐
    b) vorübergehende Kurzarbeit  ☐
    c) Umsetzung in andere Unternehmensteile  ☐
    d) Umsetzung in andere Produktionsstätten  ☐
       (bei Verschiebung/Verlagerung)
    e) keine Weiterbeschäftigung  ☐
    f) Zunahme  ☐

12. Welche Bedeutung kam den Umweltschutzauflagen bei der Standort-
    veränderung zu?

    a) ausschlaggebende Bedeutung    ☐

    b) mitausschlaggebende Bedeutung    ☐

    c) untergeordnete Bedeutung    ☐

    d) unwichtig    ☐

13. Verfügt das Unternehmen über eine eigene Umweltabteilung?

    ja  ☐                 nein  ☐

    seit wann ......

14. Wieviele Beschäftigte des Unternehmens sind im Bereich Umwelt-
    schutz tätig?

| | Zahl der Beschäftigten | davon neugeschaffene Arbeitsplätze |
|---|---|---|
| a) Umweltabteilung | ...... | ...... |
| b) andere Abteilungen | ...... | ...... |
| c) Personal für den Betrieb der Umweltschutzanlagen | ...... | ...... |

15. Welche Folgen hatten/haben die Umweltschutzauflagen (z.B. Verbot
    bestimmter Verfahrens- und Fertigungstechniken) für die
    Belegschaft des Unternehmens?

    a) keine    ☐

    b) vorübergehende Kurzarbeit    ☐

    c) Umsetzung in andere Unternehmensteile    ☐

    d) Umsetzung in andere Produktionsstätten    ☐

    e) Verringerung durch Nichtersetzen
           ausscheidender Arbeitnehmer    ☐

    f) Entlassungen    ☐

    g) Neueinstellungen    ☐

16. Wie werden die Leistungen zur Einhaltung der Umweltschutzauflagen
    (z.B. Überwachung, Entsorgung) erbracht?

| | Abfall | Abwasser | Lärm | Luft |
|---|---|---|---|---|
| a) größtenteils betriebsintern | ☐ | ☐ | ☐ | ☐ |
| b) teilweise betriebsintern | ☐ | ☐ | ☐ | ☐ |
| c) größtenteils durch Fremdfirmen/-einrichtungen | ☐ | ☐ | ☐ | ☐ |
| d) teilweise durch Fremdfirmen/-einrichtungen | ☐ | ☐ | ☐ | ☐ |

198

17. In welcher Entfernung vom Standort werden die durch die Umweltschutzauflagen hervorgerufenen Dienstleistungen nachgefragt?

| | bis 10 km | 10-30 km | 30-50 km | über 50 km |
|---|---|---|---|---|
| a) dispositive Dienste (Rechtsberatung, Information etc.) | ☐ | ☐ | ☐ | ☐ |
| b) operative Dienste (Umweltschutztechnik, Wartung, Entsorgung Meßung etc.) | ☐ | ☐ | ☐ | ☐ |

18. Bestehen Kooperationsvereinbarungen mit anderen Unternehmen oder
öffentlichen Einrichtungen zum Zwecke der Bewältigung von Umweltschutzauflagen und auf welche Bereiche erstrecken sich diese?

nein ☐

| | Abfall | Abwasser | Lärm | Luft |
|---|---|---|---|---|
| a) Unternehmen der eigenen Wirtschaftsgruppe | ☐ | ☐ | ☐ | ☐ |
| b) Unternehmen anderer Wirtschaftsgruppen | ☐ | ☐ | ☐ | ☐ |
| c) öffentliche Einrichtungen | ☐ | ☐ | ☐ | ☐ |

19. Wie beurteilen Sie die allgemeinen Möglichkeiten der Informationsbeschaffung im Umweltschutzbereich im Hinblick auf

| | leicht | schwierig | problematisch |
|---|---|---|---|
| a) technische Anlagen | ☐ | ☐ | ☐ |
| b) Entsorgungsunter-nehmen/Entsorgungs-möglichkeiten | ☐ | ☐ | ☐ |
| c) Umweltschutzgesetze, Umweltschutzpolitik | ☐ | ☐ | ☐ |

20. Wie beurteilen Sie die Zusammenarbeit mit den Umweltschutzvollzugsbehörden (z.B. Kommunalverwaltung, Gewerbeaufsichtsamt)?

a) gut ☐
b) zufriedenstellend ☐
c) verbesserungsbedürftig ☐

Wir versichern Ihnen hiermit, daß keine Einzelangaben veröffentlicht
oder Dritten zugänglich gemacht werden.

....................
(Prof. Dr. W. Mikus)

Verzeichnis der Industriegruppen

## Grundstoff- und Produktionsgütersektor

Mineralölverarbeitung

Gewinnung und Verarbeitung von Steinen und Erden

Eisen- und Stahlerzeugung

NE-Metallerzeugung, NE-Metallhalbzeugwerke[1]

Gießerei

Chemische Industrie[2]

Holzbearbeitung

Holzschliff-, Zellstoff-, Papier- und Pappeerzeugung

Gummiverarbeitung

## Investitionsgütersektor

Stahlverformung, Ziehereien, Kaltwalzwerke[*]

Stahl- und Leichtmetallbau, Schienenfahrzeugbau[3]

Maschinenbau[4]

Straßenfahrzeugbau, Reparatur von Kfz usw.

Schiff-, Luft- und Raumfahrzeugbau

Elektrotechnik, Reparatur von Haushaltsgeräten[5]

Feinmechanik, Optik, Herstellung von Uhren

Herstellung von Eisen-, Blech- und Metallwaren

Herstellung von Büromaschinen, Datenverarbeitungsgeräten und -einrichtungen

## Verbrauchsgütersektor

Herstellung von Musikinstrumenten, Spielwaren, Füllhaltern usw.

Feinkeramik

Herstellung und Verarbeitung von Glas

Holzverarbeitung

Papier- und Pappeverarbeitung

Druckerei und Vervielfältigung

Herstellung von Kunststoffwaren

Ledererzeugung[6]

Lederverarbeitung

Textilgewerbe[7]

Bekleidungsgewerbe

## Nahrungs- und Genußmittelsektor

Ernährungsgewerbe

Tabakverarbeitung

Anmerkungen s. S. 200

*       Ziehereien und Kaltwalzwerke zählen eigentlich zum Grundstoff- und
        Produktionsgütersektor; aus statistischen Gründen werden sie hier
        unter der Industriegruppe Stahlverformung geführt.

In Rheinland-Pfalz:

1       inkl. Eisen- und Stahlerzeugung
2       inkl. Mineralölverarbeitung
3       inkl. Stahlverformung, Ziehereien, Kaltwalzwerke
4       inkl. Herstellung von Büromaschinen, Datenverarbeitungsgeräten und
        -einrichtungen
5       inkl. Feinmechanik, Optik, Herstellung von Uhren
6       inkl. Lederverarbeitung
7       inkl. Bekleidungsgewerbe

In Baden-Württemberg

1       inkl. Eisen- und Stahlerzeugung 1976-1978

Tab. 37: Anzahl der Betriebe mit Umweltschutzinvestitionen
und Umweltschutzinvestitionshäufigkeit im Verarbeitenden Gewerbe Südwestdeutschlands 1976 bis 1985
nach Industriegruppen

a)    Baden-Württemberg 1976 - 1980

| Industriegruppe | 1976 A | 1976 Z | 1977 A | 1977 Z | 1978 A | 1978 Z | 1979 A | 1979 Z | 1980 A | 1980 Z |
|---|---|---|---|---|---|---|---|---|---|---|
| VERARBEITENDES GEWERBE | 1166 | 15,4 | 1263 | 15,2 | 1142 | 13,5 | 1172 | 13,8 | 1125 | 13,3 |
| GRUNDSTOFF- u. PRODUKTIONSGÜTER | 241 | 26,1 | 244 | 24,9 | 231 | 22,4 | 263 | 22,8 | 268 | 22,9 |
| Mineralölverarb. | 6 | 66,7 | 4 | 44,4 | . | . | 4 | 44,4 | 4 | 44,4 |
| Steine u. Erden | 74 | 21,8 | 81 | 20,6 | 70 | 16,7 | 80 | 17,4 | 80 | 17,2 |
| Eisen u. Stahl | | | | | | | - | - | - | - |
| NE-Metallerzeugung | 17 | 53,1 | 16 | 45,7 | 20 | 54,1 | 15 | 48,4 | 17 | 50,0 |
| Gießerei | 26 | 24,5 | 25 | 24,0 | 28 | 24,6 | 36 | 31,6 | 32 | 29,4 |
| Chem. Industrie | 66 | 27,8 | 65 | 26,1 | 59 | 23,4 | 64 | 24,9 | 75 | 28,8 |
| Holzbearbeitung | 23 | 20,4 | 21 | 20,4 | 19 | 17,3 | 24 | 21,1 | 22 | 18,2 |
| Holzschliff... | 20 | 50,0 | 25 | 62,5 | 22 | 56,4 | 22 | 59,5 | 23 | 59,0 |
| Gummiverarbeitung | 9 | 18,7 | 7 | 13,7 | . | . | 10 | 20,4 | 8 | 16,7 |
| INVESTITIONSGÜTER | 528 | 15,8 | 618 | 16,1 | 527 | 13,5 | 535 | 13,9 | 476 | 12,3 |
| Stahlverformung | 61 | 19,2 | 79 | 20,6 | 71 | 18,9 | 69 | 18,6 | 74 | 18,9 |
| Stahlbau | 4 | 3,9 | 15 | 9,1 | 10 | 5,7 | 11 | 6,0 | . | . |
| Maschinenbau | 168 | 14,9 | 183 | 14,9 | 159 | 12,7 | 141 | 11,4 | 145 | 11,4 |
| Straßenfahrzeugbau | 55 | 16,3 | 74 | 16,1 | 80 | 16,0 | 85 | 16,2 | 49 | 11,3 |
| Schiffahrt... | . | . | 4 | 20,0 | . | . | . | . | . | . |
| Elektrotechnik | 102 | 16,3 | 114 | 16,9 | 92 | 14,0 | 107 | 15,3 | 82 | 11,8 |
| Feinmechanik | 55 | 17,2 | 63 | 15,5 | 43 | 10,4 | 49 | 12,2 | 43 | 10,8 |
| Eisen-/Blechwaren | 78 | 16,4 | 82 | 17,5 | 65 | 13,7 | 76 | 16,3 | 68 | 15,3 |
| Büromaschinen | . | . | 4 | 15,4 | . | . | . | . | 6 | 18,8 |
| VERBRAUCHSGÜTER | 284 | 10,2 | 308 | 10,8 | 293 | 10,1 | 284 | 9,8 | 297 | 10,5 |
| Musikinstrumente | 29 | 12,0 | 36 | 14,5 | 39 | 15,7 | 21 | 9,1 | 25 | 10,8 |
| Feinkeramik | 5 | 35,7 | . | . | . | . | 4 | 26,7 | . | 28,6 |
| Glasherstellung | 7 | 11,1 | 11 | 15,9 | 12 | 18,2 | 7 | 10,8 | 11 | 15,9 |
| Holzverarbeitung | 55 | 13,3 | 75 | 15,4 | 64 | 13,3 | 77 | 15,9 | 70 | 14,7 |

Fortsetzung Tab. 37

| Industriegruppe | 1976 A | 1976 % | 1977 A | 1977 % | 1978 A | 1978 % | 1979 A | 1979 % | 1980 A | 1980 % |
|---|---|---|---|---|---|---|---|---|---|---|
| Papier-/Pappever. | 18 | 9,9 | 24 | 13,4 | 17 | 9,7 | 18 | 9,6 | 21 | 11,5 |
| Druckerei | 31 | 8,9 | 25 | 7,0 | 38 | 10,4 | 24 | 6,3 | 30 | 7,8 |
| Kunststoffwaren | 44 | 13,4 | 40 | 11,7 | 37 | 10,6 | 44 | 11,9 | 44 | 12,5 |
| Ledererzeugung | 11 | 45,8 | 14 | 51,8 | 16 | 41,7 | 9 | 39,1 | 8 | 36,4 |
| Lederverarbeitung | 7 | 6,9 | 5 | 5,1 | 6 | 5,8 | . | . | 6 | 6,4 |
| Textilgewerbe | 70 | 10,0 | 73 | 11,0 | 62 | 9,0 | 64 | 9,5 | 67 | 10,2 |
| Bekleidungsgewerbe | 7 | 1,0 | . | . | . | . | 7 | 1,9 | 10 | 2,9 |
| NAHRUNGS- und GENUSSMITTEL | . | . | . | . | . | . | 88 | 14,8 | 81 | 14,0 |
| Ernährungsg. | 108 | 23,3 | 90 | 15,5 | 85 | 14,5 | 88 | 15,1 | 78 | 13,7 |
| Tabakverarbeitung | . | . | . | . | . | . | − | − | 3 | 25,0 |

Fortsetzung Tab. 37

a)      Baden-Württemberg 1981 - 1985

| Industriegruppe | 1981 A | 1981 % | 1982 A | 1982 % | 1983 A | 1983 % | 1984 A | 1984 % | 1985 A | 1985 % |
|---|---|---|---|---|---|---|---|---|---|---|
| VERARBEITENDES GEWERBE | 1055 | 12,7 | 805 | 10,0 | 801 | 10,0 | 830 | 10,5 | 931 | 11,8 |
| GRUNDSTOFF- u. PRODUKTIONSGÜTER | 252 | 22,2 | 212 | 19,4 | 219 | 20,2 | 225 | 21,1 | 244 | 23,3 |
| Mineralölverarb. | 4 | 44,4 | 5 | 55,6 | 5 | 62,5 | . | . | . | . |
| Steine u. Erden | 81 | 18,2 | 60 | 14,1 | 69 | 16,3 | 75 | 17,9 | 74 | 18,5 |
| Eisen u. Stahl | - | - | - | - | - | - | . | . | . | . |
| NE-Metallerzeugung | 15 | 48,4 | 14 | 45,2 | 14 | 48,3 | 14 | 50,0 | 16 | 55,2 |
| Gießerei | 23 | 21,7 | 21 | 21,6 | 20 | 22,0 | 20 | 22,7 | 32 | 33,3 |
| Chem. Industrie | 80 | 30,7 | 65 | 25,1 | 67 | 25,9 | 70 | 27,3 | 64 | 24,7 |
| Holzbearbeitung | 12 | 10,1 | 13 | 12,7 | 13 | 12,6 | 10 | 9,3 | 12 | 12,2 |
| Holzschliff... | 22 | 59,5 | 17 | 42,5 | 20 | 54,1 | 19 | 52,8 | 18 | 50,0 |
| Gummiverarbeitung | 9 | 20,0 | 10 | 24,4 | 7 | 15,6 | 7 | 15,9 | 9 | 21,4 |
| INVESTITIONSGÜTER | 466 | 12,1 | 348 | 9,3 | 367 | 9,8 | 370 | 10,0 | 449 | 11,8 |
| Stahlverformung | 68 | 12,7 | 50 | 13,6 | 52 | 13,9 | 49 | 13,3 | 65 | 17,1 |
| Stahlbau | 9 | 4,9 | 7 | 4,0 | 10 | 5,6 | 11 | 6,3 | 13 | 7,6 |
| Maschinenbau | 142 | 11,0 | 101 | 7,9 | 106 | 8,2 | 104 | 8,2 | 126 | 9,5 |
| Straßenfahrzeugbau | 64 | 12,3 | 59 | 11,8 | 65 | 13,5 | 61 | 13,1 | 57 | 12,3 |
| Schiffahrt... | . | 4,8 | . | . | . | . | . | . | . | . |
| Elektrotechnik | 91 | 13,4 | 61 | 9,0 | 58 | 8,6 | 71 | 10,2 | 95 | 13,0 |
| Feinmechanik | 39 | 10,2 | 27 | 7,1 | 18 | 5,0 | 23 | 6,6 | 40 | 11,6 |
| Eisen-/Blechwaren | 53 | 12,0 | 47 | 11,3 | 57 | 13,7 | 52 | 12,8 | 61 | 14,6 |
| Büromaschinen | . | 13,9 | . | . | . | . | . | . | . | . |
| VERBRAUCHSGÜTER | 269 | 9,9 | 184 | 7,0 | 156 | 5,9 | 168 | 6,5 | 176 | 7,0 |
| Musikinstrumente | 28 | 12,3 | 19 | 8,8 | 11 | 5,1 | . | . | 19 | 9,5 |
| Feinkeramik | 6 | 40,0 | . | . | . | . | 4 | 23,5 | . | . |
| Glasherstellung | 7 | 10,1 | 6 | 8,7 | . | . | 3 | 4,4 | . | . |
| Holzverarbeitung | 72 | 15,3 | 41 | 9,2 | 41 | 9,3 | 28 | 6,3 | 40 | 9,8 |
| Papier-/Pappever. | 20 | 11,2 | 10 | 6,0 | 6 | 3,5 | 12 | 7,3 | 11 | 6,5 |
| Druckerei | 15 | 4,0 | 15 | 4,2 | 15 | 4,1 | 18 | 4,9 | 17 | 4,6 |
| Kunststoffwaren | 44 | 12,5 | 29 | 8,1 | 23 | 6,2 | 31 | 8,2 | 31 | 8,1 |

Fortsetzung Tab. 37

| Industriegruppe | 1981 | | 1982 | | 1983 | | 1984 | | 1985 | |
|---|---|---|---|---|---|---|---|---|---|---|
| | A | % | A | % | A | % | A | % | A | % |
| Ledererzeugung | 7 | 31,8 | 4 | 18,2 | 10 | 45,5 | 7 | 31,8 | 7 | 29,2 |
| Lederverarbeitung | 4 | 4,4 | 4 | 5,0 | . | 2,5 | 4 | 5,6 | 1 | 1,4 |
| Textilgewerbe | 60 | 10,1 | 50 | 8,6 | 40 | 7,0 | 38 | 6,9 | 44 | 8,4 |
| Bekleidungsgewerbe | 5 | 1,6 | . | . | 3 | 1,0 | 5 | 1,7 | . | . |
| NAHRUNGS- und GENUSSMITTEL | 66 | 11,6 | . | . | . | . | . | . | 58 | 10,8 |
| Ernährungsg. | 64 | 11,4 | 57 | 10,6 | 56 | 10,1 | 64 | 11,8 | 55 | 10,4 |
| Tabakverarbeitung | 2 | 18,2 | . | . | . | . | . | . | 3 | 37,5 |

A   =   Anzahl der Betriebe mit Umweltschutzinvestitionen

%   =   Anteil der Betriebe mit Umweltschutzinvestitionen an der Gesamtzahl der Betriebe mit Investitionen (=Umweltschutzinvestitionshäufigkeit)

Quelle:   Statistisches Landesamt Baden-Württemberg (Hrsg.):
Investitionen für Umweltschutz im Bergbau und Verarbeitenden Gewerbe 1976 bis 1978. In: Statistische Berichte, Stuttgart 1980.
Statistisches Landesamt Baden-Württemberg (Hrsg.):
Umweltschutzinvestitionen der Betriebe im Bergbau und Verarbeitenden Gewerbe 1979 und im Zeitraum 1977 bis 1979. In: Statistische Berichte, Stuttgart 1981.
Statistisches Landesamt Baden-Württemberg (Hrsg.):
Umweltschutzinvestitionen der Betriebe im Bergbau und Verarbeitenden Gewerbe 1980 (bis 1985). In: Statistische Berichte, Stuttgart 1982 bis 1987.

Fortsetzung Tab. 37

b)      Rheinland-Pfalz 1980[*] - 1985

| Industrie-gruppe | 1980 | | 1981 | | 1982 | | 1983 | | 1984 | | 1985 | |
|---|---|---|---|---|---|---|---|---|---|---|---|---|
| | A | % | A | % | A | % | A | % | A | % | A | % |
| VERARBEITEN-DES GEWERBE | 336 | 13,9 | 306 | 12,8 | 282 | 12,4 | 278 | 12,3 | 272 | 12,2 | 257 | 11,8 |
| GRUNDSTOFF- u. PRODUK-TIONSGÜTER | 111 | 24,6 | 91 | 21,6 | 87 | 23,2 | 94 | 23,4 | 90 | 23,0 | 86 | 22,8 |
| Steine u. Erden | 44 | 17,6 | 38 | 16,1 | 39 | 19,0 | 40 | 18,3 | 37 | 17,2 | 35 | 17,7 |
| NE-Metaller-zeug. | 7 | 50,0 | 7 | 46,7 | 8 | 50,0 | 7 | 46,7 | 8 | 50,0 | 7 | 46,7 |
| Gießerei | 7 | 30,4 | 8 | 34,8 | 7 | 33,3 | 4 | 19,0 | 4 | 20,1 | 5 | 22,7 |
| Chem. Ind. | 36 | 40,0 | 30 | 35,3 | 29 | 33,0 | 29 | 33,0 | 27 | 31,4 | 25 | 29,4 |
| Holzbearb. | 10 | 23,3 | 5 | 12,8 | . | . | 4 | 13,3 | 5 | 19,2 | 4 | 16,7 |
| Holzschliff... | 6 | 40,0 | 3 | 21,4 | 4 | 28,6 | 7 | 50,0 | 6 | 42,9 | 6 | 46,2 |
| Gummiverarb. | 1 | 6,6 | . | . | . | . | 3 | 20,0 | 3 | 20,0 | 3 | 20,0 |
| INVESTITIONS-GÜTER | 103 | 10,5 | 93 | 9,2 | 85 | 9,0 | 73 | 7,7 | 79 | 8,4 | 91 | 9,8 |
| Stahlverform. | 7 | 12,7 | 8 | 14,5 | 5 | 9,1 | 4 | 7,5 | 3 | 5,8 | 5 | 9,4 |
| Stahlbau | 13 | 13,5 | 5 | 5,2 | 9 | 9,5 | 6 | 6,6 | 3 | 3,7 | 4 | 5,3 |
| Maschinenbau | 25 | 11,6 | 24 | 10,8 | 18 | 8,7 | 19 | 9,0 | 20 | 9,5 | 22 | 10,0 |
| Straßenfahr-zeugbau | 25 | 8,2 | 21 | 6,6 | 23 | 7,3 | 18 | 6,0 | 20 | 6,7 | 31 | 10,9 |
| Elektrotechn. | 15 | 8,2 | 12 | 6,2 | 10 | 5,4 | 10 | 5,5 | 12 | 6,6 | 13 | 7,3 |
| Eisen-/Blechw. | 18 | 14,1 | 23 | 18,3 | 20 | 17,0 | 16 | 13,8 | 21 | 17,9 | 16 | 13,2 |
| VERBRAUCHSGÜT. | 86 | 11,1 | 74 | 9,7 | 61 | 9,0 | 72 | 10,1 | 68 | 9,6 | 50 | 7,4 |
| Musikinstrum. | 5 | 14,7 | 6 | 17,1 | 5 | 15,6 | 4 | 10,8 | 9 | 25,7 | 7 | 17,9 |
| Feinkeramik | 13 | 26,0 | 8 | 16,3 | 13 | 25,0 | 17 | 31,5 | 13 | 26,7 | 9 | 18,6 |
| Glasherstell. | 6 | 33,3 | 6 | 28,6 | 5 | 26,3 | 4 | 22,2 | 2 | 10,5 | 1 | 5,6 |
| Holzverarb. | 20 | 16,0 | 20 | 17,7 | 16 | 14,7 | 10 | 8,8 | 11 | 10,8 | 9 | 10,5 |
| Papier-/Pappe-verarb. | 5 | 10,4 | . | . | . | . | 4 | 9,5 | 4 | 10,0 | 1 | 2,5 |

Fortsetzung Tab. 37

| Industrie-gruppe | 1980 | | 1981 | | 1982 | | 1983 | | 1984 | | 1985 | |
|---|---|---|---|---|---|---|---|---|---|---|---|---|
| | A | % | A | % | A | % | A | % | A | % | A | % |
| Druckerei | 6 | 7,2 | 6 | 7,5 | 4 | 5,3 | 6 | 8,0 | 5 | 6,6 | 6 | 7,7 |
| Kunststoff-waren | 17 | 14,9 | 15 | 13,2 | 12 | 10,5 | 15 | 12,7 | 10 | 8,7 | 10 | 9,2 |
| Ledererz. | 8 | 4,2 | 8 | 4,2 | . | . | 5 | 2,9 | 6 | 3,1 | 1 | 0,6 |
| Textilgew. | 6 | 5,2 | 5 | 4,5 | 6 | 6,4 | 7 | 8,0 | 8 | 7,5 | 6 | 6,2 |
| NAHRUNGS- u. GENUSSMITTEL | 36 | 18,2 | 42 | 21,6 | 36 | 18,8 | 39 | 19,8 | 33 | 17,4 | 30 | 15,8 |

A    =    Anzahl der Betriebe mit Umweltschutzinvestitionen

%    =    Anteil der Betriebe mit Umweltschutzinvestitionen an der Gesamtzahl der Betriebe mit Investitionen (= Umweltschutzinvestitionshäufigkeit)

*        Für die Jahre 1976 bis 1979 ist die Umweltschutzinvestitionshäufigkeit nicht berechenbar.

Quelle:   Statistisches Landesamt Rheinland-Pfalz (Hrsg.): Investitionen für Umweltschutz im Produzierenden Gewerbe 1980 (bis 1985). In: Statistische Berichte, Bad Ems 1982 bis 1987.

Fortsetzung Tab. 37

c)   Saarland 1976 bis 1980

| Industriegruppe | 1976 | | 1977 | | 1978 | | 1979 | | 1980 | |
|---|---|---|---|---|---|---|---|---|---|---|
| | A | % | A | % | A | % | A | % | A | % |
| VERARBEITENDES GEWERBE | 62 | 13,8 | 69 | 13,0 | 63 | 12,6 | 67 | 13,3 | 68 | 13,8 |
| GRUNDSTOFF- u. PRODUKTIONSGÜTER | 16 | 21,1 | 23 | 24,2 | 22 | 23,7 | 24 | 27,9 | 26 | 28,6 |
| davon | | | | | | | | | | |
| Steine u. Erden | 3 | 8,8 | 5 | 11,1 | 5 | 11,1 | 4 | 11,8 | 5 | 13,9 |
| Eisen u. Stahl | 7 | 87,5 | 7 | 100,0 | 7 | 100,0 | 5 | 62,5 | 6 | 75,0 |
| Gießerei | 2 | 40,0 | 4 | 80,0 | 4 | 80,0 | 5 | 100,0 | 4 | 66,7 |
| Chem. Industrie | 2 | . | 3 | 15,8 | 2 | 11,8 | 4 | 21,1 | 3 | 15,8 |
| INVESTITIONSGÜTER | 27 | 12,9 | 30 | 12,0 | 27 | 11,5 | 28 | 11,5 | 30 | 12,6 |
| davon | | | | | | | | | | |
| Stahlbau | 1 | 2,9 | 3 | 6,1 | 6 | 13,0 | 1 | 2,1 | 4 | 9,1 |
| Maschinenbau | 8 | 13,1 | 5 | 7,6 | 8 | 12,3 | 7 | 10,4 | 10 | 14,7 |
| Straßenfahrzeugbau | 9 | 19,6 | 9 | 17,3 | 7 | 14,0 | 9 | 16,7 | 5 | 9,6 |
| Elektrotechnik | 3 | 11,1 | 5 | 16,1 | 3 | 10,7 | 6 | 22,2 | 4 | 13,8 |
| VERBRAUCHSGÜTER | 3 | 3,5 | 10 | 8,3 | 8 | 7,4 | 10 | 8,8 | 9 | 8,6 |
| NAHRUNGS- u. GENUSSMITTEL | 8 | 14,8 | 6 | 8,8 | 6 | 9,2 | 5 | 7,9 | 3 | 5,0 |

Fortsetzung Tab. 37

c)    Saarland 1981 bis 1985

| Industriegruppe | 1981 A | 1981 % | 1982 A | 1982 % | 1983 A | 1983 % | 1984 A | 1984 % | 1985 A | 1985 % |
|---|---|---|---|---|---|---|---|---|---|---|
| VERARBEITENDES GEWERBE | 72 | 19,6 | 58 | 11,8 | 53 | 11,0 | 55 | 11,4 | 64 | 12,3 |
| GRUNDSTOFF- u. PRODUKTIONSGÜTER | 31 | 32,0 | 26 | 28,6 | 21 | 24,1 | 16 | 19,5 | 25 | 27,1 |
| davon | | | | | | | | | | |
| Steine u. Erden | 11 | 26,2 | 6 | 15,0 | 4 | 11,1 | 1 | 3,1 | 4 | 10,5 |
| Eisen u. Stahl | 7 | 100,0 | 5 | 83,3 | 5 | 71,4 | 4 | 57,1 | 5 | 71,4 |
| Gießerei | 4 | 57,1 | 5 | 71,4 | 3 | 37,5 | 4 | 50,0 | 6 | 75,0 |
| Chem. Industrie | 3 | 15,8 | 3 | 15,8 | 3 | 15,8 | 5 | 18,7 | 4 | 22,2 |
| INVESTITIONSGÜTER | 27 | 11,6 | 26 | 10,1 | 22 | 9,4 | 27 | 11,3 | 26 | 10,6 |
| davon | | | | | | | | | | |
| Stahlbau | 3 | 6,8 | 1 | 2,1 | 1 | 2,2 | 1 | 2,2 | - | - |
| Maschinenbau | 7 | 11,7 | 6 | 9,2 | 6 | 9,4 | 8 | 11,8 | 7 | 10,0 |
| Straßenfahrzeugbau | 8 | 14,5 | 7 | 13,2 | 7 | 13,2 | 9 | 18,0 | 8 | 14,8 |
| Elektrotechnik | 4 | 13,8 | 5 | 17,2 | 5 | 16,7 | 3 | 9,1 | 3 | 8,6 |
| VERBRAUCHSGÜTER | 10 | 8,6 | 3 | 2,9 | 4 | 4,0 | 7 | 6,9 | 5 | 5,1 |
| NAHRUNGS- u. GENUSSMITTEL | 4 | 6,8 | 5 | 13,5 | 6 | 9,8 | 5 | 8,2 | 8 | 13,8 |

A    =    Anzahl der Betriebe mit Umweltschutzinvestitionen

%    =    Anteil der Betriebe mit Umweltschutzinvestitionen an der Gesamtzahl der Betriebe mit Investitionen

Quelle:    Statistisches Amt des Saarlandes: Investitionen für Umweltschutz im Produzierenden Gewerbe 1975 und 1976 (bis 1985). In: Statistische Berichte, Saarbrücken 1980 bis 1987.

Tab. 38: Größenordnung der Umweltschutzinvestitionen in den
Betrieben des Verarbeitenden Gewerbes mit Umweltschutzinvestitionen in Südwestdeutschland von 1976
bis 1985

a)    Baden-Württemberg 1976 - 1980

| | 1976 | | 1977 | | 1978 | | 1979 | | 1980 | |
|---|---|---|---|---|---|---|---|---|---|---|
| Industriegruppe | DM | % | DM | % | DM | % | DM | % | DM | % |
| VERARBEITENDES GEWERBE | 207,1 | 3,7 | 254,7 | 3,9 | 301,6 | 4,0 | 237,9 | 2,7 | 289,4 | 3,0 |
| GRUNDSTOFF- u. PRODUKTIONSGÜTER | 84,3 | 8,1 | 137,2 | 10,7 | 172,8 | 11,9 | 84,7 | 5,9 | 100,6 | 5,9 |
| Mineralölverarb. | 4,5 | 13,0 | 44,7 | 25,3 | 123,6 | 39,0 | 26,8 | 61,3 | 5,4 | 8,6 |
| Steine u. Erden | 11,7 | 5,7 | 15,8 | 5,8 | 8,2 | 3,1 | 19,0 | 5,2 | 32,9 | 8,4 |
| Eisen u. Stahl | | | | | | | - | - | - | - |
| NE-Metallerzeug. | 3,5 | 8,1 | 4,2 | 4,7 | 5,4 | 5,2 | 3,4 | 6,6 | 3,1 | 3,2 |
| Gießerei | 2,6 | 5,8 | 1,4 | 2,4 | 1,7 | 2,9 | 2,9 | 3,5 | 2,3 | 2,8 |
| Chem. Industrie | 25,7 | 5,9 | 25,0 | 5,7 | 17,5 | 4,3 | 17,2 | 3,6 | 26,5 | 4,8 |
| Holzbearbeitung | 1,5 | 2,5 | 1,2 | 2,4 | 2,1 | 2,6 | 2,4 | 3,9 | 2,5 | 4,2 |
| Holzschliff... | 30,5 | 22,1 | 44,0 | 33,8 | 13,6 | 10,5 | 11,4 | 5,0 | 24,9 | 7,7 |
| Gummiverarbeitung | 4,1 | 5,1 | 0,8 | 1,1 | 0,8 | 0,9 | 1,5 | 1,4 | 3,1 | 3,2 |
| INVESTITIONSGÜTER | 85,6 | 2,8 | 75,7 | 2,1 | 92,9 | 2,1 | 110,8 | 2,1 | 137,1 | 2,4 |
| Stahlverformung | 4,6 | 3,2 | 4,3 | 2,7 | 3,5 | 1,9 | 4,0 | 1,9 | 11,6 | 4,6 |
| Stahlbau | 0,4 | 2,0 | 0,5 | 1,0 | 0,4 | 0,9 | 0,4 | 0,5 | 0,3 | 0,4 |
| Maschinenbau | 9,8 | 1,4 | 9,4 | 1,2 | 12,2 | 1,3 | 7,6 | 0,7 | 10,5 | 0,8 |
| Straßenfahrzeugbau | 31,3 | 4,1 | 33,7 | 3,2 | 54,5 | 3,6 | 63,6 | 3,2 | 69,1 | 3,8 |
| Schiffahrt... | 0,8 | 2,7 | 0,3 | 0,5 | 0,1 | 0,4 | 0,0 | 0,0 | 0,2 | 0,6 |
| Elektrotechnik | 10,4 | 1,3 | 14,6 | 1,6 | 10,4 | 1,1 | 14,4 | 1,3 | 17,2 | 1,3 |
| Feinmechanik | 2,1 | 1,4 | 2,6 | 1,5 | 1,7 | 0,8 | 2,3 | 1,2 | 2,6 | 1,1 |
| Eisen-/Blechwaren | 5,8 | 2,8 | 2,7 | 1,1 | 3,9 | 1,5 | 4,7 | 1,4 | 6,6 | 1,9 |
| Büromaschinen | 20,4 | 8,8 | 7,7 | 3,6 | 6,2 | 2,1 | 13,7 | 4,7 | 19,2 | 5,8 |
| VERBRAUCHSGÜTER | 25,0 | 2,2 | 29,3 | 2,5 | 26,6 | 2,1 | 29,0 | 2,0 | 37,1 | 2,3 |
| Musikinstrumente | 1,2 | 2,8 | 1,2 | 2,0 | 0,8 | 1,1 | 1,5 | 1,9 | 0,6 | 0,8 |
| Feinkeramik | 0,5 | 5,7 | 0,1 | 0,4 | 0,2 | 2,2 | 0,7 | 4,6 | 1,3 | 5,3 |
| Glasherstellung | 0,9 | 1,9 | 1,0 | 2,7 | 2,9 | 3,8 | 1,1 | 1,8 | 1,6 | 2,7 |
| Holzverarbeitung | 3,9 | 2,9 | 4,0 | 2,4 | 6,3 | 3,2 | 6,8 | 3,4 | 14,2 | 5,5 |

Fortsetzung Tab. 38

| Industriegruppe | 1976 | | 1977 | | 1978 | | 1979 | | 1980 | |
|---|---|---|---|---|---|---|---|---|---|---|
| | DM | % | DM | % | DM | % | DM | % | DM | % |
| Papier-/Pappeverar. | 0,5 | 0,4 | 0,8 | 0,8 | 0,9 | 0,9 | 1,2 | 1,0 | 1,3 | 0,9 |
| Druckerei | 4,1 | 2,3 | 5,2 | 2,7 | 3,0 | 1,4 | 3,5 | 1,4 | 1,2 | 0,5 |
| Kunststoffwaren | 2,0 | 1,1 | 3,5 | 1,6 | 2,9 | 1,5 | 3,3 | 1,3 | 4,1 | 1,5 |
| Ledererzeugung | 0,5 | 5,2 | 1,0 | 5,1 | 2,2 | 21,0 | 1,1 | 12,7 | 0,4 | 5,6 |
| Lederverarbeitung | 0,1 | 0,6 | 0,1 | 0,5 | 0,2 | 0,7 | 0,8 | 2,3 | 0,1 | 0,3 |
| Textilgewerbe | 10,7 | 3,1 | 12,4 | 4,3 | 6,7 | 2,3 | 8,5 | 2,3 | 11,8 | 2,9 |
| Bekleidungsgewerbe | 0,4 | 0,8 | 0,1 | 0,3 | 0,6 | 1,0 | 0,6 | 1,0 | 0,4 | 0,8 |
| NAHRUNGS- u. | | | | | | | | | | |
| GENUSSMITTEL | 12,2 | 2,6 | 12,5 | 2,5 | 9,3 | 1,9 | 13,4 | 2,9 | 14,6 | 2,5 |
| Ernährungsg. | 12,2 | 2,8 | 12,4 | 2,6 | 9,2 | 2,0 | 13,4 | 2,6 | 14,5 | 2,6 |
| Tabakverarbeitung | 0,1 | 0,2 | 0,1 | 0,6 | 0,1 | 0,7 | - | - | 0,1 | 0,6 |

Fortsetzung Tab. 38

a)    Baden-Württemberg 1981 - 1985

| Industriegruppe | 1981 DM | 1981 % | 1982 DM | 1982 % | 1983 DM | 1983 % | 1984 DM | 1984 % | 1985 DM | 1985 % |
|---|---|---|---|---|---|---|---|---|---|---|
| VERARBEITENDES GEWERBE | 280,0 | 2,9 | 332,8 | 3,4 | 391,5 | 3,7 | 322,4 | 2,9 | 296,7 | 2,5 |
| GRUNDSTOFF- u. PRODUKTIONSGÜTER | 113,0 | 6,5 | 103,0 | 6,0 | 207,4 | 10,7 | 147,6 | 7,8 | 140,7 | 7,8 |
| Mineralölverarb. | 13,0 | 16,0 | 18,0 | 7,2 | 83,4 | 27,3 | 4,1 | 3,6 | 5,7 | . |
| Steine u. Erden | 24,2 | 6,5 | 13,3 | 4,6 | 12,5 | 3,9 | 21,4 | 6,1 | 31,2 | 9,2 |
| Eisen u. Stahl | - | - | - | - | - | - | 0,6 | 3,0 | 12,9 | . |
| NE-Metallerzeugung | 6,9 | 6,2 | 12,9 | 11,0 | 10,6 | 10,4 | 6,9 | 6,6 | 10,4 | 9,4 |
| Gießerei | 4,4 | 5,7 | 4,7 | 8,7 | 1,4 | 2,4 | 5,5 | 6,8 | 3,7 | 3,7 |
| Chem. Industrie | 29,6 | 5,0 | 34,6 | 5,3 | 74,8 | 9,8 | 81,5 | 8,7 | 50,7 | 6,3 |
| Holzbearbeitung | 1,3 | 3,2 | 3,1 | 10,7 | 4,5 | 8,1 | 1,1 | 1,9 | 1,4 | 3,6 |
| Holzschliff... | 32,0 | 9,7 | 15,2 | 9,1 | 19,1 | 10,7 | 25,4 | 23,1 | 24,0 | 14,9 |
| Gummiverarbeitung | 1,6 | 1,3 | 1,3 | 0,9 | 1,0 | 1,0 | 1,1 | 0,9 | 0,9 | 0,7 |
| INVESTITIONSGÜTER | 122,8 | 2,1 | 195,0 | 3,1 | 149,9 | 2,3 | 133,7 | 1,9 | 116,5 | 1,5 |
| Stahlverformung | 7,4 | 3,5 | 4,4 | 2,3 | 3,2 | 1,6 | 3,7 | 1,5 | 7,6 | 2,8 |
| Stahlbau | 1,4 | 1,8 | 0,6 | 1,0 | 1,9 | 2,5 | 1,3 | 1,9 | 0,5 | 0,5 |
| Maschinenbau | 10,9 | 0,9 | 7,9 | 0,7 | 10,0 | 0,8 | 8,6 | 0,6 | 16,8 | 1,0 |
| Straßenfahrzeugbau | 61,8 | 2,8 | 148,1 | 5,3 | 97,2 | 4,0 | 100,9 | 4,3 | 60,0 | 2,6 |
| Schiffahrt... | 0,4 | 1,0 | 0,1 | 0,2 | 0,1 | 0,2 | 0,4 | 1,3 | 0,1 | 0,1 |
| Elektrotechnik | 8,4 | 0,7 | 9,1 | 0,9 | 10,7 | 0,8 | 6,7 | 0,4 | 13,3 | 0,7 |
| Feinmechanik | 2,1 | 0,9 | 1,2 | 0,5 | 1,1 | 0,4 | 1,1 | 0,4 | 4,2 | 1,2 |
| Eisen-/Blechwaren | 5,8 | 1,6 | 7,2 | 2,2 | 10,5 | 3,0 | 5,7 | 1,5 | 8,0 | 1,8 |
| Büromaschinen | 24,7 | 7,0 | 16,3 | 5,2 | 15,3 | 3,8 | 5,2 | 0,9 | 6,0 | 0,9 |
| VERBRAUCHSGÜTER | 35,3 | 2,3 | 25,9 | 1,9 | 23,0 | 1,5 | 25,7 | 1,6 | 25,6 | 1,5 |
| Musikinstrumente | 0,8 | 1,2 | 0,5 | 0,9 | 0,2 | 0,3 | 0,9 | 1,3, | 0,8 | 0,8 |
| Feinkeramik | 0,4 | 1,5 | 0,1 | 0,8 | 0,1 | 0,5 | 0,4 | 2,1 | 0,1 | . |
| Glasherstellung | 4,4 | 6,6 | 2,2 | 3,6 | 0,4 | 0,6 | 5,6 | 6,6 | 1,2 | 1,4 |
| Holzverarbeitung | 8,5 | 4,2 | 3,6 | 2,7 | 6,2 | 3,4 | 3,9 | 2,1 | 3,6 | 2,2 |
| Papier-/Pappeverar. | 8,0 | 3,9 | 1,3 | 0,8 | 0,5 | 0,3 | 1,1 | 0,8 | 1,3 | 0,6 |
| Druckerei | 0,6 | 0,2 | 2,5 | 0,9 | 3,4 | 1,1 | 1,7 | 0,6 | 7,3 | 2,5 |
| Kunststoffwaren | 2,6 | 0,9 | 6,8 | 2,7 | 2,2 | 0,8 | 3,1 | 0,9 | 3,4 | 0,9 |

Fortsetzung Tab. 38

| Industriegruppe | 1981 | | 1982 | | 1983 | | 1984 | | 1985 | |
|---|---|---|---|---|---|---|---|---|---|---|
| | DM | % | DM | % | DM | % | DM | % | DM | % |
| Ledererzeugung | 0,7 | 6,1 | 0,2 | 1,6 | 2,7 | 20,4 | 1,1 | 6,3 | 1,1 | 9,4 |
| Lederverarbeitung | 0,2 | 0,9 | 0,1 | 0,3 | 0,1 | 0,1 | 0,6 | 2,6 | 0,7 | 2,6 |
| Textilgewerbe | 8,8 | 3,2 | 8,3 | 2,7 | 6,9 | 1,8 | 7,2 | 2,0 | 6,0 | 1,4 |
| Bekleidungsgewerbe | 0,1 | 0,3 | 0,3 | 0,8 | 0,4 | 0,9 | 0,2 | 0,3 | 0,2 | 0,4 |
| NAHRUNGS- u. GENUSSMITTEL | 8,9 | 2,1 | 8,9 | 1,6 | 11,2 | 1,7 | 15,4 | 2,5 | 13,8 | 2,1 |
| Ernährungsg. | 8,5 | 1,6 | 8,8 | 1,6 | 11,1 | 1,8 | 15,4 | 2,6 | 13,6 | 2,1 |
| Tabakverarbeitung | 0,4 | 2,3 | 0,1 | 0,8 | 0,1 | 0,2 | 0,0 | 0,0 | 0,2 | 1,7 |

DM  =  Mio. DM

%  =  Anteil der Umweltschutzinvestitionen an den Gesamtinvestitionen

Quelle:  Statistisches Landesamt Baden-Württemberg (Hrsg.):
Investitionen für Umweltschutz im Bergbau und Verarbeitenden Gewerbe 1976 bis 1978. In: Statistische Berichte, Stuttgart 1980.
Statistisches Landesamt Baden-Württemberg (Hrsg.):
Umweltschutzinvestitionen der Betriebe im Bergbau und Verarbeitenden Gewerbe 1979 und im Zeitraum 1977 bis 1979. In: Statistische Berichte, Stuttgart 1981.
Statistisches Landesamt Baden-Württemberg (Hrsg.):
Umweltschutzinvestitionen der Betriebe im Bergbau und Verarbeitenden Gewerbe 1980 (bis 1985). In: Statistische Berichte, Stuttgart 1982 bis 1987.

Fortsetzung Tab. 38

b)    Rheinland-Pfalz 1976 - 1980

| Industriegruppe | 1976 | | 1977 | | 1978 | | 1979 | | 1980 | |
|---|---|---|---|---|---|---|---|---|---|---|
| | DM | % | DM | % | DM | % | DM | % | DM | % |
| VERARBEITENDES GEWERBE | 174,7 | 8,2 | 169,6 | 6,5 | 142,9 | 5,2 | 140,3 | 4,8 | 138,8 | 4,0 |
| GRUNDSTOFF- u. PRODUKTIONSGÜTER | 138,7 | - | - | - | - | - | - | - | - | - |
| Steine u. Erden | 6,1 | 5,4 | 9,0 | 6,0 | 6,8 | 4,9 | 6,0 | 3,4 | 8,7 | 4,4 |
| NE-Metallerzeugung | 3,1 | 6,1 | 2,2 | 3,0 | 4,5 | 5,5 | 1,2 | 2,3 | 1,5 | 5,0 |
| Gießerei | 1,3 | 5,7 | 0,9 | 5,4 | 2,0 | 10,6 | 1,7 | 7,0 | 1,5 | 3,9 |
| Chem. Industrie | 122,4 | 13,0 | 125,8 | 10,0 | 85,7 | 7,5 | 84,5 | 8,2 | 75,0 | 7,5 |
| Holzbearbeitung | 3,8 | 8,1 | 3,3 | 4,9 | 7,8 | 17,6 | 1,7 | 4,5 | 1,3 | 4,3 |
| Holzschliff... | 1,4 | 7,4 | 0,9 | 1,8 | 2,4 | 6,5 | 0,7 | 3,3 | 0,5 | 2,2 |
| Gummiverarbeitung | 0,5 | 2,2 | . | . | . | . | . | . | . | . |
| INVESTITIONSGÜTER | 13,0 | - | 10,1 | - | 5,8 | - | 20,8 | - | - | - |
| Stahlverformung | 2,2 | 6,4 | 1,2 | 4,2 | 0,9 | 3,3 | 0,3 | 1,3 | . | . |
| Stahlbau | 0,1 | 1,0 | 0,4 | 2,9 | 0,4 | 2,6 | 0,9 | 3,5 | 0,7 | 2,7 |
| Maschinenbau | 4,4 | 3,2 | 2,8 | 1,9 | 1,5 | 0,8 | 13,7 | 5,5 | 2,3 | 0,8 |
| Straßenfahrzeugbau | 3,4 | 2,8 | 2,6 | 1,5 | 1,4 | 0,5 | 3,0 | 0,8 | 6,7 | 1,0 |
| Elektrotechnik | 0,7 | 1,7 | 1,6 | 3,2 | 0,3 | 0,5 | 0,4 | 0,6 | 0,2 | 0,3 |
| Eisen-/Blechwaren | 2,2 | 2,9 | 1,6 | 2,0 | 1,3 | 2,1 | 2,4 | 2,9 | 1,6 | 1,8 |
| VERBRAUCHSGÜTER | 9,4 | - | - | - | - | - | - | - | - | - |
| Musikinstrumente | 0,1 | 2,5 | 0,1 | 2,5 | . | . | . | . | . | . |
| Feinkeramik | 0,9 | 4,7 | 1,4 | 4,6 | 1,5 | 6,0 | 1,4 | 4,3 | 0,5 | 2,0 |
| Glasherstellung | 2,7 | 5,8 | 1,1 | 2,0 | 3,6 | 4,5 | 0,8 | 1,6 | 3,6 | 4,9 |
| Holzverarbeitung | 0,7 | 2,3 | 1,6 | 3,7 | 1,6 | 3,0 | 2,4 | 3,4 | 1,8 | 3,3 |
| Papier-/Pappeverar. | 0,2 | 0,5 | 0,3 | 1,5 | 0,7 | 2,3 | 1,3 | 3,9 | . | . |
| Druckerei | 1,2 | 4,5 | . | . | 0,2 | 0,4 | 0,2 | 0,4 | 1,7 | 1,8 |
| Kunststoffwaren | 2,0 | 3,6 | 3,0 | 4,5 | 2,3 | 2,2 | 2,7 | 2,0 | 2,0 | 1,5 |
| Ledererzeugung | 0,2 | 0,6 | 0,2 | 0,6 | 0,5 | 1,2 | 1,0 | 2,1 | 0,4 | 0,8 |
| Textilgewerbe | 1,4 | 3,9 | 0,7 | 1,6 | 2,5 | 3,6 | 1,7 | 2,8 | 1,3 | 1,9 |
| NAHRUNGS- u. GENUSSMITTEL | 13,6 | 6,4 | 8,9 | 4,1 | 15,0 | 7,8 | 11,8 | 4,8 | 26,3 | 8,9 |

Fortsetzung Tab. 38

b)    Rheinland-Pfalz 1981 - 1985

| Industriegruppe | 1981 DM | 1981 % | 1982 DM | 1982 % | 1983 DM | 1983 % | 1984 DM | 1984 % | 1985 DM | 1985 % |
|---|---|---|---|---|---|---|---|---|---|---|
| VERARBEITENDES GEWERBE | 117,6 | 3,4 | 121,1 | 4,1 | 125,5 | 4,0 | 151,8 | 4,9 | 168,1 | 5,3 |
| GRUNDSTOFF- u. PRODUKTIONSGÜTER | - | - | - | - | 89,5 | - | 112,5 | 7,8 | 111,3 | 7,6 |
| Steine u. Erden | 8,3 | 4,2 | 7,4 | 4,4 | 6,6 | 3,7 | 6,4 | 4,0 | 5,8 | 3,4 |
| NE-Metallerzeug. | 1,9 | 2,0 | 3,7 | 2,6 | 3,0 | 2,5 | 5,9 | 4,6 | 1,6 | 2,3 |
| Gießerei | 0,7 | 3,3 | 0,8 | 4,1 | 0,3 | 1,7 | 0,3 | 2,3 | . | . |
| Chem. Industrie | 65,8 | 6,6 | 67,2 | 7,3 | 75,1 | 9,6 | 88,1 | 8,0 | 91,7 | 8,5 |
| Holzbearbeitung | 1,8 | 7,9 | . | . | 0,8 | 3,5 | 0,9 | 3,1 | 1,3 | 6,8 |
| Holzschliff... | 0,3 | 1,5 | 0,9 | 2,8 | 2,1 | 6,8 | 2,5 | 11,5 | 5,3 | 18,7 |
| Gummiverarbeitung | . | . | . | . | 1,4 | 3,6 | 0,4 | 1,0 | 0,4 | 0,6 |
| INVESTITIONSGÜTER | 11,9 | - | - | - | 13,6 | - | 10,5 | 1,3 | 42,3 | 5,0 |
| Stahlverformung | 0,6 | 1,6 | 0,1 | 0,4 | 0,6 | 1,5 | . | . | 0,1 | . |
| Stahlbau | 0,3 | 1,9 | 0,6 | 3,2 | 0,1 | 0,5 | . | . | . | . |
| Maschinenbau | 1,7 | 0,5 | 3,7 | 1,1 | 1,2 | 0,4 | 2,6 | 0,9 | . | . |
| Straßenfahrzeugbau | 5,0 | 0,8 | 3,3 | 1,0 | 6,6 | 1,2 | 4,3 | 1,4 | . | . |
| Elektrotechnik | 0,2 | 0,3 | . | . | 0,1 | 0,2 | 0,2 | 0,2 | 0,7 | 0,8 |
| Eisen-/Blechwaren | 4,1 | 5,9 | 2,9 | 3,8 | 5,0 | 4,3 | 3,2 | 3,5 | 1,6 | 1,8 |
| VERBRAUCHSGÜTER | - | - | - | - | 7,7 | - | 8,1 | 1,7 | 4,6 | 0,8 |
| Musikinstrumente | . | . | 0,1 | 2,1 | 0,2 | 3,1 | 0,7 | 11,1 | 0,1 | 1,6 |
| Feinkeramik | 0,8 | 3,0 | 1,1 | 7,2 | 1,1 | 5,4 | 2,2 | 9,1 | 0,7 | 4,0 |
| Glasherstellung | 1,8 | 3,0 | 1,0 | 1,9 | 1,0 | 2,2 | . | . | . | . |
| Holzverarbeitung | 0,9 | 1,7 | 0,9 | 1,3 | 0,4 | 0,5 | 0,7 | 0,9 | 0,3 | 0,7 |
| Papier-/Pappeverar. | . | . | . | . | 0,8 | 2,0 | 0,1 | 0,3 | . | . |
| Druckerei | 0,2 | 0,3 | . | . | 0,1 | 0,1 | 0,1 | 0,2 | . | . |
| Kunststoffwaren | 1,1 | 1,1 | 1,3 | 1,6 | 0,7 | 0,6 | 0,8 | 0,6 | 0,8 | 0,5 |
| Ledererzeugung | 0,3 | 0,8 | . | . | 0,3 | 0,9 | . | . | . | . |
| Textilgewerbe | 0,7 | 1,2 | 0,2 | 0,4 | 3,1 | 5,6 | 1,4 | 4,1 | 1,6 | 2,3 |
| NAHRUNGS- u. GENUSSMITTEL | 12,3 | 4,0 | 16,3 | 5,7 | 14,8 | 4,4 | 20,7 | 6,3 | 9,9 | 3,4 |

Fortsetzung Tab. 38

DM    =    Mio. DM

%    =    Anteil der Umweltschutzinvestitionen an den Gesamtinvestitionen

Quelle:    Statistisches Landesamt Rheinland-Pfalz (Hrsg.):
           Investitionen für Umweltschutz im Produzierenden Gewerbe 1976 (bis 1985).
           In: Statistische Berichte, Bad Ems 1979 bis 1987.

### c)    Saarland 1976 - 1980

| Industriegruppe | 1976 | | 1977 | | 1978 | | 1979 | | 1980 | |
|---|---|---|---|---|---|---|---|---|---|---|
| | DM | % | DM | % | DM | % | DM | % | DM | % |
| VERARBEITENDES | | | | | | | | | | |
| GEWERBE | 40,8 | | 16,0 | 3,0 | 42,8 | 7,5 | 39,6 | 4,6 | 46,3 | 3,9 |
| GRUNDSTOFF- u. | | | | | | | | | | |
| PRODUKTIONSGÜTER | - | - | 11,3 | 6,0 | 36,2 | 16,6 | 32,3 | 9,2 | 41,8 | 6,7 |
| davon | | | | | | | | | | |
| Steine u. Erden | 0,7 | 6,4 | 0,2 | 2,2 | 0,2 | 1,7 | 0,5 | 3,1 | 1,5 | 6,4 |
| Eisen u. Stahl | 23,3 | 8,8 | 7,9 | 7,4 | 12,7 | 12,0 | 17,8 | 7,0 | 37,6 | 7,1 |
| Gießerei | . | . | 0,4 | 1,5 | 1,0 | 3,3 | 0,1 | 3,4 | 1,0 | 4,1 |
| Chem. Industrie | . | . | 0,5 | 2,8 | . | . | 0,2 | 2,4 | 0,4 | 3,3 |
| INVESTITIONSGÜTER | - | - | 1,7 | 0,7 | 2,7 | 1,2 | 4,7 | 1,2 | 2,8 | 0,6 |
| davon | | | | | | | | | | |
| Stahlbau | . | . | 0,2 | 1,0 | 0,3 | 1,3 | . | . | 0,6 | 6,5 |
| Maschinenbau | 0,4 | 0,9 | 0,1 | 0,3 | 0,9 | 1,9 | 0,8 | 1,0 | 0,6 | 0,7 |
| Straßenfahrzeugbau | 1,0 | 0,9 | 0,6 | 0,8 | 0,8 | 0,9 | 1,8 | 0,8 | 0,5 | 0,2 |
| Elektrotechnik | 0,0 | 0,0 | 0,4 | 1,4 | 0,3 | 1,1 | 0,3 | 1,0 | 0,5 | 1,2 |
| VERBRAUCHSGÜTER | - | - | 0,6 | 0,9 | 0,8 | 1,1 | 1,1 | 1,6 | 0,8 | 1,2 |
| NAHRUNGS- u. | | | | | | | | | | |
| GENUSSMITTEL | - | - | 2,5 | 4,2 | 3,1 | 4,8 | 1,6 | 3,3 | 0,9 | 1,4 |

Fortsetzung Tab. 38

c)    Saarland 1981 - 1985

| Industriegruppe | 1981 | | 1982 | | 1983 | | 1984 | | 1985 | |
|---|---|---|---|---|---|---|---|---|---|---|
| | DM | % | DM | % | DM | % | DM | % | DM | % |
| VERARBEITENDES GEWERBE | 49,3 | 5,0 | 34,8 | 3,4 | 13,2 | 1,5 | 18,9 | 1,9 | 92,5 | 6,2 |
| GRUNDSTOFF- u. PRODUKTIONSGÜTER | 45,2 | 8,0 | 28,5 | 5,7 | 6,2 | 2,1 | 10,3 | 2,7 | 76,1 | 9,5 |
| davon | | | | | | | | | | |
| Steine u. Erden | 0,3 | 1,2 | 0,6 | 3,1 | 0,3 | 1,9 | . | . | 0,2 | 1,3 |
| Eisen u. Stahl | 42,5 | 9,7 | 23,5 | 6,1 | 3,3 | 1,8 | 7,9 | 2,8 | 69,0 | 10,2 |
| Gießerei | 1,3 | 6,0 | 3,6 | 9,6 | 2,0 | 4,8 | 1,4 | 5,6 | 3,1 | 8,5 |
| Chem. Industrie | 0,1 | 0,6 | 0,2 | 2,1 | 0,1 | 1,0 | 1,0 | 0,4 | 1,4 | 6,2 |
| INVESTITIONSGÜTER | 3,1 | 1,2 | 4,3 | 1,2 | 4,8 | 1,2 | 7,0 | 1,8 | 12,0 | 2,1 |
| davon | | | | | | | | | | |
| Stahlbau | 0,1 | 0,4 | 0,3 | 0,7 | . | . | . | . | - | - |
| Maschinenbau | 0,6 | 0,8 | 1,2 | 1,5 | 1,9 | 2,4 | 0,8 | 1,0 | 1,9 | 1,8 |
| Straßenfahrzeugbau | 0,7 | 0,8 | 1,3 | 0,9 | 2,0 | 0,9 | 2,2 | 1,3 | 3,9 | 1,4 |
| Elektrotechnik | 0,5 | 1,5 | 0,8 | 1,7 | 0,3 | 0,7 | 0,6 | 1,7 | 0,8 | 1,6 |
| VERBRAUCHSGÜTER | 0,6 | 0,7 | 0,4 | 0,5 | 0,5 | 0,6 | 1,3 | 1,0 | 0,8 | 1,1 |
| NAHRUNGS- u. GENUSSMITTEL | 0,4 | 0,5 | 1,6 | 2,1 | 1,6 | 2,2 | 0,2 | 0,3 | 3,5 | 6,1 |

DM  =  Mio. DM

%  =  Anteil der Umweltschutzinvestitionen an den Gesamtinvestitionen

Quelle:   Statistisches Amt des Saarlandes: Investitionen für Umweltschutz im
          Produzierenden Gewerbe 1975 und 1976 (bis 1985). In: Statistische
          Berichte, Saarbrücken 1980 bis 1987.

Tab. 39: Verteilung der Umweltschutzinvestitionen auf die Umweltschutzbereiche in ausgefählten Industriegruppen des Verarbeitenden Gewerbes Südwestdeutschlands im Zeitraum von 1976 bis 1985 in Mio. DM und in % der Umweltschutzinvestitionen einer Branche.

a)  Baden-Württemberg

| Industriegruppe | Abfallbe-seitigung DM | % | Gewässer-schutz DM | % | Lärmbe-kämpfung DM | % | Luftrein-haltung DM | % |
|---|---|---|---|---|---|---|---|---|
| VERARBEITENDES GEWERBE | 308,2 | 10,6 | 1.324,8 | 45,5 | 146,7 | 5,0 | 1.134,2 | 38,9 |
| GRUNDSTOFF- u. PRODUKTIONSGÜTER | 77,9 | 6,0 | 529,1 | 41,0 | 59,0 | 4,6 | 625,6 | 48,4 |
| davon |  |  |  |  |  |  |  |  |
| Mineralölverarb. | 7,5 | 2,3 | 76,5 | 23,2 | 12,0 | 3,6 | 233,3 | 70,9 |
| Steine u. Erden | 10,5 | 5,5 | 19,5 | 10,2 | 12,8 | 6,7 | 147,4 | 77,5 |
| NE-Metallerzeug. | 3,7 | 5,6 | 25,9 | 38,6 | 4,5 | 6,7 | 33,0 | 49,1 |
| Chem. Industrie | 17,7 | 4,6 | 228,7 | 59,7 | 12,6 | 3,3 | 124,1 | 32,4 |
| Holzschliff... | 28,5 | 11,9 | 165,8 | 69,1 | 5,0 | 2,1 | 40,7 | 16,9 |
| INVESTITIONSGÜTER | 191,1 | 15,6 | 622,2 | 51,0 | 57,1 | 4,8 | 349,5 | 28,6 |
| davon |  |  |  |  |  |  |  |  |
| Maschinenbau | 10,8 | 10,4 | 38,6 | 37,2 | 12,7 | 12,3 | 41,7 | 40,1 |
| Straßenfahrzeugbau | 161,7 | 22,4 | 340,2 | 47,2 | 12,1 | 1,7 | 206,4 | 28,2 |
| Elektrotechnik | 8,2 | 7,1 | 57,1 | 49,6 | 13,2 | 11,5 | 36,7 | 31,8 |
| Eisen-/Blechwaren | 2,6 | 4,4 | 33,6 | 55,4 | 9,2 | 15,2 | 15,2 | 25,0 |
| Büromaschinen | 1,6 | 1,2 | 105,1 | 78,1 | 0,2 | 0,2 | 27,5 | 20,5 |
| VERBRAUCHSGÜTER | 31,8 | 11,2 | 111,3 | 39,4 | 19,2 | 6,8 | 120,2 | 42,6 |
| davon |  |  |  |  |  |  |  |  |
| Holzverarbeitung | 12,0 | 19,7 | 4,8 | 7,8 | 3,5 | 5,7 | 40,7 | 66,7 |
| Druckerei | 0,8 | 2,6 | 7,2 | 22,2 | 3,2 | 9,7 | 21,3 | 65,5 |
| Kunststoffwaren | 4,2 | 12,3 | 12,8 | 37,7 | 5,1 | 15,1 | 11,9 | 34,9 |
| Textilgewerbe | 1,9 | 2,2 | 59,9 | 68,4 | 2,4 | 2,8 | 23,3 | 26,6 |
| NAHRUNGS- u. GENUSSMITTEL | 7,5 | 6,2 | 62,3 | 51,9 | 11,4 | 9,5 | 38,9 | 32,4 |

218

Fortsetzung Tab. 39


Quelle:    Statistisches Landesamt Baden-Württemberg (Hrsg.):
           Investitionen für Umweltschutz im Bergbau und Verarbeitenden Gewerbe
           1976 bis 1978. In: Statistische Berichte, Stuttgart 1980.
           Statistisches Landesamt Baden-Württemberg (Hrsg.):
           Umweltschutzinvestitionen der Betriebe im Bergbau und Verarbeitenden
           Gewerbe 1979 und im Zeitraum 1977 bis 1979. In: Statistische Berichte,
           Stuttgart 1981.
           Statistisches Landesamt Baden-Württemberg (Hrsg.):
           Umweltschutzinvestitionen der Betriebe im Bergbau und Verarbeitenden
           Gewerbe 1980 (bis 1985). In: Statistische Berichte, Stuttgart
           1982 bis 1987.

Fortsetzung Tab. 39

a)   Rheinland-Pfalz

| Industriegruppe | Abfallbe-seitigung | | Gewässer-schutz | | Lärmbe-kämpfung | | Luftrein-haltung | |
|---|---|---|---|---|---|---|---|---|
| | DM | % | DM | % | DM | % | DM | % |
| VERARBEITENDES GEWERBE[1] | 178,7 | 12,4 | 440,3 | 30,5 | 135,7 | 9,4 | 690,6 | 47,7 |
| Steine u. Erden | 10,4 | 14,7 | 10,7 | 15,1 | 8,9 | 12,6 | 41,0 | 57,6 |
| NE-Metallerzeug. | 0,8 | 2,9 | 6,7 | 23,4 | 1,3 | 4,7 | 19,7 | 69,0 |
| Chem. Industrie[2] | 121,6 | 13,8 | 268,7 | 30,5 | 59,3 | 6,7 | 431,7 | 49,0 |
| Holzbearb. | 7,5 | 33,3 | 4,5 | 19,8 | 1,9 | 8,5 | 8,7 | 38,4 |
| Holzschliff... | 0,3 | 2,0 | 12,9 | 74,9 | 0,3 | 1,5 | 3,7 | 21,6 |
| Maschinenbau[3] | 2,1 | 9,5 | 6,3 | 28,9 | 3,7 | 17,1 | 9,7 | 44,5 |
| Straßenfahrzeugbau[3] | 3,6 | 10,3 | 10,2 | 29,2 | 5,2 | 15,0 | 15,9 | 45,5 |
| Eisen-/Blechwaren | 1,0 | 3,8 | 7,8 | 28,7 | 3,2 | 11,9 | 15,1 | 55,6 |
| Feinkeramik | 0,2 | 1,6 | 4,7 | 41,8 | 0,4 | 3,3 | 6,0 | 53,3 |
| Glasherstellung[3] | 2,2 | 15,3 | 2,8 | 19,5 | 0,5 | 3,3 | 9,0 | 61,9 |
| Holzverarb. | 3,8 | 35,6 | 0,4 | 3,8 | 0,4 | 4,2 | 6,0 | 56,4 |
| Kunststoffwaren | 2,4 | 12,5 | 2,2 | 11,4 | 7,5 | 39,4 | 7,0 | 36,7 |
| Textilgewerbe | 0,3 | 1,8 | 3,3 | 22,8 | 1,8 | 12,7 | 9,1 | 62,7 |
| NAHRUNGS- u. GENUSSMITTEL | 9,4 | 6,3 | 54,7 | 36,8 | 32,4 | 21,8 | 52,0 | 35,0 |

[1]   für Grundstoff-, Produktions-, Investitions- und Verbrauchsgütersektor nicht
      statistisch ausgewiesen

[2]   der hohe Betrag für Luftreinhaltung wird durch die Mineralölverarbeitung verur-
      sacht, die in dieser Branche mitgeführt wird

[3]   ohne 1985

Quelle:   Statistisches Landesamt Rheinland-Pfalz (Hrsg.):
          Investitionen für Umweltschutz im Produzierenden Gewerbe 1976 (bis 1985).
          In: Statistische Berichte, Bad Ems 1979 bis 1987.

Fortsetzung Tab. 39

c)  Saarland

| Industriegruppe | Abfallbe-seitigung | | Gewässer-schutz | | Lärmbe-kämpfung | | Luftrein-haltung | |
|---|---|---|---|---|---|---|---|---|
| | DM | % | DM | % | DM | % | DM | % |
| VERARBEITENDES GEWERBE | 8,3 | 2,1 | 101,5 | 26,4 | 28,4 | 7,4 | 246,3 | 64,1 |
| GRUNDSTOFF- u. PRODUKTIONSGÜTER[1] | 2,3 | 0,8 | 77,3 | 26,8 | 21,0 | 7,3 | 187,3 | 65,0 |
| davon | | | | | | | | |
| Steine u. Erden | 1,0 | 27,9 | 0,2 | 5,3 | 1,0 | 28,5 | 1,4 | 38,2 |
| Eisen u. Stahl | 0,2 | 0,1 | 75,0 | 30,5 | 13,6 | 5,5 | 156,5 | 63,7 |
| INVESTITIONSGÜTER[1] | 2,6 | 6,1 | 13,2 | 30,7 | 4,1 | 9,6 | 23,1 | 53,5 |
| Maschinenbau[2] | 0,4 | 4,4 | 1,7 | 18,2 | 1,2 | 13,2 | 5,8 | 64,2 |
| Straßenfahrzeugbau | 1,3 | 8,6 | 4,0 | 27,1 | 1,1 | 7,7 | 8,3 | 56,6 |
| VERBRAUCHSGÜTERSEKTOR[1] | 1,8 | 26,3 | 2,0 | 28,4 | 0,3 | 4,0 | 2,9 | 41,2 |
| NAHRUNGS- u. GENUSSMITTEL | 0,1 | 0,5 | 5,5 | 31,7 | 0,8 | 4,6 | 11,0 | 63,2 |

[1]  ohne 1976

[2]  ohne 1984

Quelle:  Statistisches Amt des Saarlandes: Investitionen für Umweltschutz im Produzierenden Gewerbe 1975 und 1976 (bis 1985). In: Statistische Berichte, Saarbrücken 1980 bis 1987.

Tab. 40:  Art der Umweltschutzinvestitionen im Verarbeitenden Gewerbe Baden-Württembergs
1976 bis 1985 nach ausschließlich dem Umweltschutz dienenden Sachanlagen (A),
verfahrensbezogenen (V) und produktbezogenen (P) Maßnahmen (in % der gesamten
Umweltschutzinvestition einer Industriegruppe)

| Industriegruppe | 1976 | | | 1977 | | | 1978 | | | 1979 | | | 1980 | | |
|---|---|---|---|---|---|---|---|---|---|---|---|---|---|---|---|
| | A | V | P | A | V | P | A | V | P | A | V | P | A | V | P |
| VERARBEITENDES GEWERBE | 87,1 | 7,0 | 5,9 | 70,0 | 18,3 | 11,7 | 48,1 | 23,3 | 28,6 | 86,5 | 10,8 | 2,7 | 84,1 | 15,4 | 0,5 |
| GRUNDSTOFF- u. PRODUKTIONSGÜTER[1] | | | | 73,0 | 7,8 | 19,1 | 38,4 | 13,0 | 48,6 | 77,0 | 17,2 | 5,8 | 72,1 | 27,6 | 0,3 |
| Mineralölverarb. | 48,5 | 28,5 | 23,0 | 35,4 | 16,6 | 48,0 | 17,2 | 14,8 | 68,0 | 62,7 | 20,3 | 17,0 | 86,3 | 13,5 | 0,2 |
| Steine u. Erden | 70,6 | 16,8 | 12,6 | 96,7 | 3,2 | | 90,5 | 9,5 | | 86,3 | 12,3 | 1,4 | 28,4 | 71,0 | 0,5 |
| Eisen u. Stahl | 100,0 | | | 100,0 | | | 99,7 | 0,3 | | - | | | . | | |
| NE-Metallerzeug. | 93,6 | 6,5 | | 93,9 | 6,1 | | 95,7 | 4,3 | | 82,0 | 18,0 | | 98,2 | 1,6 | |
| Gießerei | 99,9 | 0,1 | | 91,7 | 8,3 | | 83,2 | 16,8 | | 77,1 | 22,9 | | 83,5 | 16,5 | |
| Chem. Industrie | 84,1 | 15,8 | 0,1 | 87,7 | 8,8 | 3,4 | 87,1 | 12,9 | | 71,6 | 28,4 | | 87,5 | 12,2 | 0,3 |
| Holzbearbeitung | 72,6 | 27,4 | | 85,3 | 14,7 | | 96,1 | 3,9 | | 85,6 | 14,4 | | 97,6 | 0,6 | 1,8 |
| Holzschliff... | 99,6 | 0,3 | | 91,0 | 0,2 | 8,8 | 98,8 | 1,2 | | 95,9 | 3,5 | 0,6 | 99,6 | 0,4 | |
| Gummiverarbeitung | 95,4 | 3,5 | | 92,4 | 7,6 | | 45,5 | 54,5 | | 84,8 | 15,1 | | 100,0 | | |

Fortsetzung Tab. 40

| Industriegruppe | 1976 A | 1976 V | 1976 P | 1977 A | 1977 V | 1977 P | 1978 A | 1978 V | 1978 P | 1979 A | 1979 V | 1979 P | 1980 A | 1980 V | 1980 P |
|---|---|---|---|---|---|---|---|---|---|---|---|---|---|---|---|
| INVESTITIONSGÜTER[1] | | | | 56,1 | 39,4 | 4,5 | 50,8 | 47,4 | 1,8 | 94,4 | 4,3 | 1,3 | 88,4 | 10,6 | 1,0 |
| Stahlverformung | 75,1 | 2,6 | 22,2 | 92,9 | 7,1 | | 88,5 | 11,1 | 0,4 | 84,9 | 15,1 | | 90,8 | 8,7 | 0,5 |
| Stahlbau | 99,5 | 0,5 | | 96,5 | 3,3 | 0,2 | 98,6 | 1,4 | | 99,4 | 0,6 | | 100,0 | | |
| Maschinenbau | 89,1 | 9,7 | 1,2 | 78,6 | 21,1 | 0,3 | 76,6 | 23,1 | 0,3 | 83,8 | 16,2 | | 95,8 | 4,2 | |
| Straßenfahrzeugbau | 80,1 | 0,8 | 19,0 | 22,6 | 70,1 | 7,3 | 27,1 | 70,3 | 2,6 | 95,6 | 2,2 | 2,2 | 96,2 | 1,8 | 2,0 |
| Schiffahrt... | 100,0 | | | 100,0 | | | 96,2 | 3,8 | | 100,0 | | | 100,0 | | |
| Elektrotechnik | 85,1 | 13,4 | 1,4 | 72,8 | 20,8 | 6,4 | 81,7 | 18,2 | 0,1 | 94,7 | 5,2 | 0,1 | 88,1 | 11,9 | |
| Feinmechanik | 96,2 | 0,2 | 3,6 | 91,0 | 8,6 | 0,4 | 94,6 | 4,2 | 1,2 | 80,8 | 19,2 | | 84,9 | 15,1 | |
| Eisen-/Blechwaren | 88,0 | 2,9 | 9,1 | 86,5 | 11,9 | 1,6 | 87,5 | 6,2 | 6,3 | 92,5 | 7,3 | 0,2 | 100,0 | | |
| Büromaschinen | 100,0 | | | 100,0 | | | 98,2 | 1,8 | | 100,0 | | | 51,0 | 49,0 | |
| VERBRAUCHSGÜTER[1] | | | | 82,5 | 16,8 | 0,7 | 90,3 | 9,6 | | 87,2 | 12,4 | 0,4 | 94,7 | 5,3 | |
| Musikinstrumente | 63,9 | 8,6 | 27,5 | 95,8 | | 4,2 | 85,0 | 15,0 | | 91,7 | 8,3 | | 100,0 | | |
| Feinkeramik | 100,0 | | | 100,0 | | | 100,0 | | | 100,0 | | | 9,2 | 90,8 | |
| Glasherstellung | 95,0 | 0,6 | 4,4 | 89,6 | 10,4 | | 97,7 | 0,3 | | 99,3 | 0,7 | | 100,0 | | |
| Holzverarbeitung | 94,9 | 15,0 | | 82,3 | 16,6 | 1,1 | 94,6 | 5,4 | | 77,9 | 22,1 | | 97,4 | 2,6 | |
| Papier-/Pappever. | 78,2 | 21,8 | | 94,3 | 5,7 | | 99,6 | 0,4 | | 66,9 | 33,0 | | 100,0 | | |

Fortsetzung Tab. 40

| Industriegruppe | 1976 | | | 1977 | | | 1978 | | | 1979 | | | 1980 | | |
|---|---|---|---|---|---|---|---|---|---|---|---|---|---|---|---|
| | A | V | P | A | V | P | A | V | P | A | V | P | A | V | P |
| Druckerei | 91,8 | 1,8 | 6,4 | 52,8 | 47,2 | | 98,7 | 1,3 | | 83,0 | 17,0 | | 78,3 | 21,7 | |
| Kunststoffwaren | 79,7 | 20,3 | | 96,6 | 3,4 | | 73,5 | 26,0 | 0,5 | 90,2 | 9,2 | 0,6 | 98,2 | 1,8 | |
| Ledererzeugung | 76,3 | 16,1 | 7,5 | 58,3 | 41,7 | | 97,0 | 3,0 | | 99,1 | 0,9 | | 100,0 | | |
| Lederverarbeitung | 87,1 | 12,8 | | 100,0 | | | 94,4 | 5,6 | | 99,4 | 0,6 | | 100,0 | | |
| Textilgewerbe | 90,5 | 6,3 | 3,2 | 90,0 | 9,2 | 0,8 | 82,0 | 17,9 | 0,1 | 91,4 | 7,4 | 1,2 | 99,4 | 0,6 | |
| Bekleidungsgew. | 63,7 | 36,2 | | 100,0 | | | 100,0 | | | 98,3 | 1,7 | | 100,0 | | |
| NAHRUNGS- u. GENUSSMITTEL[1] | | | | 88,6 | 11,4 | | 77,7 | 14,7 | 7,6 | 79,6 | 20,4 | | 99,3 | 0,5 | 0,2 |
| Ernährungsg. | 82,2 | 11,0 | 6,8 | 89,0 | 11,0 | | 77,5 | 14,8 | 7,7 | 79,6 | 20,4 | | 99,4 | 0,4 | 0,2 |
| Tabakverarb. | 100,0 | | | 28,4 | 71,6 | | 100,0 | | | . | | | 100,0 | | |

[1]  1976 nicht ausgewiesen

| Industriegruppe | 1981 | | | 1982 | | | 1983 | | | 1984 | | | 1985 | | |
|---|---|---|---|---|---|---|---|---|---|---|---|---|---|---|---|
| | A | V | P | A | V | P | A | V | P | A | V | P | A | V | P |
| VERARBEITENDES GEWERBE | 87,6 | 11,3 | 1,0 | 90,8 | 8,8 | 0,4 | 86,0 | 13,7 | 0,3 | 90,6 | 9,0 | 0,4 | 87,9 | 12,0 | 0,1 |
| GRUNDSTOFF- u. PRODUKTIONSGÜTER | 87,9 | 11,6 | 0,5 | 87,2 | 11,8 | 1,0 | 80,0 | 19,4 | 0,6 | 85,8 | 13,6 | 0,6 | 85,4 | 14,4 | 0,2 |
| Mineralölverarb. | 32,4 | 67,6 | | 56,0 | 42,6 | | 58,3 | 41,7 | | 97,8 | 1,1 | 1,1 | 96,1 | 3,5 | 0,4 |
| Steine u. Erden | 99,0 | 0,5 | | 86,5 | 8,3 | 5,2 | 88,0 | 9,3 | 2,7 | 99,9 | 0,1 | | 94,2 | 5,4 | 0,4 |
| Eisen u. Stahl | . | | | . | | | . | | | 100,0 | | | – | 100,0 | |
| NE-Metallerzeug. | 95,5 | 4,5 | | 100,0 | | | 100,0 | | | 100,0 | | | 99,7 | 0,3 | |
| Gießerei | 92,8 | 7,2 | | 98,5 | 1,5 | | 99,0 | 1,0 | | 44,1 | 55,9 | | 96,2 | 3,8 | |
| Chem. Industrie | 87,9 | 10,5 | 1,6 | 92,2 | 7,8 | | 98,3 | 0,7 | 1,0 | 95,9 | 3,2 | 0,9 | 92,8 | 7,1 | 0,1 |
| Holzbearbeitung | 100,0 | | | 97,3 | 1,3 | 1,4 | 94,1 | 5,9 | | 91,0 | 9,0 | | 100,0 | | |
| Holzschliff... | 98,8 | 1,2 | | 96,6 | 3,4 | | 81,8 | 18,2 | | 43,8 | 56,2 | | 92,1 | 7,8 | |
| Gummiverarb. | 95,5 | 4,5 | | 93,7 | 6,3 | | 88,2 | 11,8 | | 97,2 | 2,8 | | 98,5 | 1,5 | |
| INVESTITIONSGÜTER | 87,4 | 12,6 | | 92,9 | 7,0 | 0,1 | 92,4 | 6,1 | 1,4 | 95,9 | 3,8 | 0,3 | 92,7 | 7,3 | |
| Stahlverformung | 88,6 | 11,4 | | 97,1 | 2,9 | | 94,6 | 5,4 | | 98,7 | 1,3 | | 90,4 | 9,6 | |
| Stahlbau | 100,0 | | | 97,6 | 2,4 | | 98,4 | 1,6 | | 85,6 | 14,4 | | 62,8 | 37,2 | |

Fortsetzung Tab. 40



| Industriegruppe | 1981 | | | 1982 | | | 1983 | | | 1984 | | | 1985 | | |
|---|---|---|---|---|---|---|---|---|---|---|---|---|---|---|---|
| | A | V | P | A | V | P | A | V | P | A | V | P | A | V | P |
| Maschinenbau | 88,4 | 11,5 | | 96,3 | 3,7 | | 93,0 | 7,0 | | 90,2 | 5,8 | 4,0 | 94,7 | 5,3 | |
| Straßenfahrzeugb. | 97,1 | 2,9 | | 98,2 | 1,7 | | 97,1 | 0,7 | 2,2 | 99,9 | | | 91,6 | 8,3 | |
| Schiffahrt... | 100,0 | | | 100,0 | | | 100,0 | | | 100,0 | | | 100,0 | | |
| Elektrotechnik | 79,4 | 20,6 | | 98,6 | 1,4 | | 74,7 | 25,3 | | 83,8 | 16,2 | | 94,4 | 5,6 | |
| Feinmechanik | 100,0 | | | 94,0 | 1,5 | 4,5 | 88,5 | 11,4 | | 100,0 | | | 98,6 | 1,4 | |
| Eisen-/Blechwaren | 93,3 | 6,7 | | 97,9 | 2,1 | | 92,8 | 7,2 | | 95,9 | 4,1 | | 93,3 | 6,5 | 0,2 |
| Büromaschinen | 61,5 | 38,5 | | 36,5 | 63,5 | | 74,0 | 26,0 | | 44,2 | 55,8 | | 94,6 | 5,4 | |
| VERBRAUCHSGÜTER | 87,4 | 5,9 | 6,7 | 95,5 | 3,4 | 1,1 | 94,2 | 5,7 | 0,1 | 92,0 | 8,0 | | 76,8 | 22,4 | 0,8 |
| Musikinstrumente | 95,3 | 4,7 | | 87,4 | 12,6 | | 47,3 | 52,7 | | 86,0 | 14,0 | | 98,4 | 1,6 | |
| Feinkeramik | 93,5 | 6,5 | | 100,0 | | | 100,0 | | | 100,0 | | | 100,0 | | |
| Glasherstellung | 100,0 | | | 99,8 | 0,2 | | 100,0 | | | 100,0 | | | 100,0 | | |
| Holzverarbeitung | 99,6 | 0,4 | | 96,4 | 3,6 | | 97,6 | 2,4 | | 92,1 | 7,9 | | 89,5 | 5,6 | 5,0 |
| Papier-/Pappever. | 70,1 | 0,4 | 29,4 | 98,8 | 1,2 | | 40,5 | 59,5 | | 100,0 | | | 100,0 | | |
| Druckerei | 100,0 | | | 96,9 | 3,1 | | 97,6 | 2,4 | | 67,0 | 33,0 | | 34,0 | 66,0 | |
| Kunststoffwaren | 85,8 | 14,1 | | 97,1 | 2,9 | | 97,2 | 2,1 | 0,7 | 99,5 | 0,5 | | 97,1 | 2,9 | |
| Ledererzeugung | 99,6 | 0,4 | | 100,0 | | | 100,0 | | | 87,4 | 12,6 | | 100,0 | | |

Fortsetzung Tab. 40

| Industriegruppe | 1981 | | | 1982 | | | 1983 | | | 1984 | | | 1985 | | |
|---|---|---|---|---|---|---|---|---|---|---|---|---|---|---|---|
| | A | V | P | A | V | P | A | V | P | A | V | P | A | V | P |
| Lederverarbeitung | 100,0 | | | 95,2 | 4,8 | | 100,0 | | | 100,0 | | | 100,0 | | |
| Textilgewerbe | 82,2 | 17,8 | | 95,1 | 4,5 | 0,4 | 90,4 | 9,6 | | 87,4 | 12,4 | | 89,7 | 10,3 | |
| Bekleidungsgew. | 100,0 | | | 4,5 | | 95,5 | 100,0 | | | 100,0 | | | 100,0 | | |
| NAHRUNGS- u. GENUSSMITTEL | 91,1 | 8,9 | | 71,0 | 29,0 | | 96,6 | 3,4 | | 89,5 | 10,4 | | 91,4 | 8,4 | 0,2 |
| Ernährungsg. | 90,7 | 9,3 | | 70,7 | 29,3 | | 96,5 | 3,5 | | 89,7 | 10,3 | | 91,4 | 8,6 | |
| Tabakverarb. | 100,0 | | | 100,0 | | | 100,0 | | | 100,0 | | | 100,0 | | |

Quelle: Datensonderaggregierung über die Verteilung der Umweltschutzinvestitionen im Verarbeitenden Gewerbe von Baden-Württemberg von 1976 bis 1985. Stuttgart 1987. (Erstellt in Zusammenarbeit mit dem Statistischen Landesamt Baden-Württemberg).

Tab. 41: Differenzierung der Investitionen für ausschließlich dem Umweltschutz dienenden Sachanlagen im Verarbeitenden Gewerbe Baden-Württembergs 1976 bis 1985 (vgl. Tab. 40) nach Baumaßnahmen (A), Investitionen für Grundstücke (B) sowie Maschinen und Anlagen (C) (in % der gesamten Umweltschutzinvestitionen einer Industriegruppe)

| Industriegruppe | 1976 | | | 1977 | | | 1978 | | | 1979 | | | 1980 | | |
|---|---|---|---|---|---|---|---|---|---|---|---|---|---|---|---|
| | A | B | C | A | B | C | A | B | C | A | B | C | A | B | C |
| VERARBEITENDES GEWERBE | 13,5 | 0,6 | 73,0 | 12,0 | 0,4 | 38,6 | 2,1 | 0,4 | 38,6 | 12,5 | 0,7 | 73,3 | 18,3 | 0,5 | 65,3 |
| GRUNDSTOFF- u. PRODUKTIONSGÜTER[1] | | | | 10,8 | | 62,2 | 3,4 | 0,2 | 34,8 | 7,8 | 1,1 | 68,6 | 12,7 | 0,2 | 59,2 |
| Mineralölverarb. | 0,4 | | 48,1 | | | 35,4 | | | 17,2 | 0,1 | | 62,6 | | | 86,3 |
| Steine u. Erden | 12,7 | 2,4 | 55,5 | 22,2 | 0,3 | 74,2 | 8,4 | 1,0 | 81,1 | 21,4 | 0,8 | 64,1 | 3,9 | 0,5 | 24,0 |
| Eisen u. Stahl | 0,4 | | 99,6 | 66,4 | 33,6 | 64,4 | | 35,3 | . | . | . | . | . | . | . |
| NE-Metallerzeug. | 7,9 | 0,1 | 85,6 | 31,8 | 0,8 | 61,3 | 8,9 | | 86,8 | 12,0 | | 70,0 | 9,1 | 0,3 | 88,8 |
| Gießerei | 15,1 | 0,4 | 84,4 | 6,2 | | 85,5 | 1,0 | | 82,2 | 4,2 | 6,1 | 66,8 | 7,6 | | 75,9 |
| Chem. Industrie | 32,8 | 0,1 | 51,2 | 26,9 | | 60,8 | 22,0 | 1,1 | 64,0 | 3,8 | 3,3 | 64,5 | 23,2 | | 64,3 |
| Holzbearbeitung | 4,6 | 5,6 | 62,4 | 13,2 | 4,2 | 67,9 | 7,0 | | 89,1 | 8,6 | | 77,0 | 7,8 | | 89,8 |
| Holzschliff... | 7,5 | | 92,1 | 5,7 | | 85,3 | 3,6 | 0,4 | 94,8 | 5,1 | | 90,8 | 18,1 | | 81,5 |
| Gummiverarbeitung | 13,5 | | 82,9 | 7,9 | | 84,5 | 9,8 | | 35,7 | 3,7 | | 81,1 | 5,4 | | 94,6 |

Fortsetzung Tab. 41



| Industriegruppe | 1976 | | | 1977 | | | 1978 | | | 1979 | | | 1980 | | |
|---|---|---|---|---|---|---|---|---|---|---|---|---|---|---|---|
| | A | B | C | A | B | C | A | B | C | A | B | C | A | B | C |
| INVESTITIONSGÜTER[1] | | | | 9,6 | 0,2 | 46,2 | 13,6 | 0,5 | 36,7 | 11,5 | 0,2 | 82,7 | 16,9 | 0,3 | 71,2 |
| Stahlverformung | 14,2 | 0,4 | 60,5 | 16,2 | | 76,7 | 18,2 | | 70,3 | 26,5 | 0,9 | 57,5 | 45,7 | 1,7 | 43,4 |
| Stahlbau | 89,5 | | 10,0 | 14,7 | | 81,8 | | | 98,6 | 51,0 | | 48,4 | 33,2 | | 66,8 |
| Maschinenbau | 23,2 | 0,8 | 65,1 | 19,1 | 2,3 | 57,2 | 25,7 | 0,9 | 50,0 | 30,4 | 0,5 | 52,9 | 20,3 | 1,9 | 73,6 |
| Straßenfahrzeugbau | 2,6 | | 77,5 | 4,2 | | 18,4 | 7,9 | | 19,3 | 9,9 | | 85,7 | 5,4 | | 90,8 |
| Schiffahrt... | . | . | . . | . | . | . | . | . | . | . | . | . | . | . | . |
| Elektrotechnik | 11,3 | 1,3 | 72,5 | 10,7 | | 62,1 | 17,6 | 3,3 | 60,8 | 13,2 | | 81,5 | 19,7 | | 68,4 |
| Feinmechanik | 20,0 | 3,2 | 73,0 | 13,1 | 0,3 | 77,6 | 13,2 | 0,5 | 80,9 | 3,9 | 0,8 | 76,1 | 40,2 | | 44,7 |
| Eisen-/ Blechwaren | 39,5 | 1,9 | 46,6 | 15,5 | | 71,0 | 27,4 | | 59,9 | 16,3 | 2,2 | 74,0 | 13,5 | | 86,5 |
| Büromaschinen | | 4,6 | 95,4 | 14,4 | | 85,6 | 21,7 | | 76,5 | 1,4 | | 98,6 | 33,3 | | 17,7 |
| VERBRAUCHSGÜTER[1] | | | | 26,5 | 1,9 | 54,1 | 28,0 | 0,2 | 62,1 | 27,5 | 2,1 | 57,6 | 32,4 | 1,9 | 60,4 |
| Musikinstrumente | 21,3 | | 42,6 | 6,5 | 6,2 | 83,1 | 10,6 | 0,4 | 74,0 | 12,3 | | 79,4 | | | 100,0 |
| Feinkeramik | 0,1 | | 99,9 | | | 100,0 | 37,0 | | 63,0 | 7,0 | | 93,0 | | | 9,2 |
| Glasherstellung | 28,7 | | 66,3 | 20,8 | 30,0 | 38,8 | 28,4 | | 71,3 | 53,8 | | 45,5 | 37,6 | | 62,4 |
| Holzverarbeit. | 15,3 | 4,2 | 65,4 | 8,6 | 1,7 | 72,0 | 25,5 | | 69,1 | 30,6 | 0,3 | 47,0 | 34,0 | 0,7 | 62,7 |
| Papier-/Pappever. | 17,0 | | 61,2 | 30,7 | 0,3 | 63,3 | 18,0 | | 81,6 | 7,9 | 1,3 | 57,7 | 24,9 | | 75,1 |

Fortsetzung Tab. 41

| Industriegruppe | 1976 | | | 1977 | | | 1978 | | | 1979 | | | 1980 | | |
|---|---|---|---|---|---|---|---|---|---|---|---|---|---|---|---|
| | A | B | C | A | B | C | A | B | C | A | B | C | A | B | C |
| Druckerei | 1,8 | | 90,0 | 14,7 | | 38,1 | 9,9 | | 88,8 | 0,9 | | 82,1 | 3,8 | | 74,5 |
| Kunststoffwaren | 7,4 | | 72,3 | 65,7 | 2,3 | 28,6 | 10,4 | | 63,1 | 48,3 | | 41,9 | 27,8 | | 70,4 |
| Ledererzeugung | 11,3 | | 65,0 | 22,4 | | 35,9 | 78,2 | 1,3 | 17,5 | 71,3 | | 27,8 | 0,9 | | 99,1 |
| Lederverarbeit. | 0,7 | 3,7 | 82,7 | | | 100,0 | | | 94,4 | | | 99,4 | 77,9 | | 22,1 |
| Textilgewerbe | 23,0 | 1,4 | 65,1 | 29,1 | 0,2 | 60,7 | 28,6 | 0,4 | 53,0 | 26,0 | 6,7 | 58,7 | 42,0 | 4,2 | 53,2 |
| Bekleidungsgew. | 15,0 | | 48,7 | 17,9 | | 82,1 | 85,6 | | 14,4 | 71,6 | | 26,7 | 2,5 | 29,2 | 68,3 |
| NAHRUNGS- u. GENUSSMITTEL[1] | | | | 4,7 | 0,1 | 83,8 | 11,9 | 4,5 | 61,3 | 19,9 | 0,5 | 59,2 | 34,3 | | 65,0 |
| Ernährungsg. | 12,6 | 0,6 | 69,0 | 4,6 | 0,1 | 84,3 | 11,7 | 4,5 | 61,3 | 19,9 | 0,5 | 59,2 | 34,5 | | 64,9 |
| Tabakverarb. | 28,2 | | 71,8 | 28,4 | | | 36,6 | | 63,4 | . | . | . | | | 100,0 |

[1]  1976 nicht ausgewiesen

| Industriegruppe | 1981 | | | 1982 | | | 1983 | | | 1984 | | | 1985 | | |
|---|---|---|---|---|---|---|---|---|---|---|---|---|---|---|---|
| | A | B | C | A | B | C | A | B | C | A | B | C | A | B | C |
| VERARBEITENDES GEWERBE | 11,1 | 0,4 | 76,1 | 10,0 | 0,1 | 80,6 | 11,8 | 0,1 | 74,1 | 16,2 | 0,1 | 74,3 | 14,0 | 0,1 | 73,8 |
| GRUNDSTOFF- u. PRODUKTIONSGÜTER | 11,1 | 0,3 | 76,5 | 14,3 | | 72,9 | 11,2 | | 68,8 | 16,2 | 0,1 | 69,5 | 16,6 | | 68,8 |
| Mineralölverarb. | | | 32,4 | | | 56,0 | | | 58,3 | | | 97,8 | | | 96,1 |
| Steine u. Erden | 5,4 | | 93,6 | 18,9 | | 67,6 | 19,1 | | 68,9 | 29,9 | 0,5 | 69,5 | 35,7 | | 58,5 |
| Eisen u. Stahl | . | . | . | . | . | . | . | . | . | | | 100,0 | | | |
| NE-Metallerzeug. | 11,7 | | 83,8 | 12,7 | | 87,3 | 9,4 | | 90,6 | 22,1 | | 77,9 | 16,3 | | 83,4 |
| Gießerei | 19,2 | | 73,6 | 24,2 | | 74,3 | 3,5 | | 95,5 | 1,1 | | 43,0 | 15,9 | | 80,3 |
| Chem. Industrie | 13,7 | 1,0 | 73,2 | 18,5 | | 73,7 | 25,0 | | 73,3 | 18,6 | | 77,3 | 16,9 | | 75,9 |
| Holzbearbeitung | | | 100,0 | 9,2 | | 88,1 | 4,0 | | 90,1 | | 7,8 | 83,2 | 28,3 | | 71,7 |
| Holzschliff... | 14,9 | | 83,9 | 18,2 | | 78,4 | 4,3 | | 77,5 | 2,5 | | 41,3 | 4,7 | | 87,4 |
| Gummiverarbeitung | 49,3 | | 46,2 | 0,4 | | 93,3 | | | 88,2 | 3,5 | | 93,7 | | | 98,5 |
| INVESTITIONSGÜTER | 10,2 | 0,2 | 77,0 | 6,3 | 0,1 | 86,5 | 11,4 | | 81,0 | 16,1 | | 79,8 | 11,2 | | 81,5 |
| Stahlverformung | 16,0 | 3,1 | 69,5 | 20,8 | 4,9 | 71,4 | 13,7 | 1,4 | 79,5 | 13,4 | 0,2 | 85,1 | 13,2 | 1,0 | 76,2 |
| Stahlbau | 9,4 | 6,1 | 84,5 | 35,1 | 5,6 | 56,9 | 31,4 | | 67,0 | 45,3 | | 40,3 | 44,7 | | 18,1 |

Fortsetzung Tab. 41

| Industriegruppe | 1981 | | | 1982 | | | 1983 | | | 1984 | | | 1985 | | |
|---|---|---|---|---|---|---|---|---|---|---|---|---|---|---|---|
| | A | B | C | A | B | C | A | B | C | A | B | C | A | B | C |
| Maschinenbau | 10,7 | | 77,7 | 33,2 | | 63,1 | 16,6 | | 76,4 | 24,6 | | 65,6 | 10,4 | 0,3 | 84,0 |
| Straßenfahrzeugbau | 6,1 | | 91,0 | 1,0 | | 97,2 | 9,2 | | 87,9 | 15,6 | | 84,3 | 5,1 | | 86,5 |
| Schiffahrt... | . | . | . | . | . | . | . | . | . | . | . | . | . | . | . |
| Elektrotechnik | 11,8 | | 67,6 | 28,6 | | 70,0 | 5,2 | | 69,5 | 9,3 | | 74,5 | 21,0 | | 73,4 |
| Feinmechanik | 26,7 | | 73,3 | 5,7 | | 88,3 | 7,4 | | 81,1 | 6,5 | | 93,5 | 31,4 | | 67,2 |
| Eisen-/Blechwaren | 20,6 | | 72,7 | 44,4 | | 53,5 | 26,3 | | 66,5 | 21,7 | | 74,2 | 25,3 | | 68,0 |
| Büromaschinen | 13,2 | | 48,3 | 7,2 | | 29,3 | 13,2 | | 60,8 | 13,3 | | 30,9 | 13,5 | | 81,1 |
| VERBRAUCHSGÜTER | 13,2 | 1,7 | 72,5 | 18,6 | 0,4 | 76,5 | 10,2 | 1,7 | 82,3 | 19,6 | 0,9 | 71,5 | 14,1 | | 62,7 |
| Musikinstrumente | 19,6 | | 75,7 | 1,3 | | 86,0 | | | 47,3 | | 19,8 | 66,2 | | | 98,4 |
| Feinkeramik | | | 93,5 | | | 100,0 | 60,9 | | 29,1 | 32,7 | | 67,3 | | | 100,0 |
| Glasherstellung | 18,5 | | 81,5 | 19,5 | | 80,3 | 25,9 | | 74,1 | 23,1 | | 76,9 | 2,1 | | 97,9 |
| Holzverarbeitung | 11,8 | | 87,8 | 16,9 | 1,0 | 78,5 | 7,8 | | 89,8 | 32,8 | | 59,3 | 10,5 | | 79,0 |
| Papier-/Pappever. | 1,8 | | 68,3 | 26,6 | | 72,2 | | | 40,5 | 41,7 | | 58,3 | 6,1 | | 93,9 |
| Druckerei | 36,1 | | 63,9 | 34,0 | | 62,9 | 1,5 | | 96,1 | 9,6 | | 57,4 | 5,9 | | 28,1 |
| Kunststoffwaren | 23,1 | | 62,7 | 22,2 | 1,2 | 73,7 | 21,9 | 3,8 | 71,5 | 11,7 | | 87,8 | 3,2 | | 93,9 |
| Ledererzeugung | 2,6 | 15,2 | 81,8 | | | 100,0 | 4,5 | | 95,5 | 60,6 | | 26,8 | 83,4 | | 16,6 |

Fortsetzung Tab. 41

| Industriegruppe | 1981 | | | 1982 | | | 1983 | | | 1984 | | | 1985 | | |
|---|---|---|---|---|---|---|---|---|---|---|---|---|---|---|---|
| | A | B | C | A | B | C | A | B | C | A | B | C | A | B | C |
| Lederverarbeitung | 79,6 | | 20,4 | | | 95,2 | | | 100,0 | | | 100,0 | | | 100,0 |
| Textilgewerbe | 16,7 | 5,8 | 59,7 | 12,6 | | 82,5 | 12,7 | 4,6 | 73,1 | 9,7 | 0,6 | 77,2 | 28,2 | | 61,5 |
| Bekleidungsgew. | 2,7 | | 97,3 | 1,1 | | 3,4 | 40,3 | | 59,7 | | | 100,0 | | | 100,0 |
| NAHRUNGS- u. | | | | | | | | | | | | | | | |
| GENUSSMITTEL | 16,1 | | 75,0 | 19,4 | | 51,6 | 31,4 | | 65,2 | 11,9 | | 77,7 | 11,7 | 0,5 | 79,2 |
| Ernährungsg. | 16,9 | | 73,8 | 19,6 | | 51,1 | 31,5 | | 65,0 | 12,0 | | 77,7 | 11,9 | 0,6 | 78,9 |
| Tabakverarbeitung | | | 100,0 | | | 100,0 | | | 100,0 | | | 100,00 | | | 100,0 |

Quelle: Datensonderaggregierung über die Verteilung der Umweltschutzinvestitionen im Verarbeitenden Gewerbe von Baden-Württemberg von 1976 bis 1985. Stuttgart 1987. (Erstellt in Zusammenarbeit mit dem Statistischen Landesamt Baden-Württemberg).

Tab. 42:    Umweltschutzinvestitionen je 1000 DM Umsatz in den Betrie-
            ben des Verarbeitenden Gewerbes mit Umweltschutzinvesti-
            tionen in Südwestdeutschland von 1976 bis 1985 nach
            Industriegruppen

a)      Baden-Württemberg[*]

| Industriegruppe | '79 | '80 | '81 | '82 | '83 | '84 | '85 |
|---|---|---|---|---|---|---|---|
| VERARBEITENDES GEWERBE | 3 | 3 | 3 | 4 | 4 | 3 | 3 |
| GRUNDSTOFF- u. PRODUKTIONSGÜTER | 4 | 4 | 5 | 4 | 8 | 5 | 4 |
| Mineralölverarbeitung[1] | 6 | 1 | 2 | 3 | 15 | . | . |
| Steine u. Erden | 13 | 21 | 15 | 10 | 9 | 12 | 20 |
| Eisen u. Stahl | - | - | - | - | - | . | . |
| NE-Metallerzeugung | 2 | 1 | 4 | 7 | 6 | 3 | 5 |
| Gießerei | 4 | 3 | 10 | 14 | 3 | 17 | 5 |
| Chem. Industrie | 2 | 3 | 3 | 4 | 7 | 7 | 4 |
| Holzbearbeitung | 7 | 5 | 5 | 28 | 29 | 4 | 4 |
| Holzschliff... | 5 | 10 | 12 | 6 | 7 | 10 | 9 |
| Gummiverarbeitung | 1 | 1 | 1 | 0 | 0 | 0 | 0 |
| INVESTITIONSGÜTER | 2 | 3 | 2 | 4 | 3 | 2 | 2 |
| Stahlverformung | 5 | 11 | 7 | 5 | 4 | 5 | 6 |
| Stahlbau | 4 | 2 | 18 | 7 | 26 | 28 | 2 |
| Maschinenbau | 1 | 1 | 2 | 1 | 2 | 1 | 2 |
| Straßenfahrzeugbau | 3 | 3 | 2 | 5 | 3 | 3 | 2 |
| Schiffahrt... | . | 1 | 2 | . | . | . | . |
| Elektrotechnik | 1 | 1 | 1 | 1 | 1 | 1 | 1 |
| Feinmechanik | 1 | 2 | 1 | 1 | 2 | 1 | 1 |
| Eisen-/Blechwaren | 2 | 3 | 3 | 4 | 5 | 2 | 3 |
| Büromaschinen | . | 35 | . | . | . | . | . |
| VERBRAUCHSGÜTER | 4 | 4 | 4 | 4 | 3 | 3 | 3 |
| Musikinstrumente | 6 | 1 | 3 | 2 | 1 | . | 4 |
| Feinkeramik | 4 | 6 | 3 | . | . | 2 | . |
| Glasherstellung | 3 | 4 | 11 | 6 | . | 16 | . |
| Holzverarbeitung | 5 | 8 | 5 | 3 | 5 | 3 | 3 |
| Papier-/Pappever. | 3 | 3 | 14 | 2 | 1 | 2 | 2 |

Fortsetzung Tab. 42

| Industriegruppe | '79 | '80 | '81 | '82 | '83 | '84 | '85 |
|---|---|---|---|---|---|---|---|
| Druckerei | 6 | 2 | 2 | 7 | 13 | 4 | 6 |
| Kunststoffwaren | 3 | 4 | 2 | 6 | 2 | 2 | 3 |
| Ledererzeugung | 9 | 3 | 5 | 3 | 7 | 18 | 10 |
| Lederverarbeitung | 1 | 0 | 0 | 2 | . | 1 | 6 |
| Textilgewerbe | 3 | 4 | 4 | 3 | 3 | 3 | 2 |
| Bekleidungsgewerbe | 6 | 3 | 1 | 4 | 9 | 2 | . |
| NAHRUNGS- u. GENUSSMITTEL | 3 | 3 | 1 | 1 | . | . | 2 |
| Ernährungsg. | 3 | 3 | 2 | 2 | 3 | 4 | 3 |
| Tabakverarbeitung | - | 0 | 0 | . | . | . | 0 |

*    für 1976 bis 1978 nicht ausgewiesen

1    Die Mineralölverarbeitung brachte 1977 12,8 % ihres Umsatzes für Umweltschutzzwecke auf; 1978, als die Umweltschutzinvestitionen fast dreimal so hoch wie im
Vorjahr waren, dürfte auch die Belastungsquote
spürbar höher gewesen sein.

Quelle:    Statistisches Landesamt Baden-Württemberg (Hrsg.):
           Investitionen für Umweltschutz im Bergbau und Verarbeitenden Gewerbe
           1976 bis 1978. In: Statistische Berichte, Stuttgart 1980.
           Statistisches Landesamt Baden-Württemberg (Hrsg.):
           Umweltschutzinvestitionen der Betriebe im Bergbau und Verarbeitenden
           Gewerbe 1979 und im Zeitraum 1977 bis 1979. In: Statistische Berichte,
           Stuttgart 1981.
           Statistisches Landesamt Baden-Württemberg (Hrsg.):
           Umweltschutzinvestitionen der Betriebe im Bergbau und Verarbeitenden
           Gewerbe 1980 (bis 1985). In: Statistische Berichte, Stuttgart
           1982 bis 1987.

Fortsetzung Tab. 42

b)      Rheinland-Pfalz

| Industriegruppe | '76 | '77 | '78 | '79 | '80 | '81 | '82 | '83 | '84 | '85 |
|---|---|---|---|---|---|---|---|---|---|---|
| VERARBEITENDES GEWERBE | 6 | 5 | 4 | 4 | 3 | 3 | 3 | 3 | 4 | 4 |
| GRUNDSTOFF- u. PRODUKTIONSGÜTER | - | - | - | - | - | - | - | - | 4 | 4 |
| Steine u. Erden | 7 | 10 | 8 | 6 | 8 | 8 | 7 | 7 | 6 | 5 |
| NE-Metallerzeugung | 2 | 1 | 3 | 1 | 1 | 1 | 2 | 2 | 2 | 3 |
| Gießerei | 5 | 4 | 9 | 5 | 6 | 3 | 4 | 3 | 2 | . |
| Chem. Industrie | 10 | 9 | 6 | 5 | 4 | 4 | 4 | 4 | 4 | 4 |
| Holzbearbeitung | 23 | 10 | 24 | 13 | 6 | 9 | . | 5 | 3 | 6 |
| Holzschliff... | 3 | 3 | 6 | 2 | 2 | 5 | 4 | 6 | 8 | 10 |
| Gummiverarbeitung | 4 | . | . | . | . | . | . | 2 | 2 | 1 |
| INVESTITIONSGÜTER | - | - | - | - | - | - | - | - | 1 | 3 |
| Stahlverformung | 15 | 8 | 3 | 3 | . | 2 | 1 | 7 | . | 7 |
| Stahlbau | 1 | 2 | 2 | 5 | 5 | 4 | 6 | 2 | . | . |
| Maschinenbau | 2 | 1 | 0 | 4 | 1 | 0 | 1 | 1 | 1 | . |
| Straßenfahrzeugbau | 1 | 0 | 0 | - | 1 | 0 | 0 | 1 | 1 | . |
| Elektrotechnik | 3 | 6 | 2 | 2 | 1 | 1 | . | 1 | 2 | 4 |
| Eisen-/Blechwaren | 3 | 2 | 2 | 4 | 3 | 4 | 2 | 5 | 3 | 2 |
| VERBRAUCHSGÜTER | - | - | - | - | - | - | - | - | 3 | 2 |
| Musikinstrumente | 3 | 3 | . | . | . | . | 4 | 5 | 12 | 2 |
| Feinkeramik | 5 | 8 | 5 | 5 | 2 | 4 | 6 | 5 | 8 | 6 |
| Glasherstellung | 4 | 1 | 4 | 1 | 4 | 2 | 1 | 1 | . | . |
| Holzverarbeitung | 3 | 3 | 4 | 7 | 6 | 5 | 6 | 4 | 8 | 2 |
| Papier-/Pappever. | 1 | 1 | 2 | 6 | . | . | . | 3 | - | . |
| Druckerei | 21 | . | 2 | 1 | 5 | 1 | . | - | 4 | . |
| Kunststoffwaren | 3 | 6 | 3 | 4 | 3 | 2 | 3 | 2 | 2 | 1 |
| Ledererzeugung | 1 | 1 | 2 | 6 | 5 | 2 | . | 1 | - | - |
| Textilgewerbe | 4 | 3 | 8 | 4 | 3 | 2 | 1 | 8 | 4 | 5 |
| NAHRUNGS- u. GENUSSMITTEL | 5 | 3 | 5 | 5 | 12 | 4 | 6 | 6 | 12 | 5 |

236

Fortsetzung Tab. 42

Quelle:    Statistisches Landesamt Rheinland-Pfalz (Hrsg.):
           Investitionen für Umweltschutz im Produzierenden Gewerbe 1976 (bis 1985).
           In: Statistische Berichte, Bad Ems 1979 bis 1987.


c)    Saarland

| Industriegruppe | '76 | '77 | '78 | '79 | '80 | '81 | '82 | '83 | '84 | '85 |
|---|---|---|---|---|---|---|---|---|---|---|
| VERARBEITENDES GEWERBE | - | 2 | 5 | 4 | 5 | 5 | 3 | 1 | 2 | 7 |
| GRUNDSTOFF- u. PRODUKTIONSGÜTER | - | 2 | 7 | 6 | 8 | 8 | 6 | 1 | 2 | 13 |
| davon | | | | | | | | | | |
| Steine u. Erden | 22 | 6 | 6 | 10 | 33 | 7 | 28 | 34 | . | 6 |
| Eisen u. Stahl | 5 | 2 | 3 | 5 | 9 | 10 | 8 | 1 | 2 | 16 |
| Gießerei | . | 1 | 2 | 1 | 2 | 18 | 7 | 4 | 3 | 5 |
| Chem. Industrie | . | 5 | . | 2 | 3 | 0 | 1 | 1 | 1 | 7 |
| INVESTITIONSGÜTER | - | 1 | 1 | 1 | 1 | 1 | 1 | 1 | 1 | 2 |
| davon | | | | | | | | | | |
| Stahlbau | . | 2 | 2 | . | 16 | 4 | 5 | . | . | - |
| Maschinenbau | 1 | 1 | 3 | 2 | 1 | 2 | 3 | 3 | 1 | 3 |
| Straßenfahrzeugbau | 1 | 0 | 0 | 1 | . | 0 | 0 | 0 | 0 | 1 |
| Elektrotechnik | 0 | 3 | 2 | 1 | 3 | 6 | 5 | 4 | 9 | 10 |
| VERBRAUCHSGÜTER | - | 1 | 1 | 1 | 1 | 2 | 2 | 1 | 2 | 1 |
| NAHRUNGS- u. GENUSSMITTEL | - | 29 | 38 | 21 | 21 | 6 | 4 | 14 | 1 | 5 |

Quelle:    Statistisches Amt des Saarlandes: Investitionen für Umweltschutz im
           Produzierenden Gewerbe 1975 und 1976 (bis 1985). In: Statistische
           Berichte, Saarbrücken 1980 bis 1987.

Tab. 43:     Umweltschutzinvestition in DM pro Beschäftigten in den
             Betrieben mit Umweltschutzinvestition in Südwestdeutsch-
             land von 1976 bis 1985

a)     Baden-Württemberg[*]

| Industriegruppe | 1979 | 1980 | 1981 | 1982 | 1983 | 1984 | 1985 |
|---|---|---|---|---|---|---|---|
| VERARBEITENDES GEWERBE | 417 | 513 | 547 | 752 | 884 | 711 | 605 |
| GRUNDSTOFF- u. | | | | | | | |
| PRODUKTIONSGÜTER | 952 | 1.089 | 1.246 | 1.229 | 2.445 | 1.706 | 1.637 |
| Mineralölverarbeitung | 17.898 | 3.592 | 7.985 | 8.782 | 39.498 | . | . |
| Steine u. Erden | 2.256 | 3.741 | 2.777 | 2.120 | 1.983 | 2.692 | 4.496 |
| Eisen u. Stahl | - | - | - | - | - | . | . |
| NE-Metallerzeugung | 374 | 305 | 683 | 1.394 | 1.215 | 930 | 1.244 |
| Gießerei | 407 | 355 | 1.119 | 1.447 | 368 | 2.143 | 717 |
| Chem. Industrie | 483 | 685 | 731 | 905 | 1.847 | 1.923 | 1.248 |
| Holzbearbeitung | 1.087 | 1.175 | 1.064 | 4.241 | 5.392 | 971 | 1.102 |
| Holzschliff... | 1.058 | 2.259 | 2.683 | 1.592 | 1.952 | 2.829 | 2.816 |
| Gummiverarbeitung | 113 | 221 | 129 | 96 | 92 | 83 | 79 |
| INVESTITIONSGÜTER | 277 | 373 | 352 | 654 | 494 | 429 | 330 |
| Stahlverformung | 446 | 1.131 | 803 | 561 | 416 | 554 | 843 |
| Stahlbau | 102 | 272 | 775 | 235 | 722 | 466 | 189 |
| Maschinenbau | 94 | 133 | 180 | 150 | 205 | 157 | 271 |
| Straßenfahrzeugbau | 408 | 470 | 407 | 988 | 640 | 656 | 389 |
| Schiffahrt... | 7 | 111 | 220 | . | . | . | . |
| Elektrotechnik | 144 | 191 | 103 | 166 | 150 | 105 | 167 |
| Feinmechanik | 95 | 197 | 110 | 119 | 264 | 153 | 241 |
| Eisen-/Blechwaren | 262 | 357 | 386 | 482 | 657 | 329 | 418 |
| Büromaschinen | . | 2.530 | 3.269 | . | . | . | . |
| VERBRAUCHSGÜTER | 430 | 541 | 583 | 538 | 535 | 564 | 582 |
| Musikinstrumente | 599 | 151 | 285 | 249 | 85 | . | 250 |
| Feinkeramik | 303 | 559 | 224 | . | . | 198 | . |
| Glasherstellung | 457 | 547 | 2.034 | 896 | . | 3.366 | . |
| Holzverarbeitung | 524 | 1.088 | 633 | 339 | 751 | 622 | 522 |
| Papier-/Pappever. | 331 | 376 | 1.978 | 420 | 279 | 432 | 574 |
| Druckerei | 901 | 244 | 253 | 1.098 | 2.089 | 894 | 1.432 |
| Kunststoffwaren | 297 | 518 | 259 | 738 | 347 | 320 | 390 |
| Ledererzeugung | 1.337 | 523 | 979 | 488 | 1.543 | 2.543 | 2.108 |
| Lederverarbeitung | 156 | 24 | 71 | 253 | . | 165 | 1.012 |

Fortsetzung Tab. 43

a)     Baden-Württemberg

| Industriegruppe | 1979 | 1980 | 1981 | 1982 | 1983 | 1984 | 1985 |
|---|---|---|---|---|---|---|---|
| Textilgewerbe | 386 | 497 | 464 | 522 | 445 | 514 | 425 |
| Bekleidungsgewerbe | 573 | 425 | 198 | 658 | 883 | 283 | . |
| NAHRUNGS- u. | | | | | | | |
| GENUSSMITTEL | 888 | 880 | 582 | 639 | . | . | 1.165 |
| Ernährungsg. | 888 | 941 | 606 | 681 | 992 | 1.463 | 1.268 |
| Tabakverarbeitung | - | 54 | 320 | . | . | . | 198 |

*  für 1976 bis 1978 nicht ausgewiesen

Quelle:    Statistisches Landesamt Baden-Württemberg (Hrsg.):
           Investitionen für Umweltschutz im Bergbau und Verarbeitenden Gewerbe
           1976 bis 1978. In: Statistische Berichte, Stuttgart 1980.
           Statistisches Landesamt Baden-Württemberg (Hrsg.):
           Umweltschutzinvestitionen der Betriebe im Bergbau und Verarbeitenden
           Gewerbe 1979 und im Zeitraum 1977 bis 1979. In: Statistische Berichte,
           Stuttgart 1981.
           Statistisches Landesamt Baden-Württemberg (Hrsg.):
           Umweltschutzinvestitionen der Betriebe im Bergbau und Verarbeitenden
           Gewerbe 1980 (bis 1985). In: Statistische Berichte, Stuttgart
           1982 bis 1987.

Fortsetzung Tab. 43

b)   Rheinland-Pfalz

| Industriegruppe | 1976 | 1977 | 1978 | 1979 | 1980 |
|---|---|---|---|---|---|
| VERARBEITENDES GEWERBE | 948 | 969 | 849 | 819 | 874 |
| GRUNDSTOFF- u. PRODUKTIONSGÜTER | | | | | |
| Steine u. Erden | 813 | 1.219 | 1.127 | 948 | 1.279 |
| NE-Metallerzeugung | 443 | 300 | 1.039 | 216 | 285 |
| Gießerei | 332 | 265 | 800 | 362 | 513 |
| Chem. Industrie | 1.817 | 1.852 | 1.237 | 1.243 | 1.109 |
| Holzbearbeitung | 2.676 | 1.657 | 3.909 | 1.604 | 965 |
| Holzschliff... | 490 | 366 | 971 | 294 | 310 |
| Gummiverarbeitung | 23 | . | . | . | . |
| INVESTITIONSGÜTER | | | | | |
| Stahlverformung | 1.318 | 906 | 444 | 321 | . |
| Stahlbau | 103 | 131 | 136 | 413 | 444 |
| Maschinenbau | 178 | 142 | 85 | 740 | 147 |
| Straßenfahrzeugbau | 184 | 160 | 102 | 163 | 444 |
| Schiffahrt... | 127 | 446 | 168 | 229 | 63 |
| Eisen-/Blechwaren | 362 | 335 | 261 | 491 | 413 |
| VERBRAUCHSGÜTER | | | | | |
| Musikinstrumente | 210 | 313 | . | . | . |
| Feinkeramik | 330 | 595 | 380 | 430 | 208 |
| Glasherstellung | 375 | 158 | 524 | 127 | 545 |
| Holzverarbeitung | 267 | 375 | 455 | 839 | 713 |
| Papier-/Pappever. | 121 | 140 | 297 | 678 | . |
| Druckerei | 1.908 | . | 194 | 101 | 907 |
| Kunststoffwaren | 390 | 730 | 402 | 513 | 571 |
| Ledererzeugung | 102 | 73 | 144 | 464 | 488 |
| Textilgewerbe | 426 | 359 | 873 | 527 | 343 |
| NAHRUNGS- u. GENUSSMITTEL | 1.580 | 1.139 | 2.002 | 1.934 | 4.384 |

Fortsetzung Tab. 43

## b)    Rheinland-Pfalz

| Industriegruppe | 1981 | 1982 | 1983 | 1984 | 1985 |
|---|---|---|---|---|---|
| VERARBEITENDES GEWERBE | 696 | 818 | 851 | 1.162 | 1.139 |
| GRUNDSTOFF- u. PRODUKTIONSGÜTER | | | | 1.493 | 1.425 |
| Steine u. Erden | 1.344 | 1.269 | 1.275 | 1.054 | 1.006 |
| NE-Metallerzeugung | 406 | 806 | 553 | 1.114 | 788 |
| Gießerei | 197 | 311 | 215 | 157 | . |
| Chem. Industrie | 998 | 1.036 | 1.200 | 1.531 | 1.480 |
| Holzbearbeitung | 1.399 | . | 996 | 674 | 1.244 |
| Holzschliff... | 526 | 746 | 1.159 | 1.753 | 2.659 |
| Gummiverarbeitung | . | . | 431 | . | |
| INVESTITIONSGÜTER | | | | 183 | 810 |
| Stahlverformung | 316 | 145 | 1.127 | . | . |
| Stahlbau | 606 | 746 | 188 | 67 | . |
| Maschinenbau | 79 | 227 | 84 | 229 | . |
| Straßenfahrzeugbau | 306 | 199 | 302 | 170 | . |
| Schiffahrt... | 101 | . | 76 | 531 | 213 |
| Eisen-/Blechwaren | 678 | 473 | 1.035 | 454 | 173 |
| VERBRAUCHSGÜTER | | | | 573 | 372 |
| Musikinstrumente | . | 407 | 73 | 1.317 | 254 |
| Feinkeramik | 382 | 621 | 525 | 1.365 | 742 |
| Glasherstellung | 275 | 179 | 177 | . | . |
| Holzverarbeitung | 526 | 830 | 563 | 1.058 | 341 |
| Papier-/Pappever. | . | . | 527 | 65 | . |
| Druckerei | 144 | . | 60 | 479 | . |
| Kunststoffwaren | 333 | 579 | 395 | 542 | 282 |
| Ledererzeugung | 207 | . | 193 | - | - |
| Textilgewerbe | 410 | 79 | 1.173 | 894 | 938 |
| NAHRUNGS- u. GENUSSMITTEL | 1.548 | 2.894 | 2.446 | 1.062 | 2.052 |

Quelle:   Statistisches Landesamt Rheinland-Pfalz (Hrsg.):
          Investitionen für Umweltschutz im Produzierenden Gewerbe 1976 (bis 1985).
          In: Statistische Berichte, Bad Ems 1979 bis 1987.

Fortsetzung Tab. 43

c)    Saarland

| Industriegruppe | 1976 | 1977 | 1978 | 1979 | 1980 |
|---|---|---|---|---|---|
| VERARBEITENDES GEWERBE | 222 | 311 | 668 | 620 | 700 |
| GRUNDSTOFF- u. PRODUKTIONSGÜTER | | 268 | 966 | 1.001 | 1.191 |
| Steine u. Erden | 2.487 | 795 | 787 | 1.226 | 3.886 |
| Eisen u. Stahl | 638 | 226 | 418 | 766 | 1.481 |
| Gießerei | . | 111 | 270 | 150 | 276 |
| Chem. Industrie | . | 883 | . | 479 | 836 |
| INVESTITIONSGÜTER | | 80 | 144 | 204 | 121 |
| Stahlbau | . | 105 | 124 | . | 363 |
| Maschinenbau | 133 | 87 | 126 | 204 | 129 |
| Straßenfahrzeugbau | 97 | 46 | 79 | 130 | 39 |
| Elektrotechnik | 28 | 159 | 189 | 97 | 253 |
| VERBRAUCHSGÜTER | | 65 | 109 | 130 | 105 |
| NAHRUNGS- u. GENUSSMITTEL | | 5.008 | 7.079 | 4.566 | 2.804 |

Fortsetzung Tab. 43

c)    Saarland

| Industriegruppe | 1981 | 1982 | 1983 | 1984 | 1985 |
|---|---|---|---|---|---|
| VERARBEITENDES GEWERBE | 795 | 589 | 229 | 345 | .1442 |
| GRUNDSTOFF- u. PRODUKTIONSGÜTER | 1.235 | 841 | 205 | 407 | 2.676 |
| Steine u. Erden | 1.347 | 3.647 | 4.232 | . | 698 |
| Eisen u. Stahl | 1.419 | 1.004 | 165 | 444 | 3.676 |
| Gießerei | 1.512 | 983 | 634 | 438 | 850 |
| Chem. Industrie | 125 | 467 | 219 | 179 | 2.889 |
| INVESTITIONSGÜTER | 142 | 202 | 229 | 338 | 480 |
| Stahlbau | 70 | 1.720 | . | . | - |
| Maschinenbau | 187 | 333 | 471 | 240 | 447 |
| Straßenfahrzeugbau | 53 | 98 | 145 | 151 | 234 |
| Elektrotechnik | 289 | 322 | 119 | 719 | 867 |
| VERBRAUCHSGÜTER | 206 | 180 | 98 | 204 | 133 |
| NAHRUNGS- u. GENUSSMITTEL | 700 | 881 | 2.064 | 105 | 971 |

Quelle:    Statistisches Amt des Saarlandes: Investitionen für Umweltschutz im
Produzierenden Gewerbe 1975 und 1976 (bis 1985). In: Statistische
Berichte, Saarbrücken 1980 bis 1987.

Tab. 44: Anzahl der Betriebe mit Umweltschutzinvestitionen und Umweltschutzinvestitionshäufigkeit im
Verarbeitenden Gewerbe Baden-Württembergs 1976
bis 1985 nach Stadt- und Landkreisen

|  | 1976 | | 1977 | | 1978 | | 1979 | | 1980 | |
|---|---|---|---|---|---|---|---|---|---|---|
| Kreis | A | % | A | % | A | % | A | % | A | % |
| Stuttgart | 64 | 17,8 | 69 | 17,9 | 43 | 11,7 | 54 | 14,9 | 44 | 12,6 |
| Böblingen | 25 | 13,3 | 22 | 10,3 | 29 | 13,3 | 32 | 14,9 | 30 | 14,0 |
| Esslingen | 52 | 12,2 | 70 | 15,1 | 63 | 13,2 | 61 | 12,6 | 49 | 10,2 |
| Göppingen | 38 | 16,0 | 35 | 13,3 | 31 | 12,4 | 40 | 16,0 | 38 | 15,6 |
| Ludwigsburg | 77 | 21,9 | 81 | 20,0 | 60 | 15,2 | 63 | 15,7 | 69 | 17,7 |
| Rems-Murr-Kreis | 51 | 16,9 | 40 | 12,2 | 44 | 12,8 | 62 | 18,2 | 49 | 14,1 |
| Stadtkreis Heilbronn | 20 | 19,2 | 21 | 17,6 | 18 | 15,7 | 21 | 18,9 | 13 | 11,0 |
| Landkreis Heilbronn | 24 | 13,4 | 24 | 11,5 | 23 | 11,1 | 22 | 9,8 | 26 | 11,6 |
| Hohenlohekreis | 18 | 25,0 | 17 | 20,7 | 15 | 16,9 | 9 | 9,8 | 14 | 14,3 |
| Heidenheim | 23 | 24,2 | 22 | 21,2 | 25 | 23,8 | 16 | 14,7 | 17 | 15,5 |
| Ostalbkreis | 40 | 17,4 | 47 | 18,0 | 40 | 14,9 | 46 | 17,1 | 37 | 14,4 |
| Schwäbisch Hall | 25 | 18,9 | 23 | 16,1 | 24 | 15,8 | 21 | 13,4 | 20 | 12,6 |
| Main-Tauber-Kreis | 11 | 9,8 | 11 | 8,7 | 17 | 13,3 | 17 | 12,6 | 19 | 14,4 |
| Baden-Baden | 3 | 7,3 | . | . | 9 | 9,8 | . | . | 4 | 8,3 |
| Stadtkreis Karlsruhe | 27 | 15,3 | 28 | 14,7 | 24 | 12,6 | 25 | 12,6 | 18 | 9,7 |
| Landkreis Karlsruhe | 23 | 9,6 | 39 | 15,0 | 33 | 12,4 | 32 | 12,3 | 28 | 10,5 |
| Rastatt | 21 | 16,2 | 17 | 11,9 | 24 | 16,4 | 25 | 16,3 | 26 | 16,9 |
| Heidelberg | 3 | 4,0 | . | . | 11 | 15,5 | 8 | 11,0 | 7 | 9,5 |
| Mannheim | 27 | 15,7 | 31 | 16,9 | 28 | 14,7 | 25 | 13,1 | 25 | 12,7 |
| Neckar-Odenwald-Kreis | 16 | 14,3 | 23 | 18,7 | 14 | 11,0 | 16 | 12,5 | 8 | 6,2 |
| Rhein-Neckar-Kreis | 40 | 15,6 | 39 | 13,5 | 37 | 12,3 | 44 | 14,4 | 49 | 15,3 |
| Pforzheim | 30 | 12,3 | 39 | 15,7 | 41 | 16,4 | 31 | 12,6 | 27 | 11,6 |
| Calw | 11 | 11,0 | 12 | 10,3 | 12 | 10,0 | 12 | 10,3 | 9 | 8,1 |
| Enzkreis | 32 | 17,0 | 35 | 17,2 | 29 | 13,6 | 27 | 12,9 | 25 | 12,1 |
| Freudenstadt | 14 | 13,9 | 20 | 19,2 | 13 | 12,5 | 11 | 10,6 | 11 | 10,8 |
| Freiburg | 10 | 15,2 | 10 | 11,2 | 11 | 12,4 | 12 | 12,5 | 6 | 6,7 |
| Breisgau-Hochschwarz. | 20 | 18,5 | 15 | 13,4 | 15 | 12,6 | 18 | 14,6 | 24 | 19,4 |
| Emmendingen | 18 | 22,0 | 14 | 15,2 | 13 | 12,6 | 10 | 10,1 | 9 | 9,0 |

Fortsetzung Tab. 44

| Kreis | 1976 | | 1977 | | 1978 | | 1979 | | 1980 | |
|---|---|---|---|---|---|---|---|---|---|---|
| | A | % | A | % | A | % | A | % | A | % |
| Ortenaukreis | 50 | 15,9 | 54 | 15,3 | 49 | 14,1 | 47 | 13,6 | 53 | 15,1 |
| Rottweil | 24 | 17,9 | 21 | 14,5 | 27 | 17,2 | 24 | 15,9 | 21 | 14,1 |
| Schwarzwald-Baar-Kreis | 34 | 13,7 | 33 | 13,5 | 29 | 11,7 | 26 | 10,7 | 38 | 15,0 |
| Tuttlingen | 31 | 18,5 | 34 | 18,5 | 30 | 15,5 | 29 | 14,9 | 32 | 16,4 |
| Konstanz | 20 | 17,5 | 18 | 13,0 | 20 | 14,0 | 29 | 20,0 | 23 | 15,1 |
| Lörrach | 22 | 16,5 | 37 | 24,8 | 24 | 15,8 | 24 | 14,9 | 25 | 15,1 |
| Waldshut | 25 | 22,3 | 27 | 22,1 | 28 | 21,2 | 32 | 24,6 | 31 | 24,6 |
| Reutlingen | 42 | 14,9 | 46 | 15,6 | 41 | 13,1 | 29 | 9,3 | 35 | 11,6 |
| Tübingen | 18 | 13,3 | 22 | 14,9 | 15 | 9,7 | 17 | 10,6 | 12 | 7,8 |
| Zollernalbkreis | 30 | 8,5 | 40 | 11,3 | 34 | 9,2 | 29 | 7,9 | 38 | 10,5 |
| Ulm | 7 | 8,6 | 16 | 16,3 | 12 | 12,4 | 15 | 15,0 | 11 | 11,3 |
| Alb-Donau-Kreis | 19 | 16,1 | 25 | 19,4 | 18 | 12,9 | 21 | 14,2 | 22 | 15,1 |
| Biberach | 23 | 20,0 | 21 | 16,4 | 16 | 12,1 | 21 | 15,2 | 25 | 17,9 |
| Bodenseekreis | 13 | 18,6 | 13 | 14,3 | 12 | 13,0 | 15 | 17,9 | 14 | 15,7 |
| Ravensburg | 34 | 20,4 | 31 | 16,8 | 28 | 15,1 | 35 | 18,7 | 29 | 15,0 |
| Sigmaringen | 11 | 10,3 | 12 | 9,9 | 18 | 14,1 | 16 | 12,3 | 15 | 12,0 |
| Baden-Württemberg | | 15,4 | | 15,2 | | 13,5 | | 13,8 | | 13,3 |

Fortsetzung Tab. 44

| Kreis | 1981 | | 1982 | | 1983 | | 1984 | | 1985 | |
|---|---|---|---|---|---|---|---|---|---|---|
| | A | % | A | % | A | % | A | % | A | % |
| Stuttgart | 50 | 14,5 | 39 | 12,4 | 34 | 10,9 | 43 | 13,7 | 36 | 11,6 |
| Böblingen | 20 | 9,4 | 18 | 8,5 | 17 | 7,9 | 25 | 12,3 | 23 | 11,1 |
| Esslingen | 54 | 11,7 | 35 | 7,8 | 37 | 8,0 | 36 | 7,7 | 37 | 7,9 |
| Göppingen | 23 | 9,4 | 23 | 9,5 | 24 | 10,1 | 30 | 12,9 | 30 | 12,6 |
| Ludwigsburg | 59 | 15,2 | 38 | 10,1 | 44 | 11,5 | 34 | 9,2 | 37 | 10,0 |
| Rems-Murr-Kreis | 40 | 11,5 | 28 | 8,4 | 26 | 7,6 | 30 | 8,5 | 35 | 10,3 |
| Stadtkreis Heilbronn | 12 | 10,5 | 7 | 6,3 | 14 | 12,5 | 15 | 13,9 | 16 | 15,2 |
| Landkreis Heilbronn | 24 | 10,6 | 10 | 6,8 | 18 | 8,0 | 22 | 10,3 | 21 | 10,2 |
| Hohenlohekreis | 13 | 13,8 | 9 | 10,0 | 12 | 13,3 | 10 | 11,2 | 11 | 12,8 |
| Heidenheim | 14 | 13,2 | 15 | 14,6 | 15 | 15,2 | 15 | 15,2 | 16 | 16,2 |
| Ostalbkreis | 33 | 13,3 | 28 | 11,3 | 30 | 12,0 | 26 | 10,6 | 45 | 18,8 |
| Schwäbisch Hall | 23 | 14,8 | 18 | 11,9 | 20 | 13,5 | 9 | 6,2 | 13 | 9,2 |
| Main-Tauber-Kreis | 16 | 11,7 | 14 | 10,6 | 11 | 8,5 | 11 | 8,0 | 15 | 10,6 |
| Baden-Baden | . | . | 3 | 6,7 | 4 | 9,3 | 3 | 7,1 | 4 | 9,8 |
| Stadtkreis Karlsruhe | 16 | 8,8 | 15 | 8,4 | 16 | 9,0 | 15 | 8,4 | 16 | 9,2 |
| Landkreis Karlsruhe | 30 | 11,5 | 19 | 7,2 | 22 | 8,7 | 28 | 11,0 | 29 | 11,6 |
| Rastatt | 27 | 17,9 | 29 | 19,9 | 22 | 15,4 | 19 | 14,2 | 24 | 17,5 |
| Heidelberg | 9 | 12,9 | 6 | 9,0 | 5 | 7,6 | 7 | 9,9 | 6 | 8,3 |
| Mannheim | 31 | 16,1 | 28 | 16,2 | 23 | 13,0 | 21 | 12,4 | 28 | 16,5 |
| Neckar-Odenwald-Kreis | 12 | 9,5 | 8 | 6,7 | 6 | 4,9 | 8 | 6,6 | 10 | 8,5 |
| Rhein-Neckar-Kreis | 46 | 14,5 | 39 | 13,0 | 35 | 11,5 | 36 | 12,1 | 39 | 12,9 |
| Pforzheim | 26 | 11,7 | 25 | 11,8 | 21 | 10,5 | 26 | 13,0 | 30 | 15,3 |
| Calw | 8 | 7,3 | 4 | 4,0 | 9 | 8,7 | 6 | 5,7 | 10 | 9,6 |
| Enzkreis | 34 | 16,5 | 22 | 10,9 | 24 | 12,4 | 23 | 11,9 | 36 | 18,0 |
| Freudenstadt | 10 | 9,6 | 10 | 9,3 | 9 | 8,9 | 10 | 10,0 | 10 | 9,7 |
| Freiburg | 6 | 7,1 | 11 | 13,3 | 10 | 11,9 | 8 | 9,6 | 5 | 5,7 |
| Breisgau-Hochschwarz. | 25 | 20,2 | 19 | 15,8 | 22 | 17,3 | 23 | 18,9 | 20 | 16,1 |
| Emmendingen | 10 | 10,1 | 4 | 4,3 | 9 | 9,4 | 9 | 9,7 | 9 | 9,6 |
| Ortenaukreis | 50 | 14,8 | 38 | 11,1 | 30 | 9,0 | 36 | 11,2 | 44 | 13,5 |
| Rottweil | 19 | 12,7 | 14 | 9,6 | 8 | 5,7 | 14 | 9,3 | 18 | 12,9 |
| Schwarzwald-Baar-Kreis | 26 | 10,8 | 10 | 4,3 | 17 | 7,2 | 16 | 6,8 | 26 | 10,9 |

246

Fortsetzung Tab. 44

| Kreis | 1981 A | 1981 % | 1982 A | 1982 % | 1983 A | 1983 % | 1984 A | 1984 % | 1985 A | 1985 % |
|---|---|---|---|---|---|---|---|---|---|---|
| Tuttlingen | 22 | 12,0 | 14 | 7,7 | 17 | 9,0 | 20 | 11,1 | 20 | 11,1 |
| Konstanz | 21 | 14,7 | 18 | 12,8 | 15 | 10,7 | 16 | 12,3 | 14 | 10,4 |
| Lörrach | 28 | 18,4 | 24 | 15,8 | 24 | 16,0 | 25 | 16,7 | 22 | 14,5 |
| Waldshut | 28 | 22,8 | 17 | 14,0 | 20 | 16,5 | 18 | 14,9 | 23 | 19,3 |
| Reutlingen | 30 | 10,5 | 21 | 7,6 | 19 | 7,0 | 23 | 8,6 | 24 | 9,1 |
| Tübingen | 9 | 6,0 | 9 | 6,2 | 10 | 6,9 | 10 | 7,1 | 9 | 6,2 |
| Zollernalbkreis | 34 | 9,9 | 25 | 7,4 | 18 | 5,2 | 15 | 4,3 | 17 | 5,1 |
| Ulm | 14 | 14,3 | 8 | 8,9 | 6 | 6,9 | 8 | 9,2 | 6 | 6,5 |
| Alb-Donau-Kreis | 25 | 17,1 | 20 | 14,7 | 21 | 14,5 | 20 | 14,5 | 24 | 16,4 |
| Biberach | 18 | 13,0 | 12 | 8,7 | 14 | 10,1 | 12 | 9,3 | 18 | 13,6 |
| Bodenseekreis | 12 | 12,6 | 17 | 18,9 | 11 | 12,2 | 11 | 13,3 | 10 | 10,6 |
| Ravensburg | 31 | 16,5 | 18 | 9,9 | 18 | 19,9 | 27 | 15,3 | 29 | 16,7 |
| Sigmaringen | 15 | 12,3 | 11 | 9,3 | 14 | 11,4 | 11 | 9,2 | 16 | 13,0 |
| Baden-Württemberg | | 12,7 | | 10,0 | | 10,0 | | 10,5 | | 11,8 |

A    =    Anzahl der Betriebe mit Umweltschutzinvestitionen

%    =    Anzahl der Betriebe mit Umweltschutzinvestitionen an der
          Gesamtzahl der Betriebe mit Investitionen (= Umweltschutzinvestiti-
          onshäufigkeit)

Quelle:    Datensonderaggregierung über die Verteilung der Umweltschutzin-
           vestitionen im Verarbeitenden Gewerbe von Baden-Württemberg nach
           Stadt- und Landkreisen von 1976 bis 1985. Stuttgart 1985. Stati-
           stisches Landesamt Baden-Württemberg (Hrsg.):
           Umweltschutzinvestitionen der Betriebe im Bergbau und Verarbeitenden
           Gewerbe 1975 bis 1983. Kreisergebnisse. In: Statistische Berichte,
           Stuttgart 1985.

Tab. 45: Umweltschutzinvestitionshäufigkeit und Industriestruktur[*] in den Stadt- und Landkreisen von Baden-
Württemberg im Zeitraum 1981 bis 1985

| Kreis | U I H | G | I | V | N |
|---|---|---|---|---|---|
| | | % der Betriebe eines Kreises | | | |
| Stuttgart | 23,4 | 8,6 | 53,3 | 28,9 | 9,2 |
| Böblingen | 22,4 | 17,8 | 46,9 | 31,5 | 4,1 |
| Esslingen | 20,5 | 11,4 | 57,2 | 27,7 | 4,1 |
| Göppingen | 24,0 | 13,9 | 50,2 | 30,0 | 5,9 |
| Ludwigsburg | 24,5 | 16,0 | 51,4 | 26,1 | 6,9 |
| Rems-Murr-Kreis | 23,6 | 14,1 | 51,4 | 27,2 | 7,7 |
| Stadtkreis Heilbronn | 24,4 | 18,4 | 45,8 | 25,5 | 10,4 |
| Landkreis Heilbronn [*] | 19,1 | 16,2 | 44,9 | 33,8 | 5,1 |
| Hohenlohekreis | 26,1 | 21,1 | 50,5 | 22,9 | 5,5 |
| Heidenheim | 31,3 | 16,5 | 43,1 | 32,1 | 9,2 |
| Ostalbkreis | 26,4 | 16,7 | 48,3 | 29,5 | 5,3 |
| Schwäbisch Hall | 24,4 | 24,7 | 30,9 | 34,8 | 9,6 |
| Main-Tauber-Kreis | 17,8 | 13,5 | 36,6 | 42,7 | 7,1 |
| Baden-Baden | 15,4 | 31,8 | 45,5 | 18,2 | 4,5 |
| Stadtkreis Karlsruhe | 18,3 | 13,9 | 53,1 | 23,7 | 9,3 |
| Landkreis Karlsruhe | 23,0 | 24,8 | 44,0 | 26,7 | 4,6 |
| Rastatt | 31,5 | 31,8 | 34,7 | 28,2 | 5,3 |
| Heidelberg | 22,1 | 7,9 | 51,3 | 26,3 | 14,5 |
| Mannheim | 23,3 | 18,9 | 48,5 | 19,4 | 13,3 |
| Neckar-Odenwald-Kreis | 17,5 | 20,7 | 42,1 | 33,8 | 3,4 |
| Rhein-Neckar-Kreis | 24,1 | 17,3 | 41,2 | 31,8 | 10,0 |
| Pforzheim | 24,9 | 7,8 | 43,1 | 46,8 | 2,8 |
| Calw | 16,2 | 17,2 | 39,2 | 37,8 | 6,0 |
| Enzkreis | 31,6 | 16,8 | 59,9 | 21,1 | 2,2 |
| Freudenstadt | 26,4 | 29,9 | 26,5 | 38,1 | 5,4 |
| Freiburg | 21,6 | 15,8 | 42,1 | 30,5 | 11,6 |
| Breisgau-Hochschwarz. | 35,4 | 29,6 | 46,1 | 19,1 | 5,2 |
| Emmendingen | 18,5 | 19,3 | 45,4 | 28,6 | 6,7 |
| Ortenaukreis | 26,0 | 26,7 | 35,3 | 29,8 | 8,2 |
| Rottweil | 22,1 | 14,4 | 52,9 | 28,8 | 3,7 |

Fortsetzung Tab. 45

| Kreis | U I H | G | I | V | N |
|---|---|---|---|---|---|
| | | % der Betriebe eines Kreises | | | |
| Schwarzwald-Baar-Kreis | 19,4 | 13,3 | 66,7 | 17,2 | 2,8 |
| Tuttlingen | 22,9 | 6,2 | 66,2 | 23,8 | 3,8 |
| Konstanz | 22,8 | 24,0 | 46,2 | 22,2 | 7,6 |
| Lörrach | 32,2 | 22,8 | 42,8 | 28,9 | 5,5 |
| Waldshut | 34,1 | 34,8 | 32,9 | 25,1 | 7,1 |
| Reutlingen | 18,1 | 11,5 | 35,7 | 45,8 | 7,0 |
| Tübingen | 16,4 | 12,4 | 30,2 | 49,6 | 7,8 |
| Zollernalbkreis | 16,2 | 6,8 | 21,5 | 69,3 | 2,4 |
| Ulm | 23,3 | 13,7 | 42,2 | 28,4 | 15,7 |
| Alb-Donau-Kreis | 28,5 | 26,6 | 36,0 | 34,9 | 2,7 |
| Biberach | 27,5 | 22,6 | 35,2 | 30,8 | 11,3 |
| Bodenseekreis | 22,1 | 20,2 | 54,4 | 19,3 | 6,1 |
| Ravensburg | 27,8 | 22,3 | 35,3 | 27,5 | 14,9 |
| Sigmaringen | 20,3 | 22,8 | 26,9 | 45,6 | 4,7 |

* Bezugsjahr 1986

| | | |
|---|---|---|
| UIH | = | Umweltschutzinvestitionshäufigkeit |
| G | = | Grundstoff- und Produktionsgütersektor |
| I | = | Investitionsgütersektor |
| V | = | Verbrauchsgütersektor |
| N | = | Nahrungs- und Genußmittelsektor |

Quelle:  Datensonderaggregierung über die Verteilung der Umweltschutzinvestitionen im Verarbeitenden Gewerbe von Baden-Württemberg nach
Stadt- und Landkreisen von 1976 bis 1985. Stuttgart 1985. Statistisches Landesamt Baden-Württemberg (Hrsg.):
Umweltschutzinvestitionen der Betriebe im Bergbau und Verarbeitenden Gewerbe 1975 bis 1983. Kreisergebnisse. In: Statistische
Berichte, Stuttgart 1985. Statistisches Landesamt Baden-Württemberg (Hrsg.), Verarbeitendes Gewerbe 1986, a.a.O., S. 36,37.

Tab. 46: Umweltschutzinvestitionen des Verarbeitenden Gewerbes in Baden-Württemberg nach Stadt- und Landkreisen im Zeitraum 1976 bis 1985

| Kreise | in Mio. DM | A % | B % |
|---|---|---|---|
| Stuttgart | 467,7 | 4,4 | 16,0 |
| Böblingen | 269,9 | 3,3 | 9,2 |
| Esslingen | 37,8 | 0,7 | 1,3 |
| Göppingen | 35,2 | 1,5 | 1,2 |
| Ludwigsburg | 82,0 | 2,5 | 2,8 |
| Rems-Murr-Kreis | 34,6 | 1,3 | 1,2 |
| Stadtkreis Heilbronn | 17,8 | 1,3 | 0,6 |
| Landkreis Heilbronn | 80,3 | 3,1 | 2,7 |
| Hohenlohekreis | 12,6 | 1,6 | 0,4 |
| Heidenheim | 75,5 | 4,7 | 2,6 |
| Ostalbkreis | 50,7 | 1,8 | 1,7 |
| Schwäbisch Hall | 24,5 | 2,4 | 0,8 |
| Main-Tauber-Kreis | 15,6 | 2,2 | 0,5 |
| Baden-Baden | 1,2 | 0,6 | 0,0 |
| Stadtkreis Karlsruhe | 350,7 | 10,7 | 12,0 |
| Landkreis Karlsruhe | 37,3 | 1,7 | 1,3 |
| Rastatt | 80,2 | 3,6 | 2,7 |
| Heidelberg | 8,3 | 1,1 | 0,3 |
| Mannheim | 223,3 | 5,0 | 7,6 |
| Neckar-Odenwald-Kreis | 20,4 | 3,0 | 0,7 |
| Rhein-Neckar-Kreis | 125,7 | 3,6 | 4,3 |
| Pforzheim | 25,4 | 2,1 | 0,8 |
| Calw | 6,7 | 1,2 | 0,2 |
| Enzkreis | 32,6 | 2,9 | 1,1 |
| Freudenstadt | 12,9 | 1,7 | 0,4 |
| Freiburg | 24,6 | 2,1 | 0,8 |
| Breisgau-Hochschwarz. | 22,9 | 2,3 | 0,8 |
| Emmendingen | 7,7 | 1,2 | 0,3 |
| Ortenaukreis | 86,3 | 2,7 | 2,9 |
| Rottweil | 17,8 | 1,6 | 0,6 |

250

Fortsetzung Tab. 46

| Kreise | in Mio. DM | A<br>% | B<br>% |
|---|---|---|---|
| Schwarzwald-Baar-Kreis | 16,0 | 0,9 | 0,5 |
| Tuttlingen | 14,5 | 1,4 | 0,5 |
| Konstanz | 51,7 | 3,5 | 1,7 |
| Lörrach | 170,8 | 8,1 | 5,6 |
| Waldshut | 77,5 | 7,2 | 2,6 |
| Reutlingen | 28,6 | 1,4 | 1,0 |
| Tübingen | 10,3 | 1,7 | 0,4 |
| Zollernalbkreis | 27,5 | 1,6 | 0,9 |
| Ulm | 21,3 | 1,3 | 0,7 |
| Alb-Donau-Kreis | 84,1 | 6,5 | 2,9 |
| Biberach | 27,9 | 2,1 | 1,0 |
| Bodenseekreis | 18,1 | 1,1 | 0,6 |
| Ravensburg | 62,8 | 3,8 | 2,2 |
| Sigmaringen | 21,5 | 2,8 | 0,7 |
| Baden-Württemberg | 2.913,9 | 3,2 | 100,0 |

A = Anteil der Umweltschutzinvestitionen an den Gesamtinvestitionen des Verarbeitenden Gewerbes eines Kreises

B = Anteil der Umweltschutzinvestitionen eines Kreises an den Umweltschutzinvestitionen des Landes Baden-Württemberg

Quelle: Datensonderaggregierung über die Verteilung der Umweltschutzinvestitionen im Verarbeitenden Gewerbe von Baden-Württemberg nach Stadt- und Landkreisen von 1976 bis 1985. Stuttgart 1985. Statistisches Landesamt Baden-Württemberg (Hrsg.):
Umweltschutzinvestitionen der Betriebe im Bergbau und Verarbeitenden Gewerbe 1975 bis 1983. Kreisergebnisse. In: Statistische Berichte, Stuttgart 1985.

Tab. 47: Verteilung der Umweltschutzinvestitionen auf die Umweltschutzbereiche im Verarbeitenden Gewerbe Baden-Württembergs nach Stadt- und Landkreisen im Zeitraum von 1976 bis 1985

| Kreis | Abfallbe-seitigung | | Gewässer-schutz | | Lärmbe-kämpfung | | Luftrein-haltung | |
|---|---|---|---|---|---|---|---|---|
| | DM | % | DM | % | DM | % | DM | % |
| Stuttgart | 106,4 | 22,7 | 254,8 | 54,5 | 10,2 | 2,2 | 96,3 | 20,6 |
| Böblingen | 18,3 | 6,8 | 152,1 | 56,3 | 6,2 | 2,3 | 93,3 | 34,6 |
| Esslingen | 4,2 | 11,0 | 11,8 | 31,3 | 4,3 | 11,3 | 17,6 | 46,4 |
| Göppingen | 2,8 | 7,8 | 18,2 | 51,7 | 2,0 | 5,8 | 12,2 | 34,7 |
| Ludwigsburg | 12,4 | 15,1 | 26,0 | 31,8 | 11,8 | 14,9 | 31,7 | 38,6 |
| Rems-Murr-Kreis | 3,8 | 10,9 | 16,7 | 48,3 | 1,8 | 8,9 | 11,3 | 32,8 |
| Stadtkreis Heilbronn | 1,4 | 8,9 | 10,6 | 59,4 | 0,6 | 3,7 | 5,2 | 28,9 |
| Landkreis Heilbronn | 1,4 | 1,7 | 28,7 | 35,8 | 1,6 | 2,0 | 48,5 | 60,5 |
| Hohenlohekreis | 0,5 | 3,9 | 6,4 | 51,2 | 1,3 | 10,9 | 4,4 | 34,9 |
| Heidenheim | 2,5 | 3,4 | 10,8 | 14,3 | 1,9 | 2,5 | 60,2 | 79,8 |
| Ostalbkreis | 3,7 | 7,2 | 21,2 | 41,9 | 3,5 | 7,0 | 22,3 | 43,9 |
| Schwäbisch Hall | 6,3 | 25,7 | 4,2 | 17,2 | 3,0 | 12,1 | 11,9 | 45,0 |
| Main-Tauber-Kreis | 1,6 | 10,5 | 5,6 | 35,6 | 0,7 | 4,2 | 7,7 | 49,7 |
| Baden-Baden | 0,1 | 4,6 | 0,5 | 37,9 | 0,1 | 8,4 | 0,6 | 49,1 |
| Stadtkreis Karlsruhe | 7,7 | 2,2 | 97,3 | 27,8 | 12,6 | 3,6 | 232,6 | 66,4 |
| Landkreis Karlsruhe | 2,8 | 7,4 | 14,4 | 38,6 | 3,3 | 8,8 | 16,9 | 45,2 |
| Rastatt | 18,8 | 23,5 | 33,2 | 41,4 | 5,2 | 6,5 | 22,9 | 28,6 |
| Heidelberg | 1,0 | 12,2 | 5,1 | 61,7 | 0,8 | 10,2 | 1,3 | 15,9 |
| Mannheim | 37,4 | 16,8 | 116,6 | 52,2 | 6,9 | 3,1 | 66,4 | 27,9 |
| Neckar-Odenwald-Kreis | 2,8 | 13,5 | 1,9 | 9,6 | 2,7 | 13,3 | 13,0 | 63,6 |
| Rhein-Neckar-Kreis | 18,4 | 14,6 | 5,5 | 44,2 | 7,0 | 5,6 | 44,8 | 35,6 |
| Pforzheim | 1,5 | 6,1 | 10,0 | 39,2 | 2,0 | 7,8 | 11,9 | 46,9 |
| Calw | 0,8 | 12,0 | 2,0 | 30,3 | 0,8 | 11,7 | 3,1 | 46,0 |
| Enzkreis | 0,7 | 2,3 | 22,7 | 69,6 | 1,9 | 5,8 | 7,3 | 22,3 |
| Freudenstadt | 1,3 | 10,2 | 3,8 | 29,3 | 2,4 | 18,6 | 5,4 | 41,9 |
| Freiburg | 1,3 | 5,2 | 14,8 | 60,2 | 4,3 | 17,7 | 4,2 | 16,9 |
| Breisgau-Hochschwarz. | 4,9 | 21,6 | 9,5 | 41,7 | 0,8 | 3,5 | 7,6 | 33,2 |
| Emmendingen | 0,4 | 5,7 | 3,4 | 34,8 | 0,6 | 7,4 | 3,3 | 43,1 |

252

Fortsetzung Tab. 47

| Kreis | Abfallbe-seitigung | | Gewässer-schutz | | Lärmbe-kämpfung | | Luftrein-haltung | |
|---|---|---|---|---|---|---|---|---|
| | DM | % | DM | % | DM | % | DM | % |
| Ortenaukreis | 3,2 | 3,6 | 31,5 | 36,6 | 6,1 | 7,1 | 45,5 | 52,7 |
| Rottweil | 0,8 | 4,6 | 9,1 | 51,0 | 2,2 | 12,6 | 5,6 | 31,8 |
| Schwarzwald-Baar-Kreis | 2,2 | 16,1 | 5,6 | 34,8 | 2,7 | 17,1 | 5,1 | 32,0 |
| Tuttlingen | 2,9 | 20,4 | 5,2 | 36,2 | 1,8 | 12,1 | 4,5 | 31,3 |
| Konstanz | 3,1 | 6,0 | 21,0 | 4,6 | 1,9 | 3,8 | 25,7 | 49,6 |
| Lörrach | 4,0 | 2,4 | 130,5 | 76,4 | 2,6 | 1,5 | 33,7 | 19,7 |
| Waldshut | 1,3 | 1,6 | 27,9 | 36,0 | 3,2 | 4,2 | 45,1 | 58,2 |
| Reutlingen | 2,4 | 8,4 | 14,7 | 51,1 | 2,9 | 10,2 | 8,7 | 30,3 |
| Tübingen | 0,6 | 5,9 | 3,6 | 34,5 | 0,4 | 3,9 | 5,7 | 55,7 |
| Zollernalbkreis | 2,4 | 8,9 | 15,1 | 54,8 | 1,6 | 5,6 | 8,4 | 30,7 |
| Ulm | 2,7 | 12,9 | 12,6 | 59,3 | 2,3 | 11,0 | 3,6 | 16,8 |
| Alb-Donau-Kreis | 2,3 | 2,7 | 37,0 | 44,1 | 3,3 | 3,9 | 41,4 | 49,3 |
| Biberach | 4,0 | 14,5 | 10,1 | 36,1 | 4,5 | 16,0 | 9,3 | 33,4 |
| Bodenseekreis | 2,1 | 11,5 | 9,9 | 54,5 | 2,3 | 12,8 | 3,8 | 21,2 |
| Ravensburg | 7,9 | 12,6 | 29,0 | 46,1 | 3,4 | 5,4 | 22,6 | 35,9 |
| Sigmaringen | 0,9 | 4,1 | 10,1 | 46,9 | 4,1 | 19,2 | 6,4 | 29,8 |
| Baden-Württemberg | 308,2 | 10,6 | 1.324,8 | 45,5 | 146,7 | 5,0 | 1.134,2 | 38,9 |

DM  =  Mio. DM

%  =  Anteil des Betrages für einen Umweltschutzbereich an den gesamten Umweltschutzinvestitionen eines Kreises

Quelle:  Datensonderaggregierung über die Verteilung der Umweltschutzin-vestitionen im Verarbeitenden Gewerbe von Baden-Württemberg nach Stadt- und Landkreisen von 1976 bis 1985. Stuttgart 1985. Statistisches Landesamt Baden-Württemberg (Hrsg.): Umweltschutzinvestitionen der Betriebe im Bergbau und Verarbeitenden Gewerbe 1975 bis 1983. Kreisergebnisse. In: Statistische Berichte, Stuttgart 1985.

Tab. 48: Umweltschutzinvestitionen je 1000 DM Umsatz in den Betrieben des Verarbeitenden Gewerbes mit Umwelt- schutzinvestitionen in Baden-Württemberg von 1976 bis 1985 und im Zeitraum von 1981 bis 1985 nach Stadt- und Landkreisen

| Kreis | '76 | '77 | '78 | '79 | '80 | '81 |
|---|---|---|---|---|---|---|
| Stuttgart | 1 | 1 | 2 | 3 | 2 | 2 |
| Böblingen | 27 | 12 | 9 | 20 | 26 | 25 |
| Esslingen | 3 | 2 | 2 | 1 | 2 | 2 |
| Göppingen | 2 | 2 | 2 | 2 | 3 | 3 |
| Ludwigsburg | 5 | 2 | 2 | 2 | 4 | 5 |
| Rems-Murr-Kreis | 1 | 4 | 3 | 4 | 3 | 3 |
| Stadtkreis Heilbronn | 3 | 2 | 2 | 2 | 3 | 2 |
| Landkreis Heilbronn | 3 | 1 | 2 | 1 | 2 | 2 |
| Hohenlohekreis | 2 | 3 | 1 | 2 | 3 | 1 |
| Heidenheim | 4 | 7 | 10 | 6 | 5 | 12 |
| Ostalbkreis | 2 | 10 | 4 | 3 | 4 | 5 |
| Schwäbisch Hall | 3 | 4 | 2 | 2 | 12 | 3 |
| Main-Tauber-Kreis | 3 | 2 | 3 | 2 | 3 | 2 |
| Baden-Baden | 1 | 1 | 1 | 1 | 1 | 1 |
| Stadtkreis Karlsruhe | 2 | 10 | 31 | 5 | 1 | 1 |
| Landkreis Karlsruhe | 2 | 3 | 7 | 3 | 1 | 2 |
| Rastatt | 3 | . | 2 | 6 | 6 | 5 |
| Heidelberg | . | 2 | 2 | 1 | 3 | . |
| Mannheim | 3 | 4 | 2 | 1 | 2 | 4 |
| Neckar-Odenwald-Kreis | 3 | 4 | 10 | 12 | 2 | 3 |
| Rhein-Neckar-Kreis | 6 | 3 | 3 | 3 | 3 | 4 |
| Pforzheim | 3 | 2 | 3 | 2 | 1 | 2 |
| Calw | 2 | 1 | 2 | 2 | 5 | 1 |
| Enzkreis | 7 | 6 | 8 | 3 | 7 | 7 |
| Freudenstadt | 4 | 8 | 7 | 5 | 4 | 2 |
| Freiburg | 3 | 1 | 1 | 2 | 2 | 4 |
| Breisgau-Hochschwarz. | 2 | 18 | 6 | 4 | 7 | 2 |
| Emmendingen | 3 | 4 | 1 | 1 | 3 | 5 |
| Ortenaukreis | 5 | 4 | 2 | 2 | 5 | 3 |
| Rottweil | 1 | 1 | 2 | 2 | 4 | 3 |

254

Fortsetzung Tab. 48

| Kreis | '76 | '77 | '78 | '79 | '80 | '81 |
|---|---|---|---|---|---|---|
| Schwarzwald-Baar-Kreis | 1 | 1 | 2 | 1 | 1 | 1 |
| Tuttlingen | 2 | 3 | 2 | 4 | 2 | 3 |
| Konstanz | 1 | 2 | 2 | 2 | 2 | 2 |
| Lörrach | 6 | 5 | 3 | 4 | 6 | 4 |
| Waldshut | 3 | 3 | 2 | 1 | 2 | 2 |
| Reutlingen | 3 | 3 | 4 | 9 | 6 | 5 |
| Tübingen | 4 | 6 | 2 | 2 | 7 | 5 |
| Zollernalbkreis | 7 | 8 | 5 | 3 | 3 | 7 |
| Ulm | 2 | 1 | 1 | 1 | 1 | . |
| Alb-Donau-Kreis | 35 | 17 | 7 | 10 | 5 | 11 |
| Biberach | 2 | 2 | 1 | 1 | 2 | 1 |
| Bodenseekreis | 1 | 1 | 1 | 1 | 1 | 2 |
| Ravensburg | 5 | 8 | 4 | 6 | 4 | 5 |
| Sigmaringen | 9 | 2 | 2 | 3 | 2 | 2 |
| Baden-Württemberg | . | . | . | 3 | 3 | 3 |

Fortsetzung Tab. 48

| Kreis | 1982 | 1983 | 1984 | 1985 | '81 - '85 | A<br>'81 - '85 |
|---|---|---|---|---|---|---|
| Stuttgart | 5 | 2 | 2 | 3 | 2 | 3.758 |
| Böblingen | 25 | 21 | 19 | 1 | 4 | 2.464 |
| Esslingen | 1 | 1 | 1 | 2 | 1 | 531 |
| Göppingen | 2 | 1 | 2 | 2 | 1 | 864 |
| Ludwigsburg | 1 | 3 | 1 | 2 | 2 | 1.298 |
| Rems-Murr-Kreis | 2 | 2 | 4 | 2 | 1 | 555 |
| Stadtkreis Heilbronn | 1 | 1 | 2 | 2 | 1 | 738 |
| Landkreis Heilbronn | 2 | 4 | 6 | 1 | 3 | 2.610 |
| Hohenlohekreis | 1 | 2 | 2 | 2 | 1 | 818 |
| Heidenheim | 4 | 2 | 1 | 4 | 2 | 1.659 |
| Ostalbkreis | 3 | 2 | 6 | 1 | 2 | 1.350 |
| Schwäbisch Hall | 3 | 6 | 2 | 15 | 3 | 1.791 |
| Main-Tauber-Kreis | 3 | 3 | 2 | 1 | 1 | 915 |
| Baden-Baden | 5 | 2 | 2 | 5 | 1 | 598 |
| Stadtkreis Karlsruhe | 1 | 13 | 1 | 2 | 3 | 7.269 |
| Landkreis Karlsruhe | 7 | 1 | 2 | 2 | 1 | 1.162 |
| Rastatt | 4 | 5 | 3 | 2 | 3 | 1.871 |
| Heidelberg | 2 | 5 | 2 | 2 | 1 | 636 |
| Mannheim | 3 | 2 | 3 | 2 | 2 | 2.623 |
| Neckar-Odenwald-Kreis | 6 | 7 | 31 | 10 | 4 | 2.590 |
| Rhein-Neckar-Kreis | 3 | 7 | 5 | 2 | 4 | 2.535 |
| Pforzheim | 1 | 8 | 3 | 3 | 2 | 1.133 |
| Calw | 1 | 5 | 10 | 7 | 2 | 1.494 |
| Enzkreis | 8 | 19 | 1 | 5 | 4 | 1.592 |
| Freudenstadt | 6 | 5 | 5 | 6 | 2 | 980 |
| Freiburg | 3 | 4 | 3 | 3 | 2 | 2.369 |
| Breisgau-Hochschwarz. | 3 | 4 | 2 | 4 | 2 | 1.304 |
| Emmendingen | 1 | 2 | 2 | 3 | 2 | 688 |
| Ortenaukreis | 1 | 2 | 2 | 4 | 2 | 1.828 |
| Rottweil | 7 | 4 | 6 | 3 | 2 | 1.275 |
| Schwarzwald-Baar-Kreis | 2 | 2 | 4 | 3 | 1 | 623 |
| Tuttlingen | 5 | 4 | 3 | 9 | 2 | 1.043 |
| Konstanz | 4 | 4 | 3 | 3 | 2 | 1.972 |

Fortsetzung Tab. 48

| Kreis | 1982 | 1983 | 1984 | 1985 | '81 - '85 | A<br>'81 - '85 |
|---|---|---|---|---|---|---|
| Lörrach | 12 | 14 | 8 | 9 | 7 | 7.388 |
| Waldshut | 4 | 7 | 18 | 3 | 5 | 5.091 |
| Reutlingen | 3 | 3 | 2 | 3 | 1 | 646 |
| Tübingen | 5 | 1 | 2 | 2 | 1 | 733 |
| Zollernalbkreis | 2 | 2 | 4 | 5 | 1 | 925 |
| Ulm | 3 | 1 | . | 3 | 1 | 616 |
| Alb-Donau-Kreis | 9 | 8 | 14 | 21 | 8 | 5.956 |
| Biberach | 3 | 10 | 3 | 2 | 2 | 1.511 |
| Bodenseekreis | 1 | 1 | 1 | . | 1 | 626 |
| Ravensburg | 3 | 2 | 7 | 6 | 3 | 2.551 |
| Sigmaringen | 7 | 2 | 3 | 3 | 2 | 2.057 |
| Baden-Württemberg | 4 | 4 | 3 | 3 | . | . |

A    =    Umweltschutzinvestitionen in DM je Beschäftigten in den
         Betrieben mit Umweltschutzinvestitionen

Quelle:   Datensonderaggregierung über die Verteilung der Umwelt-
         schutzinvestitionen im Verarbeitenden Gewerbe von Baden-
         Württemberg nach Stadt- und Landkreisen von 1976 bis 1985.
         Stuttgart 1985. Statistisches Landesamt Baden-Württemberg
         (Hrsg.): Umweltschutzinvestitionen der Betriebe im Bergbau
         und Verarbeitenden Gewerbe 1975 bis 1983. Kreisergebnisse.
         In: Statistische Berichte, Stuttgart 1985.

Tab. 49:     Gewerbeförderung der Landeskreditbank Baden-Würt-
             temberg im Umweltschutz im Zeitraum von 1980 bis
             1985

| Kreise | A | B | % |
|---|---|---|---|
| Stuttgart | 600 | 2.129 | 28,2 |
| Böblingen | 65 | 196 | 33,2 |
| Esslingen | 2.264 | 6.203 | 36,5 |
| Göppingen | 745 | 1.284 | 58,0 |
| Ludwigsburg | 4.285 | 19.786 | 21,7 |
| Rems-Murr-Kreis | 518 | 1.632 | 31,7 |
| Stadtkreis Heilbronn | 423 | 1.260 | 33,6 |
| Landkreis Heilbronn | 210 | 1.378 | 15,2 |
| Hohenlohekreis | 2.185 | 12.886 | 17,0 |
| Heidenheim | 100 | 270 | 37,0 |
| Ostalbkreis | 1.337 | 2.268 | 58,9 |
| Schwäbisch Hall | 539 | 1.693 | 31,8 |
| Main-Tauber-Kreis | 760 | 3.293 | 23,1 |
| Baden-Baden | 85 | 500 | 17,0 |
| Stadtkreis Karlsruhe | 3.376 | 19.677 | 17,2 |
| Landkreis Karlsruhe | 510 | 1.448 | 35,2 |
| Rastatt | 1.271 | 4.433 | 28,7 |
| Heidelberg | 125 | 250 | 50,0 |
| Mannheim | 9.650 | 37.690 | 25,6 |
| Neckar-Odenwald-Kreis | 1.399 | 9.550 | 14,6 |
| Rhein-Neckar-Kreis | 15.617 | 88.162 | 17,7 |
| Pforzheim | 1.312 | 1.676 | 78,3 |
| Calw | 272 | 766 | 35,5 |
| Enzkreis | 3.029 | 12.216 | 24,8 |
| Freudenstadt | 500 | 3.181 | 15,7 |
| Freiburg | 45 | 171 | 26,3 |
| Breisgau-Hochschwarz. | 745 | 1.798 | 41,4 |
| Emmendingen | 450 | 1.096 | 41,1 |
| Ortenaukreis | 5.768 | 26.965 | 21,4 |
| Rottweil | 1.377 | 4.057 | 33,9 |
| Schwarzwald-Baar-Kreis | 510 | 1.350 | 37,8 |

Fortsetzung Tab. 49

| Kreise | A | B | % |
|---|---|---|---|
| Tuttlingen | 686 | 3.118 | 22,0 |
| Konstanz | 355 | 9.717 | 3,7 |
| Lörrach | 3.220 | 13.348 | 24,1 |
| Waldshut | 3.565 | 13.720 | 26,0 |
| Reutlingen | 960 | 3.813 | 25,2 |
| Tübingen | 332 | 1.166 | 28,5 |
| Zollernalbkreis | 2.777 | 7.919 | 35,1 |
| Ulm | 150 | 418 | 35,9 |
| Alb-Donau-Kreis | 853 | 2.844 | 30,0 |
| Biberach | 1.536 | 5.083 | 30,2 |
| Bodenseekreis | 370 | 2.907 | 12,7 |
| Ravensburg | 1.088 | 3.299 | 33,0 |
| Sigmaringen | 1.330 | 4.132 | 32,2 |
| Baden-Württemberg | 77.294 | 340.747 | 22,7 |

A  =  LKB-Darlehen in 1000 DM

B  =  mit Darlehen geförderte Umweltschutzinvestitionen in 1000 DM

%  =  A von B in Prozent

Quelle:  Landeskreditbank Baden-Württemberg: Gewerbeförderung
1980 bis 1985.

# Literatur- und Quellenverzeichnis


Amerongen, O. W. von: Umweltschutz als Unternehmensaufgabe. In:
    Vortragsreihe des Instituts der deutschen Wirtschaft.
    Bd. 34, 1984, S. 1-4.
Ballestrem, F. Graf von: Standortwahl von Unternehmen und
    Industriestandortpolitik: Ein empirischer Beitrag zur
    Beurteilung regional-politischer Instrumente. In:
    Finanzwirtschaftliche Forschungsarbeiten 44, 1970, N.F.
BASF AG: Wo steht die BASF im Umweltschutz? Ludwigshafen, o.J.
BASF AG: Umweltschutz. Denken, planen, handeln. Fakten und
    Beispiele. Ludwigshafen 1986. 5. Aufl.
Baumann, H. u.a.: Außenhandel, Direktinvestitionen und Indu-
    striestruktur der deutschen Wirtschaft. Eine Untersuchung
    ihrer Entwicklung unter Berücksichtigung der Wechselkurs-
    änderungen. In: Volkswirtschaftliche Schriften 1977,
    H. 266.
Baumann, H.: Direktinvestitionen der Industrie im Ausland. Aus-
    maß, Anlageformen, Motive und Auswirkungen. In: Ifo-
    Schnelldienst 30, 3/1977, S. 5-8.
Behrens, C.: Allgemeine Standortbestimmungslehre. Köln 1971.
Benkert, W.: Standortfaktoren und Standortwahl der Umwelt-
    schutzindustrie. Theoretische Überlegungen und empirische
    Evidenz. In: Raumforschung und Raumordnung 45, 1987,
    S. 237-241.
Benckiser: Geschäftsbericht 1985.
Beyme, K. von: Parteien in westlichen Demokratien.
    München 1984, 2. Aufl.
Bibliographie Umweltökonomie. Hrsg. v. Umweltbundesamt.
    Berlin 1987.
Bick, H.: Mensch und Natur. In: Wildenmann, R. (Hrsg.): Umwelt,
    Wirtschaft, Gesellschaft - Wege zu einem neuen Grundver-
    ständnis. Stuttgart 1986, S. 19-40.
Böhringer Mannheim GmbH: Geschäftsbericht 1985.
Böventer, E. von: Raumwirtschaft. In: Handbuch der Wirtschafts-
    wissenschaften Bd. 6, 1981, S. 406-429.
Bonus, H.: Ein ökologischer Rahmen für die Soziale Marktwirt-
    schaft. In: Wirtschaftsdienst 59, 1979, S. 141-146.

Bonus, H.: Marktwirtschaftliche Instrumente im Umweltschutz.
In: Wirtschaftsdienst 61, 1981, S. 169-172.

Bonus, H.: Eine Lanze für den Wasserpfennig. Wider die Vulgärform des Verursacherprinzips. In: Wirtschaftsdienst 66,
1986, S. 451-455.

Bonus, H.: Don Quichotte, Sancho Pansa und der Wasserpfennig.
In: Wirtschaftsdienst 66, 1986, S. 625-629.

Borries, D. von: Kraft-Wärme-Kopplung. In: Umwelt und Energie,
a.a.O., Gruppe 3/52, 1980, S. 1-5.

Brösse, U.: Wasserzins statt Wasserpfennig. In: Wirtschaftsdienst 66, 1986, S. 566-569.

Brücher, W.: Industriegeographie. Braunschweig 1982.

Brunowsky, R.-D.: Deutsche Umweltpolitik. Markt mit Macken.
In: Wirtschaftswoche 31, 1984, S. 50-52.

Büringer, H.: Ökonomische Aspekte des Umweltschutzes. Teil 1:
Umweltschutzleistungen und davon ausgehende Kostenbela-
stung im Verarbeitenden Gewerbe. In: Baden-Württemberg in
Wort und Zahl 29, 1981, S. 142-140.

Büringer, H.: Regionale Entwicklungen der Umweltschutzinvestitionen im Verarbeitenden Gewerbe. In: Baden-Württemberg in
Wort und Zahl 30, 1982, S. 91-96.

Büringer, H.: Kosten durch Umweltschutzmaßnahmen im Verarbeitenden Gewerbe. In: Baden-Württemberg in Wort und Zahl 30,
1982, S. 162-165.

Büringer, H.: Umweltschutzinvestitionen im Verarbeitenden Gewerbe 1975 bis 1982. In: Baden-Württemberg in Wort und
Zahl 32, 1984, S. 255-258.

Büringer, H.: Kosten durch Umweltschutzmaßnahmen im Verarbeitenden Gewerbe. In: Baden-Württemberg in Wort und Zahl 34,
1986, S. 265-271.

Bundesminister des Innern (Hrsg.): Das Verursacherprinzip, Möglichkeiten und Empfehlungen zur Durchsetzung. Umweltbrief Nr. 1, 1973.

Bundesminister des Innern: Erfahrungsbericht zum Abwasserabgabengesetz. o.O., 1983.

Bundesminister des Innern (Hrsg.): Dritter Immissionsschutzbericht der Bundesregierung. BT-Drucksache 10/1354, 1984.

Bundesminister des Innern (Hrsg.): Gemeinsames Ministerial-
    blatt. Ausgabe A, 1986, Nr. 7 (TA Luft vom 27.2.1986).
Bundesminister für Umwelt, Naturschutz und Reaktorsicherheit
    (Hrsg.): Investitionshilfen im Umweltschutz. Ein Überblick
    mit Gesetzes-, Verordnungen- und Richtliniensammlung für
    die Unternehmen aus der Industrie, Handwerk und Kredit-
    wirtschaft sowie die Freien Berufen. Bonn o.J.
Bundesminister für Umwelt, Naturschutz und Reaktorsicherheit:
    Die Ozonschicht schützt unsere Umwelt (Broschüre).
Bundesverband Junger Unternehmer der Arbeitsgemeinschaft selb-
    ständiger Unternehmer e.V.: BJU-Ökologie-Umfrage Som-
    mer 1984.
Bundesverband der Deutschen Zementindustrie: Zement. Jahresbe-
    richt 81-82; 84-85; 85-86; 86-87.
Clemens, R. und H. Tengler: Der Ballungsraum als Industrie-
    standort. Ergebnisse einer empirischen Erhebung im
    östlichen Ruhrgebiet. In: Raumforschung und Raumord-
    nung 41, 1983, S. 195-202.
Cordier: Die Cordier-Gruppe - Vielfalt in Spezialpapieren. Bad
    Dürkheim-Jägerthal o.J.
Cube, F. von und D. Alshuth: Fordern statt Verwöhnen. Die Er-
    kenntnisse der Verhaltensbiologie in Erziehung und
    Führung. München 1986.
Datensonderaggregierung über die Verteilung der Umweltschutz-
    investitionen im Verarbeitenden Gewerbe von Baden-Würt-
    temberg nach Stadt- und Landkreisen von 1976 bis 1985.
    Stuttgart 1985. (Erstellt in Zusammenarbeit mit dem
    tatistischen Landesamt Baden-Württemberg).
Datensonderaggregierung über die Art der Umweltschutzinvesti-
    tionen im Verarbeitenden Gewerbe von Baden-Württemberg von
    1976 bis 1985. Stuttgart 1987. (Erstellt in Zusammenarbeit
    mit dem Statistischen Landesamt Baden-Württemberg).
Dege, W.: Das Ruhrgebiet. Braunschweig 1976, überarb. Aufl.
Deutscher Bundestag: Umweltprogramm der Bundesregierung 1971.
    BT-Drucksache VI/2710.
Deutscher Bundestag: Umweltbericht '76 - Fortschreibung des Um-
    weltprogramms der Bundesregierung vom 14.7.1971. BT-
    Drucksache VII/5684.

262

Diercke Wörterbuch der Allgemeinen Geographie. München 1984.

Die Zeit. 1988, 7.

Dillinger Hüttenwerke: Unternehmensporträt. In: "Us Hütt" -
    Werkszeitschrift der Dillinger Hütte 32, 1987 (Sonder-
    druck).

Ehrgeiziger Wirbel. Mehr Marktchancen für Wirbelschicht gefor-
    dert. In: Energie 38, 1986, S. 20-23.

Ellenberg, H. (Hrsg.): Ökosystemforschung. Berlin, Heidelberg,
    New York 1978.

Engelhardt, H., u.a.: Über 10 Jahre BASF-Kläranlage. In: Korre-
    spondenz Abwasser 32, 1985, S. 940-947.

Eppler, E.: Ende oder Wende. Von der Machbarkeit des Notwendi-
    gen. Stuttgart 1975, 3. Aufl.

Eulefeld, G.; D. Bolscho und H. J. Seibold: Umwelterziehung in
    der Bundesrepublik Deutschland. München 1980.

Eulefeld, G., u.a.: Ökologie lernen. Ein didaktisches Konzept.
    Stuttgart 1981.

Ewringmann, D., u.a.: Die Abwasserabgabe als Investitionsan-
    reiz. Auswirkungen des § 7a WHG und des Abwasserabgaben-
    gesetzes auf Investitionsplanung und -abwicklung indu-
    strieller und kommunaler Direkteinleiter. In: Berichte des
    Umweltbundesamtes 8/80.

Ewringmann, D. und F. Schaffhausen: Abgaben als ökonomischer
    Hebel in der Umweltpolitik. Ein Vergleich von 75 prakti-
    zierten und erwogenen Abgabenlösungen im In- und Ausland.
    In: Berichte des Umweltbundesamtes 8/85.

Faber, M.: Umweltschutz und Umweltschutzkosten. In: Irrgang,
    Klawitter, Seif (Hrsg.): Wege aus der Umweltkrise.
    Frankfurt, München 1987, S. 73-89.

Faber, M.: Umdenken in der Abfallwirtschaft. Vermeiden statt
    Deponieren. In: Rheinischer Merkur/Christ und Welt Nr. 19,
    1989, S. 14.

Faber, M., H. Niemes u. G. Stephan: Umweltschutz und Input-
    Output-Analyse. Mit zwei Fallstudien aus der Wassergüte-
    wirtschaft. Tübingen 1983.

Faber, M., G. Stephan u. P. Michaelis: Umdenken in der
    Abfallwirtschaft. Vermeiden, Verwerten, Beseitigen.
    Heidelberg 1988.

Fassing, W.: Mehr Markt im Umweltschutz? - Instrumente der Umweltpolitik und ihre Wirksamkeit. In: WSI-Mitteilungen (Deutscher Gewerkschaftsbund) 12, 1985, S. 722-729.

Fiebig, K.-H. und A. Hinzen: Lösungsansätze für Umweltprobleme kleinerer und mittelständischer Betriebe in Gemengelagen. Altsanierung im Rahmen der Stadterneuerung. Berlin 1985.

Fietkau, H. und H. Kessel: Umwelt lernen. Strategien zur Hebung des Umweltbewußtseins. Königstein 1981.

Frey, B. S.: Umweltökonomie. Göttingen 1972.

Frey, R. L.: Umweltschutz als wirtschaftspolitische Aufgabe. In: Schweizerische Zeitschrift für Volkswirtschaft und Statistik 108, 1972, S. 453-477.

Fürst, D. und K. Zimmermann: Standortwahl industrieller Unternehmen. Ergebnisse einer Unternehmensbefragung. In: Schriftenreihe der Gesellschaft für Regionale Strukturentwicklung 1, 1973.

Gernert, J.: Standortbedingungen der Industrie in einem Entwicklungsland - Das Beispiel Peru. In: Mikus, W. (Hrsg.): Struktur- und Entwicklungsprobleme der Industrie Perus. Heidelberger Dritte Welt Studien 20, 1985, S. 5-109.

Glagow, G. F.: Umweltpolitik. In: Pipers Wörterbuch zur Politik. Hrsg. von D. Nohlen. München, Zürich 1985, Bd. 1, S. 1046-1051.

Global 2000. Der Bericht an den Präsidenten. Frankfurt 1980.

Goethel, G. F.: Entstehung und Verhütung von Emissionen in der Mineralölindustrie. In: Staub - Reinhaltung der Luft 42, 1982, S. 465-469.

Härtel, H.-H.: Zusammenhang zwischen Strukturwandel und Umwelt. (Veröffentlichungen des HWWA-Institutes für Wirtschaftsforschung). Hamburg 1987.

Hake, B.: Alternativenergien: Technik, Wirtschaftlichkeit, Marktpotential. In: Umwelt und Energie, a.a.O., Gruppe 8, 1987, S. 219-249.

Hamilton, F. E. I.: A View of Spatial Behavior, Industrial Organisation and Decision Making. In: Hamilton, F. E. I. (ed.): Spatial Perspectives on Industrial Organisation and Decision Making. London 1974, S. 3-43.

Handwörterbuch der Raumforschung und Raumordnung.
Hannover 1970.

Harbeck, G., u.a.: Physik. Braunschweig 1972.

Hartkopf, G. und E. Bohne: Umweltpolitik. Grundlagen, Analysen
und Perspektiven. Opladen 1983, Bd. 1.

Heinen, E.: Das Zielsystem der Unternehmung. Grundlagen betriebswirtschaftlicher Entscheidungen. Wiesbaden 1966.

Hinz, W.: Entstehung und Verhütung von Emissionen in der
Zementindustrie. In: Staub - Reinhaltung der Luft 42,
1982, S. 470-475.

Hödl, E.: Umweltschutz und Beschäftigung - Positive und negati-
ve Beschäftigungswirkungen durch Umweltschutzmaßnahmen.
In: Umweltschutz der achtziger Jahre - Eine Standortbe-
stimmung ökologischer und ökonomischer Anforderungen.
Hrsg. Institut für Umweltschutz der Universität Dortmund.
Berlin 1981, S. 152-156.

Höweling, E.: Die betriebliche Standortverlagerung. Struktur
und Prozeß. Zürich, Frankfurt, Thun 1976.

Hoffmann, V.: Programme zur Förderung von Umweltschutzinvestitionen. Systematische Gesamtübersicht über die Förderprogramme von Bund und Ländern; Erläuterungen der wichtigsten
Regelungen. In: Umwelt und Energie, a.a.O., Gruppe 11,
1986, S. 157-233.

Hoffmann, V.: Umweltschutzförderung durch Sonderabschreibungen.
Informationen über Stand und Entwicklung der Sonderab-
schreibungsmöglichkeiten nach § 7d Einkommenssteuergesetz.
Hinweise zu den Nutzungsmöglichkeiten für die betriebliche
Praxis. Auszüge aus einschlägigen Richtlinien. In: Umwelt
und Energie, a.a.O., Gruppe 11, 1987, S. 235-301.

Hucke, J.: Umweltschutzpolitik. In: Pipers Wörterbuch zur Politik. Hrsg. v. D. Nohlen. München, Zürich, 1985, Bd. 2,
S. 433-438

Innenministerium Baden-Württemberg (Hrsg.): Landesentwicklungsplan. Baden-Württemberg vom 12. Dezember 1983. Freudenstadt 1984.

Institut der Deutschen Wirtschaft: Zahlen zur wirtschaftlichen
Entwicklung der Bundesrepublik Deutschland. Köln 1987.

Jarre, J.: Verursacherprinzip. In: Umwelt und Energie, a.a.O., Gruppe 3/100, 1980, S. 1-6.

Kaase, M.: Die Entwicklung des Umweltbewußtseins in der Bundesrepublik Deutschland. In: Wildenmann, R. (Hrsg.): Umwelt, Wirtschaft, Gesellschaft - Wege zu einem neuen Grundverständnis. Stuttgart 1986, S. 289-316.

Kaerntke, K.: Standortfaktor Umweltschutz. Umweltschutzmaßnahmen als Standortproblem für Betriebe der Verarbeitenden Industrie. Berlin 1982.

Kahnert, R., K. R. Kunzmann und B. Lossin: Entwicklungsbedingungen und regionale Verteilung der Umweltwirtschaft in Rheinland-Pfalz. Ergebnisse einer empirischen Untersuchung. In: Zeitschrift für Umweltpolitik und Umweltrecht 9, 1986, S. 247-268.

Kalmbach, S.: Die TA Luft 1986. Eine Übersicht über Ziele, Auswirkungen und Inhalte. In: Umwelt und Energie, a.a.O., Gruppe 5, 1986, S. 259-287.

Keiter, H.: Umweltschutzkosten. In: Umwelt und Energie, a.a.O., Gruppe 3/96, 1980, S. 1-8.

Keiter, H.: Umweltstatistik. In: Umwelt und Energie, a.a.O., Gruppe 3/98, 1980, S. 1-6.

Kirsch, W.: Entscheidungsprozesse. Wiesbaden 1971, 3 Bde.

Klingenmann, H.-D.: Umweltproblematik in Wahlprogrammen der etablierten Parteien in der Bundesrepublik Deutschland. In: Wildenmann, R. (Hrsg.): Umwelt, Wirtschaft, Gesellschaft - Wege zu einem neuen Grundverständnis. Stuttgart 1986, S. 356-361.

Knödgen, G.: Umweltschutz und Standortentscheidung. Frankfurt, New York 1982.

Knödgen, G. und R.-U. Sprenger: Umweltschutz und internationaler Wettbewerb. In: Ifo-Schnelldienst 34, 1-2/1981, S. 29-46.

Köhler, A.: Arbeitslose für den Umweltschutz? In: Zeitschrift für Umweltpolitik und Umweltrecht 8, 1985, S. 29-44.

Kroboth, K. und H. Xeller: Entwicklungen beim Umweltschutz in der Zementindustrie. In: Sonderdruck aus Zement-Kalk-Gips, H. 1, 1986, S. 1-15.

Lamberg, H.: Optimierung von Kraft-Wärme-Kopplungsanlagen. In:
     Brennstoff-Wärme-Kraft 36, 1984, S. 307-309.

Landesgewerbeamt Baden-Württemberg: Förderhilfen bei Umwelt-
     schutzmaßnahmen. Fördermaßnahmen des Bundes und des Landes
     Baden-Württemberg für kleine und mittelständische
     Unternehmen bei Investitionsvorhaben zur Verringerung oder
     Beseitung von Umweltbelastungen. In: Informations-
     dienst Nr. 2, 1986.

Landeskreditbank Baden-Württemberg: Gewerbeförderung 1980 bis
     1985.

Landesverband der Baden-Württembergischen Industrie: Vorschläge
     zur Umweltpolitik in Baden-Württemberg. Stuttgart 1984.

Lichtwer, L.: Schätzung der monetären Aufwendungen für Umwelt-
     schutzmaßnahmen in den Jahren 1977-1981. In: Berichte des
     Umweltbundesamtes 4/80.

Lichtwer, L.: Differenzierende Wirkungen des Umweltschutzes
     auf die Wettbewerbsstellung kleiner und mittlerer
     Unternehmen und auf Konzentrationstendenzen. In: Gutz-
     ler H. (Hrsg.): Umweltpolitik und Wettbewerb. Baden-Ba-
     den 1981, S. 213-225.

Lloyd, P. E. und P. Dicken: Location in Space: A Theoretical
     Approach to Economic Geography. London, New York 1977.

Maier-Rigaud, G.: Umweltpolitik in der Marktwirtschaft. In:
     Wirtschaftsdienst 60, 1980, S. 341-345.

Malinsky, A. H.: Umweltpolitik und Beschäftigung. Ansätze einer
     regionalen Differenzierung. In: Dokument und Informationen
     zur Schweizerischen Orts-, Regional- und Landesplanung 21,
     1985, S. 24-31.

Mayntz, R., u.a.: Vollzugsprobleme der Umweltpolitik - eine em-
     pirische Untersuchung der Implementation von Gesetzen im
     Bereich der Luftreinhaltung und des Gewässerschutzes.
     Stuttgart u.a. 1978.

Meadows, D., u.a.: Die Grenzen des Wachstums. Bericht des "Club
     of Rome" zur Lage der Menschheit. Stuttgart 1983,
     13. Aufl.

Meißner, W.: Prinzipien der Umweltpolitik. In: Wildenmann, R.
     (Hrsg.): Umwelt, Wirtschaft, Gesellschaft - Wege zu einem
     neuen Grundverständnis. Stuttgart 1986, S. 197-207.

Meißner, W. und E. Hödl: Auswirkungen der Umweltpolitik auf den
Arbeitsmarkt. Bonn 1978.

Meller, E.: Künftige Strategien des Industrie-Umweltschutzes.
In: Zeitschrift für Umweltpolitik und Umweltrecht 8, 1985,
S. 355-365.

Mesarovic, M. und E. Pestel: Menschheit am Wendepunkt. Stuttgart 1974.

Meyer-Abich, K. M.: Die ökologische Grenze des herkömmlichen
Wachstums. In: Nussbaum, H. von (Hrsg.): Die Zukunft des
Wachstums. Kritische Antworten zum Bericht des "Club of
Rome". Düsseldorf 1973, S. 163-186.

Mikus, W.: Thesen zur Beteiligung der Industriegeographie an
der Industrieplanung. In: Heidelberger Geographische
Arbeiten 4, 1974, S. 498-503.

Mikus, W.: Industriegeographie. Themen der allgemeinen Industrieraumlehre. Darmstadt 1978.

Mikus, W.: Zeitliche und regionale Variabilität industrieller
Standortfaktoren von Mehrwerksunternehmen in Italien. In:
Dörrer, I., u.a.: Methoden und Feldforschung in der
Industriegeographie. Mannheimer Geographische Arbeiten 7,
1980, S. 69-97.

Mikus, W.: Zur Bedeutung der Zweigwerksindustrialisierung. In:
Dokumente und Informationen zur Schweizerischen Orts-,
Regional- und Landesplanung 66, 1982, S. 30-34.

Mikus, W., u.a.: Industrielle Verbundsysteme: Studien zur räumlichen Organisation der Industriebetriebe am Beispie von
Mehrwerksunternehmen in Südwestdeutschland, der Schweiz
und Oberitalien. In: Heidelberger Geographische Arbeiten 57, 1979.

Mikus, W. und J. Gernert: Influences in Environmental Protection on Industrial Labour Markets - Examples of the
Federal Republic of Germany. Heidelberg 1987 (unveröffentlichtes Manuskript).

Mineralölwirtschaftsverband: Mineralöl und Umweltschutz. Hamburg 1984, 2. aktual. Aufl.

Mineralölwirtschaftsverband: Jahresbericht 84; 86.

Ministerium für Ernährung, Landwirtschaft, Umwelt und Forsten Baden-Württemberg: Emissionskataster Stuttgart, Karlsruhe, Mannheim. Quellengruppe Industrie und Gewerbe, Verkehr, Hausbrand. Stuttgart 1986, 9 Bde.

Ministerium für Umwelt und Gesundheit Rheinland-Pfalz (Hrsg.): Gewässergütekarte Rheinland-Pfalz. Stand 1972, 1977, 1984. Mainz o.J.

Ministerium für Umwelt und Gesundheit Rheinland-Pfalz: Aktionsprogramm Wasserwirtschaft 1985. Mainz o.J.

Ministerium für Umwelt und Gesundheit Rheinland-Pfalz: Umweltprogramm. Mainz 1986, 3. Aufl.

Ministerium für Umwelt und Gesundheit Rheinland-Pfalz: Umweltqualitätsbericht 1987. Mainz.

Ministerium für Umwelt, Raumordnung und Bauwesen des Saarlandes: Bericht 1983 zum Umweltprogramm Saarland. Saarbrücken 1984.

Mobil Rundschau 2/1987: EG-Studie belegt: Wettbewerbsfähigkeit deutscher Raffinerien gefährdet.

Möller, H. u.a.: Umweltökonomie: ein Überblick in die ökonomische Analyse von Umweltproblemen. Königstein/Ts. 1981.

Nuhn, H.: Industriegeographie. Neuere Entwicklungen und Perspektiven für die Zukunft. In: Geographische Rundschau 1987, Sonderheft, Stand und Aufgaben der Geographie Bd. 1, S. 47-53.

Oberländer, G.: Kraft-Wärme-Kopplung mit Industriegasturbinen. In: Brennstoff-Wärme-Kraft 36, 1984, S. 96-100.

O.V.: Bureau of Census reports. Pollution Abatement Expenditures and Operating Costs. In: Air Pollution Control Association Journal Bd. 30, 1980; Bd. 33, 1983; Bd. 34, 1984.

O.V.: Mißtrauen und Hoffnung. Unternehmer und Umweltschutz (I). In: Wirtschaftswoche 38, 1984, S. 62-91.

O.V.: Ökologie und Ökonomie (2). Umweltschutz: Investitionen und Betriebskosten. In: WZB-Mitteilungen (Wissenschaftszentrum Berlin) 33, 1986, S. 5-9.

Papierfabrik August Koehler AG (Unternehmensporträt).

Pawlowsky, H.-M.: Wege zu einem neuen Grundverständnis - Probleme der "Steuerung durch Gesetze". In: Wildenmann, R. (Hrsg.): Umwelt, Wirtschaft, Gesellschaft - Wege zu einem neuen Grundverständnis. Stuttgart 1986, S. 317-331.

Pestel, E.: Jenseits der Grenzen des Wachstums. Stuttgart 1988.

Pfriem, R.: Milliarden vergeudet. In: Die Zeit. 1987, 43, S. 44 ff.

Philipp, J. A.: Entstehung und Verhütung von Emissionen - Eisenhüttenwerke. In: Staub - Reinhaltung der Luft 42, 1982, S. 453-456.

Philipp, J. A., u.a.: Umweltschutz in der Stahlindustrie. Entwicklungsstand-Anforderungen-Grenzen. In: Eisen und Stahl 197, 1987, S. 507-514.

Piller, W. und M. Rudolph: Kraft-Wärme-Kopplung. Zur Theorie und Praxis der Kostenrechnung. Frankfurt 1984.

Pinter, J.: Umweltpolitische Probleme und Lösungsmöglichkeiten bei Klein- und Mittelbetrieben der Industrie und des Handwerks. In: Berichte des Umweltbundesamtes 1/84.

Pipers Wörterbuch zur Politik. Hrsg. v. D. Nohlen. München, Zürich 1985, 6 Bde.

Rasmussen, R., M. Oesterreich und S. Behn: Regionaldifferenzierte Umweltpolitik im Luftbereich. Grundzüge einer Konzeption und ihre ökonomisch-ökologische Beurteilung. Hamburg 1982.

Rehbinder, E.: Reformmöglichkeiten hinsichtlich des Instrumentariums zum Schutz der Umwelt: Vorsorgeprinzip. In: Wildenmann, R. (Hrsg.): Umwelt, Wirtschaft, Gesellschaft - Wege zu einem neuen Grundverständnis. Stuttgart 1986, S. 222-229.

Remmert, H.: Ökologie. Ein Lehrbuch. Berlin, Heidelberg, New York 1978.

Roche: Roche von A bis Z. Grenzach-Wyhlen o.J.

Rodenstock, R.: Mehr Umweltschutz fordert weniger Regulierung. In: Wirtschaftsdienst 64, 1984, S. 166-168.

Ronge, V.: Staats- und Politikkonzepte in der sozio-ökonomischen Diskussion. In: Jänicke, M. (Hrsg.): Umweltpolitik. Beiträge zur Politologie des Umweltschutzes. Opladen 1978, S. 213-247.

Rüschenpöhler, H.: Der Standort der industriellen Unternehmung
als betriebswirtschaftliches Problem. Berlin 1958.

Sälzer, B. E.: Standortdynamik: eine theoretische und empirische Analyse von Standortstrukturveränderungen unter
besonderer Berücksichtigung verkehrswissenschaftlicher
Konsequenzen. Frankfurt, Bern, New York 1985.

Sauer, F.: Wasserversorgung und Abwasserbeseitigung im Verarbeitenden Gewerbe. In: Statistische Monatshefte Rhein-
land Pfalz 37, 1984, S. 4-9.

Schätzl, L.: Wirtschaftsgeographie 1. Theorie. Paderborn
u.a. 1981, 2. Aufl.

Schaffhausen, F.: "Branchenverträge" als umweltpolitische Stra-
tegie in der Bundesrepublik Deutschland. In: Schneider, G.
und R.-U. Sprenger (Hrsg.): Mehr Umweltschutz für weniger
Geld. Einsatzmöglichkeiten und Erfolgschancen ökonomischer
Anreizsysteme in der Umweltpolitik. München 1984,
S. 527-548.

Schaffhausen, F.: Die Umweltschutzkonzeption des Bundes. Zum
Stand und zur Weiterentwicklung der zentralen Förderungs-
maßnahmen des Bundes. In: Umwelt und Energie, a.a.O.,
Gruppe 11, 1985, S. 107-156.

Schaffhausen, F.: Funktionsweise der Kompensationsösung in der
Luftreinhaltung. In: Umwelt und Energie, a.a.O., Gruppe 5,
1987, S. 1-14.

Schamp, E. W.: Grundansätze der zeitgenössischen Wirtschaftsgeographie. In: Geographische Rundschau 1987, Sonderheft,
Stand und Aufgaben der Geographie Bd. 1, S. 40-46.

Scharmer, K.: Energieeinsparung durch kombinierte Stoff- und
Energiewirtschaft. In: Brennstoff-Wärme-Kraft 36, 1986,
S. 466-472.

Scheele, M. und G. Schmitt: Der "Wasserpfennig": Richtungsweisender Ansatz oder Donquichotterie. In: Wirtschaftsdienst 66, 1986, S. 570-574.

Schickhoff, I.: Dienstleistungen für Industrieunternehmen: Einflüsse von Unternehmens- und Standortgemeinschaften auf
die Reichweite ausgewählter industrieller Dienstleistungsverflechtungen. In: Erdkunde 39. 1985, S. 77-82.

Schliebe, K. und D. Hillesheim: Standortverhalten neuerrich-
    teter Industriebetriebe im Zeitraum von 1970-1979. In:
    Informationen zur Raumentwicklung 1980, S. 612-629.
Schulz, W.: Bessere Luft, was ist sie uns wert? Eine gesell-
    schaftliche Bedarfsanalyse auf der Basis individueller
    Zahlungsbereitschaften. Berlin 1985.
Schulz, W.: Der monetäre Wert besserer Luft. Eine empirische
    Analyse individueller Zahlungsbereitschaften und ihrer
    Determinanten auf der Basis von Repräsentativumfragen.
    Frankfurt, Berlin, New York 1985.
Schulz, W. und L. Wicke: Der ökonomische Wert der Umwelt. Ein
    Überblick über den Stand der Forschung zur Schätzung des
    Nutzens umweltpolitischer Maßnahmen auf der Basis
    verhinderter Schäden in der Bundesrepublik Deutschland.
    In: Zeitschrift für Umweltpolitik und Umweltrecht 10,
    1987, S. 109-155.
Shell Briefing Service: Luftverunreinigungen aus der Sicht der
    Mineralölindustrie. 1987.
Siebert, H.: Analyse der Instrumente der Umweltpolitik. Göttin-
    gen 1976.
Siebert, H.: TA Luft '85. Eine verfeinerte Politik des einzel-
    nen Schornsteins. In: Wirtschaftsdienst 65, 1985,
    S. 452-455.
Siebert, H.: Umwelt als knappes Gut. In: Wildenmann, R.
    (Hrsg.):Umwelt, Wirtschaft, Gesellschaft - Wege zu einem
    neuen Grundverständnis, Stuttgart 1986, S. 77-88.
Sonderdruck aus Der Papiermacher. Fachblatt der Deutschen Pa-
    pierindustrie. Nr. 1-6/87: 1987 - Europäisches Umwelt-
    schutzjahr
Spitschka, W.: Der Standort der Betriebe. In: Studienskripte
    zur Betriebswirtschaftlehre 4, 1976.
Sprenger, R.-U.: Die Nutzung von Abfallstoffen und Abwärme-
    "Recycling" als Beitrag zum Umweltschutz und zur Rohstoff-
    und Energieeinsparung. In: Ifo-Schnelldienst 27, 15/1974,
    S. 5-18.
Sprenger, R.-U.: Struktur und Entwicklung von Umweltschutzauf-
    wendungen in der Industrie. Berlin, München 1975.

272

Sprenger, R.-U.: Umweltschutzaktivitäten der deutschen Industrie und ihre Wettbewerbswirksamkeit. In: Ifo-Schnelldienst 30, 8/1977, S. 4-18.

Sprenger, R.-U.: Kostenbelastung der Sektoren durch Umwelt-
schutz und ihre wettbewerbspolitischen Auswirkungen. In:
Gutzler, H. (Hrsg.): Umweltpolitik und Wettbewerb.
Baden-Baden 1981, S. 165-212.

Sprenger, R.-U.: Umweltschutz und unternehmerisches Wettbewerbsverhalten. In: Umwelt und Energie, a.a.O., Gruppe 12,
1986, S. 1-40.

Sprenger, R.-U. und G. Britschkat: Beschäftigungseffekte der
Umweltpolitik. Berlin, München 1979.

Sprenger, R.-U., u.a.: Struktur und Entwicklung der Umweltschutzindustrie in der Bundesrepublik Deutschland. In:
Berichte des Umweltbundesamtes 9/83.

Staatsministerium Baden-Württemberg: Wirtschaftliche Entwick-
lung-Umwelt-Industrielle Produktion. Bericht der Arbeitsgruppe berufen von der Regierung des Landes Baden-Württemberg. Stuttgart 1986.

Stackelberg, H. von: Grundlagen der theoretischen Volkswirtschaftslehre. Tübingen, Zürich 1951.

Statistisches Amt des Saarlandes: Investitionen für Umweltschutz im Produzierenden Gewerbe 1975 und 1976 (bis 1985).
In: Statistische Berichte. Saarbrücken 1980-1987.

Statistisches Amt des Saarlandes: Produzierendes Gewerbe 1985.
In: Saarland in Zahlen, Sonderhefte 130, 1986.

Statistisches Bundesamt Wiesbaden (Hrsg.): Investitionen für
Umweltschutz im Produzierenden Gewerbe 1976 (bis 1985).
In: Fachserie 19, Reihe 3, Wiesbaden 1980-1987.

Statistisches Landesamt Baden-Württemberg (Hrsg.): Investitionen für Umweltschutz im Bergbau und Verarbeitenden Gewerbe
1976 bis 1978. In: Statistische Berichte. Stuttgart 1980.

Statistisches Landesamt Baden-Württemberg (Hrsg.): Umweltschutzinvestitionen der Betriebe im Bergbau und Verarbeitenden Gewerbe 1979 und im Zeitraum 1977 bis 1979. In:
Statistische Berichte. Stuttgart 1981.

Statistisches Landesamt Baden-Württemberg (Hrsg.): Umweltschutzinvestitionen der Betriebe im Bergbau und Verarbeitenden Gewerbe 1975 bis 1982. In: Statistische Berichte.
Stuttgart 1984.

Statistisches Landesamt Baden-Württemberg (Hrsg.): Umweltschutzinvestitionen der Betriebe im Bergbau und Verarbeitenden Gewerbe 1975 bis 1983. Kreisergebnisse. In:
Statistische Berichte. Stuttgart 1985.

Statistisches Landesamt Baden-Württemberg: Verarbeitendes Gewerbe 1984. In: Statistik von Baden-Württemberg, Bd. 346,
1985.

Statistisches Landesamt Baden-Württemberg (Hrsg.): Umweltschutzinvestitionen der Betriebe im Bergbau und Verarbeitenden Gewerbe im Zeitraum 1980 bis 1984. In: Statistische
Berichte. Stuttgart 1986.

Statistisches Landesamt Baden-Württemberg (Hrsg.): Umweltschutzinvestitionen der Betriebe im Bergbau und Verarbeitenden Gewerbe 1980 (bis 1985). In: Statistische Berichte.
Stuttgart 1982-1987.

Statistisches Landesamt Baden-Württemberg (Hrsg.): Verarbeitendes Gewerbe 1986. In: Statistik von Baden-Württemberg
Bd. 375, Stuttgart 1987.

Statistisches Landesamt Rheinland-Pfalz (Hrsg.): Investitionen
für Umweltschutz im Produzierenden Gewerbe 1976
(bis 1985). In: Statistische Berichte. Bad Ems 1979-1987.

Statistisch-prognostischer Bericht Baden-Württemberg 1984/85.
Daten-Analysen-Perspektiven. Hrsg. von der Landesregierung
Baden-Württemberg in Zusammenarbeit mit dem Statistischen
Landesamt. Stuttgart 1985.

Stotz, E.: Mineralölindustrie. In: Umwelt und Energie, a.a.O.,
Gruppe 3/61, 1980, S. 1-20.

Strebel, H.: Umwelt und Betriebswirtschaft: die natürliche Umwelt als Gegenstand der Unternehmenspolitik. Berlin 1980.

Suter, H.: Umweltschutz aus industrieller Sicht - am Beispiel
der BASF. In: Sonderdruck aus der Hauszeitschrift der
BASF Aktiengesellschaft, Heft September 1973, 23. Jg.

Tautz, A. und T. Mathenia: Heißwasserspeicher für industrielle
Abwärme. In: Brennstoff-Wärme-Kraft 36, 1984, S. 287-295.

274

Thoss, R., u.a.: Regionale Differenzierung von Instrumenten im
     Abwassersektor. In: Beiträge zum Siedlungs- und Wohnungs-
     wesen und zur Raumplanung. Bd. 110, 1985.

Ullmann, A. A. und K. Zimmermann: Umweltpolitik und Umwelt-
     schutzindustrie in der Bundesrepublik Deutschland. Eine
     Analyse ihrer ökonomischen Wirkungen. In: Berichte des
     Umweltbundesamtes 6/81.

Umweltbundesamt (Hrsg.): Daten zur Umwelt 1986/87. Berlin 1986,
     2. Aufl.

Umweltpressekonferenz der Dow Chemical GmbH/Stade, 26.08.87.
     (Informationsmaterialien).

Umweltqualitätsbericht Baden-Württemberg (Vorabexemplar).

Umwelt und Energie. Handbuch der betrieblichen Praxis.
     Freiburg 1980 ff.

Vahlens Großes Wirtschaftslexikon. München 1987.

Verband der Chemischen Industrie e.V.: Mehr Wachstum - Mehr Um-
     weltschutz. Eine Bilanz der chemischen Industrie.
     Frankfurt o.J.

Verband der Chemischen Industrie e.V.: Umweltleitlinien. Frank-
     furt o.J.

Verband der Chemischen Industrie e.V.: Umwelt und Chemie von
     A-Z. Freiburg 1986, 5. Aufl.

Verband der Chemischen Industrie e.V. (Hrsg.): Chemie und Um-
     welt. Wasser. Frankfurt 1987.

Verband der Lackindustrie e.V.: Jahresbericht 1985; 1986.

Wagner, H. G.: Wirtschaftsgeographie. Braunschweig 1981.

Walter, I.: Environmentally Induced Industrial Relocation to
     Developing Countries. New York 1977.

Weber, M.: Die Zellstoffindustrie. In: Umwelt und Energie,
     a.a.O., Gruppe 3/108, 1986, S. 1-6.

Wey, K.-G.: Umweltpolitik in Deutschland. Kurze Geschichte des
     Umweltschutzes in Deutschland seit 1900. Opladen 1982.

Wicke, L.: Auflagen. In: Umwelt und Energie, a.a.O.,
     Gruppe 3/8, 1980, S. 1-7.

Wicke. L.: Gemeinlastprinzip. In: Umwelt und Energie, a.a.O.,
     Gruppe 3/41, 1980, S. 1-4.

Wicke, L.: Kooperationsprinzip. In: Umwelt und Energie, a.a.O.,
     Gruppe 3/51, 1980, S. 1, 2.

Wicke, L.: Vorsorgeprinzip. In: Umwelt und Energie, a.a.O.,
     Gruppe 3/101, 1980, S. 1, 2.
Wicke, L.: Umweltökonomie. Eine praxisorientierte Einführung.
     München 1982.
Wicke, L.: Ökonomische Ansätze zur Lösung ökologischer Pro-
     bleme. In: Umwelt und Energie, a.a.O., Gruppe 12, 1986,
     S. 41-56.
Wicke, L.: Die ökologischen Milliarden. Das kostet die zerstör-
     te Umwelt - so können wir sie retten. München 1986.
Wicke, L., E. Schulz und W. Schulz: Entlastung des Arbeitsmark-
     tes durch Umweltschutz? In: Mitteilungen aus der Arbeits-
     markt- und Berufsforschung 20, 1987, S. 89-98.
Windhorst, H.-W.: Geographische Innovations- und Diffusionsfor-
     schung. Darmstadt 1983.
Winter, C. J., J. Nitsch und H. Klaiß: Sonnenenergie - Ihr Bei-
     trag zur künftigen Energieversorgung der Bundesrepublik
     Deutschland. In: Brennstoff-Wärme-Kraft 35, 1985,
     S. 243-254.
Wöhe, G.: Einführung in die allgemeine Betriebswirtschafts-
     lehre. München 1981, 14. Aufl.
Zimmermann, K.: Umweltschutzindustrie in sektoralen und regio-
     nalen Verflechtungen. In: Raumforschung und Raumord-
     nung 39, 1981, S. 91-102.
Zimmermann, K.: Umweltpolitik und Verteilung. Eine Analyse der
     Verteilungswirkungen des öffentlichen Gutes Umwelt.
     Berlin 1985.
Zimmermann, K. und P. Nijkamp: Umweltschutz und regionale Ent-
     wicklungspolitik. Konzepte, Inkonsistenzen und Integrative
     Ansätze. In: Fürst, D., P. Nijkamp und K. Zimmermann:
     Umwelt, Raum, Politik. Ansätze zu einer Integration von
     Umweltschutz, Raumplanung und regionaler Entwicklungspo-
     litik. Berlin 1986, S. 75-81.
Zwingmann, B.: Aspekte staatlicher Umweltpolitik aus gewerk-
     schaftlicher Sicht. In: WSI-Mitteilungen (Deutscher
     Gewerkschaftsbund) 35, 1982, S. 731-739.

# Stichwortverzeichnis


Abfallabgabe 187

Abfallbeseitigung 15, 62, 64, 72,
    88 ff, 114, 156 ff, 161 ff, 182,
    187
    Kreislaufführung 74 f

Abfallgesetz 39, 50, 56

Abwasserabgabe 41, 56, 186

Abwasserabgabengesetz 40, 41,
    80/20-Regelung 42, 72

Alb-Donau-Kreis 113, 115 f

Allokation 9, 10, 187

Altanlagen 152

Altlasten 34

Altölgesetz 39

Andragogik 12

Anthropogeographie 13

Atomgesetz 30


Backward and forward linkages 120

Baden-Württemberg 17, 50 f, 53, 57
    59, 60, 62, 64, 67 ff, 70, 72 f,
    79 ff, 84, 97, 119, 125

Ballungsraum 119, 124

BASF-AG 64, 70, 71, 73, 75, 91, 161

Bauleitplanung 49

Benzin-Blei-Gesetz 68, 78

Betrieb 7

Betriebs-/Unternehmensgrößenklassen
    57, 81, 94, 101, 108, 120,
    156 ff, 170, 176, 179

Betriebsstandort 120, 121, 133

Bodensee-Kreis 119

Böblingen 109, 114

Brauereien 21

Bundesimmissionsschutzgesetz 30,
    49, 51, 68, 78, 122

Chemische Industrie 20, 33, 48, 53,
    60 ff, 64, 69 ff, 79 f, 88, 109,
    114, 122

Chemisierung 6

Clausanlage 142 ff

Coevolution 2


Deponie 73, 165

Dienstleistungen im Umweltschutz
    117

Dillingen 51

Distribution 10

Druckerei und Vervielfältigung 53,
    84


Economies of scale 81, 96

Einkommenssteuergesetz 47, 78, 99

Eisen- und Stahlerzeugung 21, 53,
    60 ff, 66 f, 69, 73 f, 77, 79 f,
    80, 99, 180

Elektrotechnik 53, 79, 89,

Elektroverfahren 92

Emissionen 125

Emissionsgemeinschaft 155

Emissionsglocke 153

Emissionskataster 51

Entropie 4

ERP-Programme 45, 99

Entwicklungsländer 140 f

Esslingen 125 f

Europäische Gemeinschaft 140 f

Exponentielles Bevölkerungswachstum
    5 ff

Externe Kosten 8 f

Externe Umweltkosten 9, 39

Feinmechanik, Optik, Herstellung
von Uhren 53
Feinkeramik 77, 80
Fluorchlorkohlenwasserstoffe 6 f,
48
Fossile Kohlenstoffe 6
Freudenstadt 113
Funktionale Verflechtungen 17

Gemeinlastprinzip 34 f
Gemengelage 84
Gewässerschutz 15, 50 f, 62, 64,
70, 88, 114, 156 f, 160 f, 179,
182
Gesamtinvestitionen 60, 113 ff
Gewinnung und Verarbeitung von
Steinen und Erden 60, 67, 77,
79 f, 84, 89, 109, 180
Gießerei 49, 60, 77
Großbetriebe/-unternehmen 57, 73,
81, 84, 103, 113, 116 f, 119,
138, 145 f, 170, 180, 182, 184
Großfeuerungsanlagenverordnung 56,
67, 119
Grundgesetz 23
Grundstoff- und Produktionsgüter-
sektor 53, 55, 58, 60, 69, 79 f,
89, 97, 108, 179 f

Heidenheim 114
Heilbronn 22
Herstellung von Büromaschinen, Da-
tenverarbeitungsgeräten und
-einrichtungen 60, 109, 114
Herstellung von Eisen-, Blech- und
Metallwaren 113
Herstellung und Verarbeitung von
Glas 80, 119
Herstellung von Musikinstrumenten,
Spielwaren usw. 61

Hochrhein 125 f
Hochrhein-Bodensee 88,
Holzschliff-, Zellstoff-, Papier-
und Pappeerzeugung 21, 53, 60,
64, 72 ff, 79 f, 84, 109, 114,
122, 180

Immissionsbelastung 109
Immissionssenkung 125
- durch Sanierungsgemein-
schaften 125
Immissionswerte 106, 124
- Beurteilungsfläche 124 f
- Beurteilungsgebiet 124
- Kurzzeit 123
- Langzeit 123
- $NO_2$ 125
- standörtliche Konsequenzen
124 ff
Immissionsüberbelastung 125
Industrie
- räumliche Organisation/Ordnung
17, 120, 185
- räumliche Struktur 108, 116,
120, 183 f
Industriebesatz 116
Industriebefragung s. Unternehmens-
befragung
Industriegeographie 14
Industriegruppen 52 ff, 97 ff, 120
Informationsdefizit 170 ff, 182,
185
Informationssuch- und -verarbei-
tungskapazität 171

Jurisprudenz 11

Karlsruhe 22, 51, 109, 114, 116,
125 f
Kernfusion 7

Kleinbetriebe/-unternehmen 57, 81,
    103, 116, 145, 170, 180, 182,
    184
Kooperationsprinzip 35
Kosten-Nutzen-Relation 38, 40
Kreislaufführung 74 ff

Länderentwicklungsplanung 49
Ländlicher Raum 18, 116 ff, 133,
    157 ff, 175, 181
Lärmbekämpfung 15, 62, 64, 72 f, 88,
    114, 156
Landeskreditbank Baden-Württemberg
    119
LD-Blasstahlverfahren 68, 91
Ledererzeugung und -verarbeitung 80
Lörrach 109, 114 ff, 125 f
Ludwigshafen-Frankenthal 51, 114,
    125, 161
Luftreinhaltepläne 49
Luftreinhaltung 15, 51, 64, 67 ff,
    88, 114, 122 ff, 156, 179, 187

Main-Tauber-Kreis 113
Mainz 114
Mainz-Budenheim 51, 125
Mannheim 51, 109, 114
Markt und Umwelt 9 ff, 32, 39, 186
Maschinenbau 79, 89,
Mineralölverarbeitung 21, 53, 60,
    68 ff, 72, 77, 80, 88, 109, 114,
    141 ff
Mittlerer Oberrhein 85

Nahrungs- und Genußmittelsektor 58,
    60, 79, 80, 89,

NE-Metallerzeugung, NE-Metallhalb-
    zeugwerke 53, 60
Neuanlagen 155
Neunkirchen 51
Nutznießerprinzip 32 ff

Ökologie 2
Ökologisches Gleichgewicht 2
Ökosystem 2, 26
    - Selbstregulation 2 f

Pädagogik 12
Papier- und Pappeverarbeitung 61
Petrochemie 133
Pforzheim 119
Pioniergewinne infolge innovativen
    Verhaltens 99 ff
Politische Wissenschaft 12
Produzierendes Gewerbe 16, 62

Raffinerie 115 f
Randzone eines Verdichtungsraumes
    18, 106, 117, 133, 157 ff, 181
Rastatt 109
Räuber-Beute-System 2 f
Raumwirksamkeit/-relevanz
    - des menschlichen Handelns 13
    - der Umweltökonomie 14, 183
Raumordnungsplanung 49
Ravensburg 22
Regeln der Technik 29 f
Regionalplanung 49
Rhein-Neckar-Kreis 109, 114
Rhein-Neckar-Raum 22, 85
Rheinland-Pfalz 17, 50 f, 59 f, 62,
    64, 70, 72, 79, 80, 114

Saarbrücken 22, 51, 114

Saarland 17, 51, 59 f, 62, 66 f,
    70, 72, 79, 99, 114 Schiff-,

Luft- und Raumfahrzeug-
    bau 61

Siemens-Martin-Verfahren 91

Sondermüll 73

Stadt- und Landkreise 106 ff,
    115 ff, 117

Stahl- und Leichtmetallbau,
    Schienenfahrzeugbau 53, 61, 79

Stahlverformung, Ziehereien, Kalt-
    walzwerke 80

Stand der Technik 29 f, 38, 152,
    186

Stand von Wissenschaft und Technik
    29 f

Standörtliche Restriktionen
    durch Umweltschutzgesetze 122 ff

Standort 121, 126

Standortanforderungen 129

Standortbeeinträchtigungen 126

Standortfaktoren 121, 130 f, 140
 - Absatzbedingungen 130 f
 - Agglomerations- und Fühlungs-
    vorteile 130 ff
 - Beschaffungssmöglichkeiten für
    Input-Materialien 130 ff
 - Finanzierungshilfen des Staates
    129 ff
 - Infrastruktur 129 ff, 140
 - Qualität und Vorhandensein von
    Arbeitskräften 130 ff, 140
 - Persönliche Präferenzen 130 ff
 - physische 121 f
 - Verfügbarkeit von Industrie-
    flächen, 129 ff, 140
 - Verkehrsbedingungen 129 ff, 140

Standortveränderungen 135 f, 141,
    181 f, 187
 - Erweiterung 135 ff
 - Stillegung 135 ff
 - Verlagerung 135 ff, 143
       ins Ausland 139 ff, 150, 182
 - Verschiebung 135 ff
 - Ursachen 135 ff
 - und Beschäftigungseffekte 144 f

Strahlenschutzverordnung 30

Straßenfahrzeugbau 60, 64, 69,
    72 f, 77, 79 f, 88, 109, 144

Strukturwandel 137

Stuttgart 22, 51, 109, 114, 116,
    125

Südwestdeutschland 17, 72

Synergetische Effekte 26 ff, 34


TA-Luft 28, 56, 67, 101, 123 ff,
    152
 - Kompensationsregelung 152 f,
    155 f

Textil- und Bekleidungsgewerbe 80

Transaktionskosten 33

Treibhauseffekt 6


Ulm 22

Umwelt 2, 39, 97, 122 f
 - als Abgabe-/Aufnahmemedium 3, 8
 - als Kollektivgut 8 ff
 - als Standortfaktor 121 f

Umweltabteilung 22, 145 ff, 171

Umweltökonomie 11, 14, 15, 120,
    183, 185

Umweltpolitik 15, 23 ff, 38, 106,
    122, 140, 185
 - Implementation 173 ff, 189
 - Beratungsstellen 189 f

Umweltpolitische Instrumente 36 ff,
  186
  - Abgaben 39 ff, 43, 186
  - Absprachen 47 ff
  - Öffentliche Finanzierungshilfen
    35, 43 ff, 99, 118 ff, 180
  - Ordnungsrechtliche Ge- und Ver-
    bote 37 f, 41, 43, 48, 186
  - Pläne 49 ff, 72
Umweltschutz 1, 36, 185
  - als Standortfaktor 18, 130 f,
    133, 181, 185
  - Beschäftigungseffekte
      bundesweit 147, 150 f
      negative 145
      positive 146 ff, 185
  - betriebs-/unternehmensintern 156
  - betriebs-/unternehmensextern
    156, 160 ff, 188
  - und Information 170 ff, 185
  - und Investitionsstau 150
  - und Rationalisierung 103 f
  - und Verflechtungen 120, 151,
    156 ff, 165 ff, 185, 188
Umweltschutzinvestitionen 15, 52,
    54, 64, 76, 79, 84, 107, 179
  - ausschließlich dem Umweltschutz
    dienende 15, 76 ff, 179
  - Kostenbelastung durch 79 ff,
    180 ff
  - produktbezogene 15, 76 ff
  - regionale Verteilung 106 f
  - verfahrensbezogene 15, 76 ff,
    139, 179, 185, 188
Umweltschutzinvestitionshäufigkeit
    52 ff, 106 ff, 179
Umweltschutzinvestitionsintensität
    80, 116

Umweltschutzinvestitionsquote
    79 ff, 115, 180
Umweltschutzkosten 14, 34, 39 ff,
    93, 99, 106, 126, 179, 183
  - Anpassungsreaktionen an 15, 17,
    97 ff, 117 ff, 180, 184
  - laufende 15, 52, 85 ff, 180
  - Struktur 52 ff, 179 ff
Umweltschutzmarkt 165 ff
  - Arbeitsmarkteffekte 177 ff
  - Standorte der Betriebe 167 f
  - Struktur der Betriebe 167 f
Umweltschutztechnologie 38, 40
Umweltzerstörung
  - monetäre Bewertung 31
Unterer Neckar 85
Unternehmen 17
Unternehmensbefragung 19 ff, 117,
    130, 138

Verarbeitendes Gewerbe 16, 58, 72,
    108
Verbrauchsgütersektor 58, 60
Verdichtungsraum 18, 106 f, 116 f,
    133, 157 ff, 167, 175, 181, 183
Verhältnismäßigkeitsgrundsatz 30
Verursacherprinzip 30 ff, 35
Völklingen 51, 114
Vollzugsbehörden 174 ff, 184, 189
Vorfluter 72, 74
Vorsorgeprinzip 25 ff, 40, 141

Waldshut 115 f
Wasserhaushaltsgesetz 30, 41, 49 f,
    56, 70
Wasserpfennig 33
Wasserstoffwirtschaft 7
Wasserwirtschaftliche Rahmenpläne
    49

Wirtschaftswissenschaften 10

Zementherstellung/-industrie 99,
    133, 162 ff, 182
Zentrum-Peripherie-Gefälle 117
Zweigwerk 137